C 语言程序设计

(第 2 版)

主　编　高　禹
副主编　樊　勇　苏荣聪　林玉梅
参　编　张梅娇　胡小琴　郭新华
黄丽凤　宋　伟　芦　欣
张　琼　杨雨薇　王　丹

北京理工大学出版社
BEIJING INSTITUTE OF TECHNOLOGY PRESS

内容简介

“C语言程序设计”课程是我国许多高校为学生开设的一门程序设计语言课程。C语言程序设计具有很强的实用性，既可以使用C语言编写系统软件，也可以使用C语言编写各种应用软件。

本书主要内容包括：C语言概述；C程序设计基础；选择结构程序设计；循环结构程序设计；数组；函数；编译预处理；指针；结构体与其他数据类型；文件。书中包含了各种类型的程序设计实例，通过分析和学习实例，读者能够更好地掌握运用C语言进行程序设计的方法和技巧。

本书既可作为高等院校应用型本科专业学生的教材，也可供自学者及参加C语言计算机等级考试者阅读参考。

图书在版编目（CIP）数据

C语言程序设计 / 高禹主编. -- 2版. -- 北京 : 北京理工大学出版社, 2025. 1.

ISBN 978-7-5763-5010-4

Ⅰ. TP312. 8

中国国家版本馆CIP数据核字第2025YS5745号

责任编辑：曾　仙　　**文案编辑**：曾　仙
责任校对：刘亚男　　**责任印制**：李志强

出版发行 / 北京理工大学出版社有限责任公司
社　　址 / 北京市丰台区四合庄路6号
邮　　编 / 100070
电　　话 / (010) 68914026 (教材售后服务热线)
(010) 63726648 (课件资源服务热线)
网　　址 / http://www.bitpress.com.cn

版 印 次 / 2025年1月第2版第1次印刷
印　　刷 / 涿州市新华印刷有限公司
开　　本 / 787 mm×1092 mm　1/16
印　　张 / 16. 75
字　　数 / 390千字
定　　价 / 89. 00元

前　言

C 语言是一种优秀的计算机程序设计语言。C 语言具有语言简洁、功能丰富、灵活性强、可移植性好等特点。C 语言深受广大用户的喜爱，为人们广泛使用。C 语言具有较强的实用性，它既可以用于编写系统软件，也可以用于编写各种应用软件。

C 语言程序设计既是计算机类专业的必修课程，也是许多高校为非计算机类专业学生开设的一门程序设计语言课程。对于从未接触过程序设计语言的学生来说，在有限的学时内掌握好 C 语言具有一定难度。作者根据多年从事 C 语言教学的经验，在编写本书时，为了落实党的二十大精神，为了高质量地培养具有编程能力的人才，充分地考虑到了以上实际情况。

本书的编写具有以下主要特点：

（1）在内容的编排上，充分考虑高等院校培养应用型本科专业人才的要求。

（2）尊重学生的学习规律，按照由浅入深、循序渐进的原则安排各章的知识点。

（3）从初学者的角度出发，重点考虑如何使用 C 语言编程来解决实际问题，选择读者容易理解的问题作为实例，并结合知识点来讲解程序设计的方法和技巧。

（4）例题类型丰富，包含了多种常见类型，且对于例题中出现的各种算法都有较详细的分析说明。

（5）每章都设计了上机实验项目，并详细说明了各实验的目的和内容。

（6）每章都提供了相关习题，并提供了习题参考答案。

全书共分 10 章：第 1 章，介绍 C 语言的发展历史、特点及源程序结构等知识；第 2 章，介绍 C 语言程序设计的基本知识，如数据类型、运算符和表达式、基本的输入与输出操作和顺序结构程序设计等；第 3 章，介绍 C 语言的选择结构程序设计知识；第 4 章，介绍 C 语言的循环结构程序设计知识；第 5 章，介绍 C 语言使用数组的知识；第 6 章，介绍 C 语言使用函数的知识及变量的属性；第 7 章，介绍 C 语言的编译预处理知识；第 8 章，介绍 C 语言指针的使用知识；第 9 章，介绍 C 语言的结构体、共用体和枚举类型知识；第 10 章，介绍 C 语言使用文件的知识。全书覆盖了计算机等级考试（二级 C）的全部内容。

本书条理清晰、语言流畅、通俗易懂、实用性强，既可以作为高等院校应用型本科专业学生的教材，也可供自学者及参加 C 语言计算机等级考试者阅读参考。

本书由泉州信息工程学院的高禹担任主编，由广东科技学院的樊勇、泉州信息工程学院的苏荣聪和林玉梅担任副主编，参加本书编写工作的还有泉州信息工程学院的张梅娇、胡小琴、郭新华、黄丽凤，以及南通理工学院的宋伟、芦欣、张琼、杨雨薇和黄河交通学院的王丹等，在此向所有关心及帮助此书编写的人士致谢！

由于编者水平有限，书中难免存在不足之处，恳请读者批评指正。

编　者

CONTENTS 目录

第 1 章 C 语言概述

C 语言数据类型丰富、语句简洁紧凑、灵活性强，其具有结构化的控制语句，编程功能强大，因此深受广大编程人员喜爱，已成为应用普遍的一种程序设计语言。

本章主要介绍 C 语言的发展简史和特点，举例说明 C 语言源程序的结构特点，以及 C 程序的编辑、编译、连接和运行的过程。

1.1 C 语言简介

C 语言由早期的 B 语言发展演变而来。1970 年，贝尔实验室的 Ken Thompson 根据 BCPL (Basic Combined Programming Language) 设计出了较简单且接近硬件的 B 语言，但 B 语言过于简单，功能有限，无法满足人们的需要。1972 年，Dennis Ritchie 在 B 语言基础上开发出 C 语言，并首次在 UNIX 操作系统的 DEC PDP-11 计算机上使用。C 语言继承了 B 语言的优点，且克服了它的缺点。

C 语言最初只能在大型计算机上执行，随着 UNIX 操作系统的日益普及，它被移植到微机上，并且出现了许多不同版本的 C 语言。由于没有统一的标准，这些 C 语言之间出现了一些不一致的地方。1983 年，ANSI（American National Standards Institute，美国国家标准协会）为 C 语言制定了标准，即 ANSI C。1987 年，ANSI 公布了 C 语言的新标准；1989 年，ANSI 又公布了一个新的 C 语言标准，即 C 89，现在流行的各种 C 语言版本都以 C 89 为标准。

1990 年，国际标准化组织(International Standards Organization，ISO)接受 C 89 作为国际标准，后通常称之为 C 90。1999 年，ISO 对 C 语言标准进行修订，在基本保留原来的 C 语言特征的基础上增加了一些面向对象的特征，简称 C 99。

微机上常用的 C 语言编译系统有 Visual C++、C-Free、Turbo C、WIN TC(Turbo C 的 Windows 版本)等。

C 语言编程功能强大，主要优点如下：

（1）与其他高级语言相比较，C 语言简洁、紧凑、灵活，使用方便。

（2）C 语言具有丰富的运算符和数据类型，使用这些运算符和数据类型可以实现各种复杂的运算。

（3）C 语言可以直接访问物理地址，能进行“位”操作，能实现汇编语言的大部分功能，可直接对硬件进行操作，兼有高级语言和汇编语言的特点。

（4）C 语言具有结构化的控制语句（如 if…else 语句、while 语句、do…while 语句、switch 语句、for 语句），以函数作为程序的基本模块，是结构化的理想语言。

（5）C 语言对语法的限制不太严格，程序设计自由度大。例如，对数组下标越界不进行检查，对变量的类型使用比较灵活，整型数据与字符型数据及逻辑型数据可以通用。因此，编写程序时应当仔细检查，防止程序出错，但不要过分依赖 C 编译程序（C 编译程序可以检查错误，但有的错误检查不出来，如程序的逻辑错误）。

（6）用 C 语言编写的程序可移植性好（与汇编语言相比）。在某一操作系统下编写的程序，基本上无须任何修改就可以在其他类型的计算机和操作系统上运行。

基于以上优点，C 语言应用广泛。

与学习其他高级语言相比，C 语言对编程人员的要求比较高，编程人员在学习 C 语言的语法上必须耗费较多精力，尤其是在“指针”的应用方面。但是，待熟悉 C 语言的语法之后，便可以感受到 C 语言编程功能的强大和使用的方便。

1.2 简单的 C 程序

下面通过几个简单的 C 程序，进一步了解 C 程序的结构特点。

例 1.1 在屏幕上显示“Welcome!”和“Let's learn about C programming.”两行信息。

程序代码如下：

```
#include<stdio.h>
int main()
{    printf("Welcome! \n");
     printf("Let's learn about C programming.");
     return 0;
}
```

程序运行后，输出以下两行信息：

```
Welcome!
Let's learn about C programming.
```

该程序中的“#include<stdio.h>”表示把尖括号<>内的 stdio.h 文件包含到本程序中。stdio 为 standard input/output（标准输入/输出）的缩写。C 语言中有关输入/输出函数的格式均定义在 stdio.h 文件里。

C 程序是由许多函数组合而成的，在例 1.1 的程序中只包含一个“主函数”，main 是主函数名（每一个 C 程序都必须有且只有一个 main 函数），主函数 main 是 C 程序执行的入口。main 前面的 int 表示函数的返回类型（或类型），即 main 函数的类型为 int 型。

在例 1.1 的程序中，放在一对大括号（{}）内的部分称为函数体。函数体内的 printf 是 C 语言中的输出函数，双引号内的字符串是被输出的信息。“\n”是换行符，表示在输出“Welcome!”后回车换行，然后输出“Let's learn about C programming.”。

每条语句用一个分号结尾。函数体内的“return”语句为主函数结束时的返回值。由于 main 函数的返回类型（或类型）为 int 型，因此返回值必须为一个整型值。一般而言，返回值为 0 表示正常返回。

例 1.2 计算两个 int 型变量之和，并在屏幕上显示计算结果。

程序代码如下：

```
#include<stdio.h>
int main()                          /* main 是主函数 */
{   int n,m,sum;                    /* 定义 int 型变量 n,m,sum */
    n=23;   m=345;                  /* 为变量 n,m 赋值 */
    sum=n+m;                        /* 求两个变量 n,m 之和,并将结果存放在变量 sum 中 */
    printf("两个变量的和为 %d",sum);  /* 输出存放于变量 sum 中的两个变量 n,m 的和 */
    return 0;
}
```

程序运行后，输出结果如下：

```
两个变量的和为 368
```

在该程序中，放在/*…*/中的内容是注释部分。注释只是用于解释程序，对编译和运行不起任何作用。

在该程序的函数体内（即一对大括号之间）：第 1 行，定义了 3 个 int 型变量；第 2 行，是两个赋值语句，将 23 赋值给变量 n、将 345 赋值给变量 m；第 3 行，将 n 和 m 之和赋值给 sum；第 4 行，printf 是输出函数，其中“%d”表示按照“十进制整数类型”的格式输出 sum 的值，执行输出时，在 printf 函数中的双引号内的字符原样输出，而双引号内的%d 会被一个十进制整数值替换；函数 printf 中括弧内最右端的 sum 是要输出的变量，它的值是 368，由 368 替换 printf 函数中的双引号内的%d，因此输出“两个变量的和为 368”。

例 1.3 使用主函数调用一个自定义函数，计算变量 a 与 b 的和。要求在主函数中输入变量 a 与 b 的值，并将计算结果输出。

程序代码如下：

```
#include<stdio.h>
int sumtwo(int x,int y);             /* 对自定义函数进行声明 */
int main()                           /* 主函数 */
{   int a,b,sum;                     /* 定义变量 */
    printf("请输入变量 a 与 b 的值:");  /* 显示提示信息 */
    scanf("%d%d",&a,&b);             /* 输入变量 a 和 b 的值 */
    sum=sumtwo(a,b);                 /* 调用自定义函数 sumtwo */
    printf("a 与 b 的和等于%d",sum);   /* 输出计算结果,即 sum 的值 */
    return 0;
```

```
}
int sumtwo(int m,int n)                /*自定义函数 sumtwo 首部,包含函数名和参数 m、n*/
{   int k;
    k=m+n;
    return k;
}
```

上面的程序由两个函数（即主函数 main 和自定义函数 sumtwo）组成。

函数 sumtwo 是一个用户自定义函数，它的功能是求两个整数之和并返回给主函数。它有两个 int 型的形参 m 和 n，函数 sumtwo 的返回值是 int 型的。

main 函数前面的函数声明语句“int sumtwo(int m,int n);”表明 sumtwo 函数有两个 int 型的形参，并返回一个 int 型的值。这样的函数声明叫作函数原型，它应与函数的定义和调用一致。

该程序的执行过程：首先，在屏幕上显示提示字符串“请输入变量 a 与 b 的值:”，等待用户输入两个数。用户输入两个数（要用空格间隔）并按回车键后，由 scanf 函数语句接收这两个数并存入变量 a、b。然后，调用 sumtwo 函数，将 a 的值传递给 sumtwo 函数的参数 m，将 b 的值传递给 n。在 sumtwo 函数中，计算 m 与 n 之和并赋给变量 k，由 return 语句把变量 k 的值返回给主函数 main，并赋值给变量 sum。最后，由 printf 函数输出 sum 的值。

从以上例题可以看出，C 语言源程序有以下结构特点：

（1）由一个或多个源文件组成，每个源文件由一个或多个函数构成，其中有且仅有一个主函数（main 函数）。

（2）一个函数由函数首部（即函数的第一行）和函数体（即函数首部下面的大括号内的各行代码）组成。

（3）函数首部包括函数类型、函数名和放在圆括号内的若干参数。函数体由声明部分和执行部分组成。

（4）每条语句以分号结尾。一行内可以写多条语句，一条语句也可以分写在多行中。

（5）放在“/*”与“*/”之间的是注释内容，注释部分允许出现在程序中的任何位置。

1.3 C 程序的编辑、编译、连接和运行

1. 编辑程序

用编辑软件将 C 源程序输入计算机，经修改无误后，保存为一个文件，C 源程序文件的扩展名为“.c”。可用于编写 C 源程序的编辑软件有很多，在 Windows 环境下，可以使用 Visual C++、C-Free、WIN TC。

2. 编译程序

使用 Visual C++（或 C-Free、WIN TC）软件，将扩展名为“.c”的源程序编辑保存之后，通过快捷键或者选择菜单的方式进行编译。编译的过程是把 C 源程序代码转换为计算

机可识别的代码。如果在编译过程中发现源程序有语法错误，系统会显示出错信息，然后用户重新修改源程序，再进行编译，如此反复，直至编译通过。编译通过后，生成目标程序，目标程序的文件名与源程序相同，其扩展名为“. obj”。

3. 连接程序

将目标程序和库函数（或其他目标程序）连接，即可生成可执行程序。在 Visual C++（或 C-Free、WIN TC）中，可通过快捷键或选择菜单的方式进行连接。可执行程序的文件名与 C 源程序相同，其扩展名为“. exe”。

4. 运行程序

输入可执行文件的文件名即可运行程序。在 Visual C++（或 C-Free、WIN TC）中，可通过快捷方式或选择菜单的方式运行程序。

编辑、编译、连接、运行程序的过程如图 1. 1 所示。

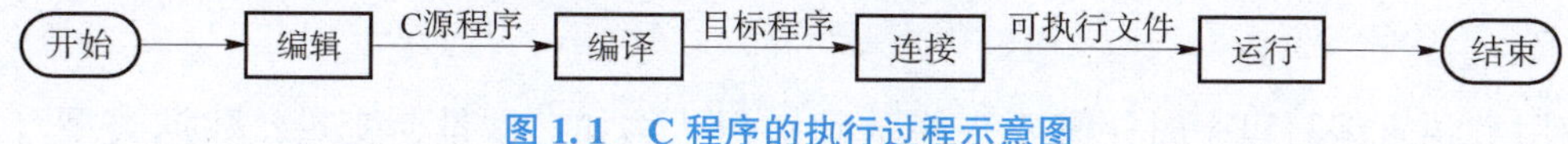

图 1.1　C 程序的执行过程示意图

1.4　习　题

1. 说明 C 程序具有哪些结构特点。
2. 分析构成例 1. 3 的源程序中的每个函数的结构，指出每个函数体的声明部分和执行部分各包括哪些内容。
3. 分别编写完成以下任务的程序，然后上机编辑、编译、连接、运行。
   （1）输出两行字符，分别是“We learn C language.”和“We use the Internet.”。
   （2）从键盘输入 int 型变量 x、y 的值，分别计算 x+y、x-y 的值，将计算结果分别存放在 int 型变量 s1、s2 中，并输出 s1、s2 的值。

扫描二维码获取习题参考答案

第 2 章

C 程序设计基础

使用 C 语言编写程序时，需要一些基础知识。例如：常量、变量；数据类型（整型、实型、字符型等）；几种运算符（算术运算符、赋值运算符、强制类型转换运算符、自增/自减运算符、逗号运算符、求字节数运算符、位运算符等）；几种表达式（算术表达式、赋值表达式、逗号表达式等）；顺序结构设计方法；输入/输出函数等内容。熟悉了这些基本知识之后，就能编写出比较简单的程序。本章将介绍这些基础知识。

2.1 C 语言的数据类型

C 语言的数据类型如图 2.1 所示。

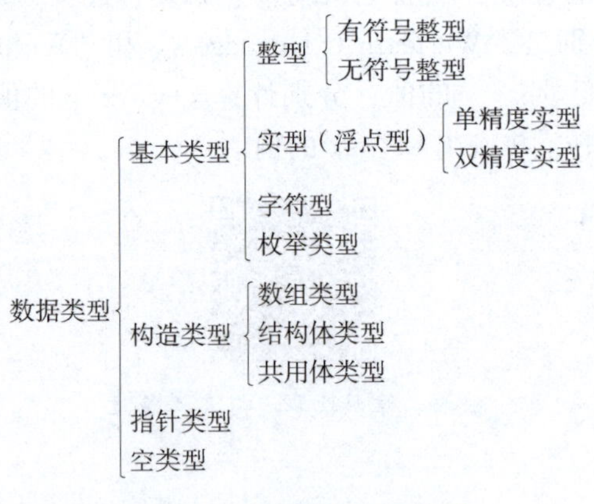

图 2.1　C 语言的数据类型

2.1.1　常量和变量

1. 常量

常量是指在程序运行过程中其值不能被改变的量。常量分为以下几种：

（1）整型常量，如-247、-52、0、91、368。

（2）实型常量，如-3.14159、0.618、2.71828。

（3）字符常量，如 'a' 、'b' 、'A' 、'B' 、'#' 、'*' 、'3' 、'6' 。

（4）符号常量，例如：

```
# define PI 3.14159
```

这里是用 PI 代表常量“3.14159”，PI 是一个标识符，就是一个符号。在定义符号常量 PI 后，程序中出现的 PI 的值为 3.14159。

2. 变量

变量是指在程序运行过程中其值可以被改变的量。

任何一个变量在使用前，必须对其进行定义。定义就是为该变量命名并声明其数据类型。定义后，编译系统将为该变量在内存中分配存储单元，在该存储单元中存放该变量的值。

用于标识变量名（或符号常量名、函数名、数组名、类型名、文件名）的有效字符序列称为标识符。C 语言规定，标识符只能由 3 种字符组成——英文字母、数字、下划线，并且第一个字符必须是字母或下划线。编译系统认为，大写英文字母和小写英文字母是不同的字符。例如，book 和 Book 是两个不同的变量名。为变量命名时，一般用小写英文字母。

定义变量的一般格式如下：

```
[存储类型] 数据类型 变量名 1[,变量名 2,… ];
```

例如：

```
int n1,n2,n3,sum;
```

在定义变量的同时，可以对变量赋初值，这种操作称为变量初始化。变量初始化的一般格式如下：

```
[存储类型] 数据类型 变量名 1[=初值 1],[变量名 2[=初值 2],… ];
```

例如：

```
int math=85,phys=86,chemi=87;
```

在这些定义格式中，放在中括号内的内容可以省略，本书后面文中都是如此。关于定义格式中的“存储类型”，将在后面章节中介绍。

2.1.2 整型数据

1. 整型常量

在 C 语言中，整型常量可以用以下 3 种形式表示。

（1）十进制形式，如-315、-69、0、27、458。

（2）八进制形式（以数字 0 开头），如 0135，即 $(135)_8$，对应于十进制的 93。

（3）十六进制形式（以数字 0 和小写字母 x 开头），如 0x23，即 $(23)_{16}$，对应于十进制的 35。

2. 整型变量

整型变量可分为有符号整型变量和无符号整型变量两大类，根据变量的取值范围，每类可分为基本整型、短整型、长整型。因此，共有以下 6 种整型变量：

- 有符号基本整型：[signed] int
- 有符号短整型：[signed] short [int]
- 有符号长整型：[signed] long [int]
- 无符号基本整型：unsigned [int]
- 无符号短整型：unsigned short [int]
- 无符号长整型：unsigned long [int]

使用时，方括号内的部分可以省略，如“unsigned [int]”与“unsigned”等价。

例如，下面两种定义方式相同，都定义了有符号基本整型变量 m 和 n。

```
signed int m,n;
int m,n;
```

数据在内存中是以二进制形式存放的。若不指定是无符号型 unsigned，或者指定是有符号型 signed，则存储单元的最高位是符号位（用 0 代表正数，用 1 代表负数）。若指定是无符号型 unsigned，则存储单元的全部二进制位（bit）都用于存放数本身，而不包括符号。

整型数以二进制补码形式存放于内存中。

二进制正数的原码、反码和补码都相同。例如，若定义“short n=6;”，则 n 的原码、反码和补码都是 00000000 00000110。

二进制负数的原码：符号位是 1，数值部分用二进制的绝对值表示。它的反码：将其原码（除符号位外）的各位按位取反，即将 1 都换成 0、将 0 都换成 1。它的补码：在其反码的最低位加 1。例如，若定义“short n=-13;”，那么 n 的原码是 10000000 00001101，n 的反码是 11111111 11110010，n 的补码是 11111111 11110011。

关于以上各类数据所占内存的大小，C 标准要求 long 型数据不短于 int 型、short 型不长于 int 型即可，具体怎样实现，由计算机系统自行决定。例如，在使用 Visual C++或 C-Free 软件时，short 型占 2 字节，int 型和 long 型各占 4 字节。

对于有符号整型变量，2 字节的取值范围为$-2^{15}\sim2^{15}-1$，即-32768~32767；4 字节的取值范围为$-2^{31}\sim2^{31}-1$，即-2147483648~2147483647。

对于无符号整型变量，2 字节的取值范围为$0\sim2^{16}-1$，即 0~65535；4 字节的取值范围为$0\sim2^{32}-1$，即 0~4294967295。

根据上面规定的取值范围，在为整型变量赋值时，应注意不要超出变量的取值范围，否则会发生溢出，而出现溢出时程序并不报错。因此，编写程序时要根据实际情况，准确选择变量的类型，避免溢出。

3. 整型数据的输入输出

函数 scanf 可以实现输入。函数 scanf 的功能是按照指定格式、将从标准输入设备输入的内容传入变量。

函数 printf 可以实现输出。函数 printf 的功能是按照指定格式、将数据显示在标准输出设备上。

这里的“指定格式”需要使用格式说明符%和格式字符。用于输入/输出整型数据的格式字符有英文字母 d、o、x、u 等。具体含义如下：

- %d：表示输入（输出）十进制整型数据。
- %o：表示输入（输出）八进制整型数据。
- %x：表示输入（输出）十六进制整型数据。
- %u：表示输入（输出）无符号整型数据。

除了%d 格式之外，上面的其他几种格式都将数据作为无符号数据进行输入（输出）。也就是说，若要输入（输出）带符号的整数（正整数或负整数），就必须使用%d 格式。

如果输入（输出）的是长整型数，就一定要在%的后面加上字符 l（字符 L 的小写），否则可能显示不正确。例如，可以使用%ld 输入（输出）十进制长整型。

例 2.1 举例说明整型数据的输出。

程序代码如下：

```
#include<stdio. h>
int main()
{    int n1=80,n2=20,s;
     s=n1+n2+68;
     printf("%d,%d\ n",s,n1+n2);
     printf("%o,%o\ n",s,n1+n2);
     printf("%x,%x\ n",s,n1+n2);
     return 0;
}
```

程序运行结果如下：

```
168,100
250,144
a8,64
```

例 2.2 举例说明整型数据的输入。

程序代码如下：

```
#include<stdio. h>
int main()
{    int a,b,c;   unsigned d;long e;
     scanf("%d,%o,%x ",&a,&b,&c);
     printf("%d,%d,%d\n",a,b,c);
     scanf("%u,%ld ",&d,&e);
     printf("%u,%ld\n",d,e);
     return 0;
}
```

运行程序，若输入：100,100,100↙（回车符）

则输出：100,64,256

再输入：54321,765432↙

则输出：54321,765432

2.1.3 实型数据

1. 实型常量

实数又称为浮点数，实型常量的表示形式有以下两种：

（1）十进制小数形式。这种表示形式由数字和小数点组成（必须有小数点），如-9.8、-0.618、0.0、.5239、2.71828、7.0 等。

（2）指数形式。这种表示形式由尾数、字母 E（或 e）、指数三部分构成。例如，6.53E003 表示 6.53×10^{3}；3.14e-005 表示 3.14×10^{-5}。注意：字母 E（或 e）的两侧必须有数字，且字母 E（或 e）右侧的指数必须是整数。

一个实数的指数形式有多种。例如，271.828 可以表示为 2718.28E-001、271.828E000、2.71828E+002、0.271828E+003 等。其中，2.71828E+002（或 2.71828e+002）是规范化的指数形式。在规范化的指数形式中，尾数部分的小数点左侧有且只有一位非零数字。

2. 实型变量

实型变量分为单精度型和双精度型，有的 C 语言版本还支持长双精度型（long double）。

（1）单精度型实型变量的类型说明符为 float，该类型变量在内存中占 4 字节（32 位），有效数字的个数是 7 位十进制数字，数值范围为 $-3.4\times10^{-38}\sim3.4\times10^{38}$。

（2）双精度型实型变量的类型说明符为 double，该类型变量在内存中占 8 字节（64 位），有效数字的个数是 15 位十进制数字，数值范围为 $-1.7\times10^{-308}\sim1.7\times10^{308}$。

3. 实型数据的输入输出

对于单精度型（float 型）的数据，可以使用%f 和%e 来控制输入（输出）。

对于双精度型（double 型）的数据，可以使用%lf 和%le 控制输入（输出）。

例 2.3 举例说明实型数据的输入/输出。

程序代码如下：

```
#include<stdio.h>
int main()
{    float x1,x2;
     double y1,y2;
     scanf("%f,%e,%lf,%le",&x1,&x2,&y1,&y2);
     printf("%f,%e,%lf,%le\n",x1,x2,y1,y2);
     return 0;
}
```

若输入：

```
2.71828,271.828,123.456,12345.6↙
```

则输出：

```
2.718280,2.718280e+002,123.456000,1.234560e+004
```

若输入：

```
2.7182818,271.82818,123456789.123456789,123.456789↙
```

则输出：

```
2.718282,2.718282e+002,123456789.123457,1.234568e+003
```

从上面的输出结果可看出：

（1）对于十进制小数形式，单精度型和双精度型的有效数字分别是 7 位和 15 位。

（2）对于十进制指数形式，都是 7 位有效数字。

2.1.4 字符型数据

1. 字符型常量

用一对单引号括起来的单个字符称为字符型常量。例如，'a'、'A'、'3'、'0'、'+'、'?'等都是字符型常量。注意：大小写字母是不相同的，如 'A' 不等于 'a'。

以转义符 '\' 开头的一些字符构成的转义序列是一种特殊形式的字符型常量，如用 '\n' 表示回车换行。常见的转义字符及其含义如表 2.1 所示。

表 2.1 常见的转义字符及其含义

字符形式	含 义
\a	警告声
\b	退格，光标从当前位置后退一个字符
\f	换页，光标从当前位置移到下一页的开头
\n	换行，光标从当前位置移到下一行的开头
\r	回车，光标从当前位置移到本行的开头
\t	横向跳格，光标移到下一个 Tab 位置
\\	反斜线字符
\'	单撇号字符
\"	双撇号字符
\ddd	1~3 位八进制数所代表的字符
\xhh	1~2 位十六进制数所代表的字符
\0	字符串终止字符

\ddd 表示 1~3 位八进制数所代表的字符。例如，'\141' 代表字符 'a'；'\43' 代表字符 '#'；'\52' 代表字符 '*'；'\40' 代表一个空格。

\xhh 表示 1~2 位十六进制数所代表的字符。例如，'\x61' 代表字符 'a'；'\x23' 代表字符 '#'；'\x2a' 代表字符 '*'；'\x20' 代表一个空格。

'\t' 用于将当前位置横向跳到下一个制表区的开头。一个制表区占 8 列。

'\r' 和 '\n' 的区别：'\r' 用于将当前位置移到本行的开头；'\n' 用于将当前位置移到下一行的开头。

例 2.4 举例说明转义字符的使用。

程序代码如下：

```
#include<stdio.h>
int main()
{   printf("\"\x59\55\115\55\x44,2023-08-31\"\n");
    printf("\'A\'\53\'\102\'\53\'\x43\'\b\b\b\n");
    return 0;
}
```

运行结果：

```
"Y-M-D,2023-08-31"
'A'+'B'+'C'
```

2. 字符串常量

放在一对双引号内的若干个字符被称为字符串常量，如 "Welcome"、"请输入一个数："、"1945-08-15" 等。C 编译程序在存储字符串常量时，自动采用字符 '\0' 作为字符串结束标志。字符 '\0' 的 ASCII 码值为 0，它不引起任何控制动作，也不是一个可显示的字符。因此，字符串 "Main" 在内存中占 5 字节，而不是 4 字节，如图 2.2 所示。

M	a	i	n	\0

图 2.2 字符串的存储

'a' 和 "a" 这两种表示形式是不同的。'a' 是一个字符常量，在内存中占 1 字节；而 "a" 是字符串常量，在内存中占 2 字节，包含 'a' 和 '\0' 两个字符。

3. 字符型变量

字符型变量的类型说明符为 char。例如，可定义字符型变量 ch1、ch2 如下：

```
char ch1,ch2;
```

字符型变量用于存储字符型常量，一个字符型变量只能存储一个字符型常量。因为一个字符型变量在内存中占 1 字节的空间，所以一个字符型变量只能存储一个字符（1 字节的信息）。

例如，可以用如下语句给上面定义的字符变量 ch1、ch2 赋值：

```
ch1='A';ch2='B';
```

将一个字符型常量存放到一个字符型变量中，实质上是将该字符型常量对应的二进制 ASCII 代码存放在字符型变量中，在系统为该变量所分配的 1 字节中，存放的是该字符型常量的二进制 ASCII 码值。

例如，'A' 的二进制 ASCII 码值是 01000001，所以在系统为 ch1 所分配的 1 字节中存放的是 01000001。

4. 字符数据的输入/输出

输入/输出 char 型的数据可以使用%c 来控制。

例 2.5 使用三种方式为字符型变量赋值，然后输出。

程序代码如下：

```
#include<stdio.h>
int main()
```

```
{   char c1='n',c2,c3;                          /*在定义变量c1时为变量赋值*/
    scanf("%c",&c2);                            /*从键盘为变量c2赋值*/
    c3='t';                                     /*使用赋值运算符为变量c3赋值*/
    printf("%c%c%cwork\n",c1,c2,c3);
    return 0;
}
```

运行该程序，若输入字符 e，则输出：

```
network
```

例 2.6 大写英文字母的 ASCII 码值与小写英文字母的 ASCII 码值相差 32，可以利用此规律来实现大小写英文字母的转换。

程序代码如下：

```
#include<stdio.h>
int main()
{   char c1,c2;
    printf("请输入一个小写英文字母:");
    scanf("%c",&c1);
    c2=c1-32;
    printf("英文字母%c的大写形式为%c",c1,c2);
    return 0;
}
```

运行该程序，若输入字符 a，则输出：

```
英文字母a的大写形式为A
```

同理，可以编写程序将大写字母转换为小写字母。

2.2 运算符和表达式

2.2.1 算术运算符

基本的 5 种算术运算符为+、-、*、/、%。

+：加法运算符或正值运算符，如 235+659、3.14+2.39、+197。

-：减法运算符或负值运算符，如 320-145、2.17-0.61、-2。

*：乘法运算符，如 45*178、5.62*7.83。

/：除法运算符，如 123/56、9.8/3.1415。

%：求余数运算符，或称取模运算符，如 20%3 的值为 2、20%4 的值为 0。

对于除法运算符，若两个整数相除，则其商为整数，其小数部分被舍弃。例如，7/2 的结果不是 3.5，而是 3；15/30 的结果是 0，而不是 0.5。若除数和被除数中有一个是浮点数

（float 型或 double 型数据），则与数学的运算规则相同。例如，3/2.0、3.0/2、3.0/2.0 的结果都是 1.5。

求余数运算符%的规则：%两侧的操作数均为整型数据，结果的符号与%左侧的符号相同。例如，32%8 的结果是 0；-18%4 的结果是-2；29%-4 的结果是 1；-22%-4 的结果是-2。通常，用%运算来判断一个数能否整除另一个数。例如，32%8 的结果是 0，则 32 能被 8 整除，或者说 8 能整除 32。

2.2.2 算术表达式

1. 算术表达式的概念

C 语言的算术表达式是指用算术运算符和圆括号将运算对象（常量、变量和函数等）连接起来的、符合 C 语言语法规则的式子。单个常量、变量或函数是表达式的特例。

C 语言的算术表达式与通常使用的数学表达式不同，使用时需要注意。例如，将数学表达式$(6x+7y)\div(3xy)$写成 C 语言的算术表达式，应该是(6 * x+7 * y)/(3 * x * y)或（6 * x+7 * y）/3/x/y。

算术表达式的结果不应该超过其能表示的数的范围。例如，short 型的范围是-32768～32767，下面程序中的算术表达式 x+y 超过了 32767，赋给 z 显然是错误的。

```
main()
{    short x,y,z;
     x=23500;y=25670;   z=x+y;
     printf("% d",z);
}
```

运行该程序将出现溢出。若将这 3 个变量定义为 int 型或 long 型，则不会溢出。

2. 算术运算符的优先级与结合性

1）优先级

在求表达式的值时，按运算符的优先级别高低，依次执行。

C 语言的算术运算符的优先级：先乘除，后加减；求余运算的优先级与乘除相同；有函数和圆括号时，优先运算函数和圆括号里的表达式。

2）结合性

结合性是指当一个操作数两侧的运算符具有相同的优先级时，该操作数是先与左边的运算符结合，还是先与右边的运算符结合。自左至右的结合方向称为左结合性；反之，称为右结合性。

算术运算符的结合方向是自左至右。例如，在执行 m+n-k 时，变量 n 先与加号结合，执行 m+n；然后执行-k 运算。

2.2.3 不同数据类型间的混合运算

在 C 语言中，整型、实型和字符型数据之间可以混合运算。若一个运算符两侧操作数的数据类型不同，则系统按“先转换、后运算”的原则，首先将数据自动转换为同一类型，然后在同一类型数据间进行运算。

注意：这是针对“一个运算符两侧”，而不是整个表达式的所有数据自动转换为同一类型。也就是说，只有在一个运算符两侧的操作数的数据类型不同时，才将两侧的操作数自动转换为同一类型，然后进行运算。

转换方式有两种：自动转换；强制转换。

1. 自动转换

自动转换就是系统根据转换规则自动将两个不同数据类型的运算对象转换为同一数据类型。自动转换又称隐式转换。自动转换的规则如图 2.3 所示。

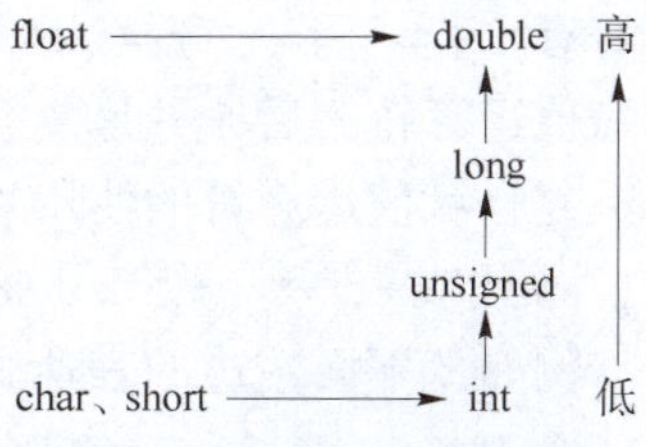

图 2.3 自动转换的规则

在图 2.3 中，横向向右的箭头表示必须进行的转换。char 型和 short 型必须转换成 int 型后才能参与运算，float 型必须转换成 double 型后才能参与运算（即使是两个 float 型数据做运算，也要先转换成 double 型再做运算）。

在图 2.3 中，纵向箭头表示当运算对象为不同类型时转换的方向。例如，若 int 型与 double 型数据进行混合运算，则先将 int 型数据转换成 double 型，然后进行运算，结果为 double 型。纵向箭头的方向只表示数据类型的高低，由低向高转换；不能将其理解为 int 型先转换成 unsigned 型，再转换成 long 型，然后转换成 double 型。

自动转换只针对一个运算符两侧的两个运算对象，而不能对表达式中的所有运算符涉及的运算对象一次性自动转换。

例如，C 语言表达式 3.0/2+4.38 的值是 5.88，而 C 语言表达式 3/2+4.38 的值是 5.38。原因在于：3.0/2 先将 2 转换成实型后再进行 3.0/2 运算，值是 1.5，然后与 4.38 相加，得到的结果是 5.88；而 3/2 先按整型进行 3/2 运算，值是 1，再与 4.38 相加，得到的结果是 5.38。注意：不要理解成将 3/2+4.38 中的每个数都先转换成实型后再运算。

2. 强制转换

编写程序时，利用强制类型转换运算符，可以将一个表达式的值转换成所需的类型。

强制转换的格式如下：

```
(类型名)(表达式)
```

例如：

(float)x	将 x 转换成 float 型。注意：不能写成 float(x)
(int)3.14159	将 3.14159 转换成 int 型
(double)(16%7)	将 16%7 的值转换成 double 型
(float)(a+b-23)	将 a+b-23 的值转换成 float 型。注意：不能写成(float)a+b-23

2.2.4 赋值运算符

1. 普通赋值运算符

“=”是普通赋值运算符，普通赋值运算的作用是先计算赋值运算符“=”右侧表达式的值，再将计算后得到的值赋给运算符左侧的变量。

例如，“a=3.14159;”的作用是将常量3.14159赋值给变量a；“b=3*a-7;”的作用是计算表达式3*a-7的值，然后将计算结果赋值给变量b。

又如，“n=n+1;”的作用是将变量n原来的值加1后赋值给变量n，若变量n原来的值是5，则执行“n=n+1;”后，变量n的值是6。

2. 复合赋值运算符

在普通赋值运算符（=）的前面加上其他运算符，就形成复合赋值运算符。复合赋值运算符有：+=、-=、*=、/=、%=、<<=、>>=、&=、^=、|=。其中，前5种是复合算术赋值运算符，后5种是复合位运算赋值运算符，将在后面介绍。

复合赋值运算符的使用规则：Xop=Y 等价于 X=XopY。其中，X代表被赋值的某个变量，op代表+、-、*、/、%中的任意运算符，Y代表某个表达式。

例如，下面左边的表达式等价于右边的表达式：

a+=18　　等价于 a=a+18

a*=b-23　　等价于 a=a*(b-23)　　(注意：不等价于 a=a*b-23)

a/=3*b+4　　等价于 a=a/(3*b+4)　　(注意：不等价于 a=a/3*b+4)

a&=b+c　　等价于 a=a&(b+c)　　(注意：不等价于 a=a&b+c)

a<<=3　　等价于 a=a<<3

a^=b　　等价于 a=a^b

2.2.5 赋值表达式

由变量、赋值运算符、表达式连接起来的式子称为赋值表达式。赋值表达式的值就是被赋值的变量的值。例如，赋值表达式“n=78-12”的值就是n的值，而n的值是66，所以赋值表达式“n=78-12”的值就是66。又如，赋值表达式“a+=123”的值就是a的值，因为“a+=123”等价于“a=a+123”，若a的初值是100，则执行“a=a+123”后，a的值是223，所以赋值表达式“a+=123”的值就是223。

再看下面赋值表达式的例子：

（1）a=(b=10)+(c=20)-9。在该表达式中，a的值是21，所以赋值表达式的值是21。

（2）a=b=c=89。在执行a=b=c=89后，a、b、c的值都是89，所以该赋值表达式的值是89。

赋值表达式的后面加上分号“;”，就成为赋值语句。

2.2.6 赋值表达式的类型转换

当赋值运算符左边变量的数据类型与右边表达式的数据类型不同时，需要进行数据类型转换。系统会把右边的数据转换成左边数据类型的数据。

类型转换后，可能会发生数据丢失现象。例如，赋值运算符的左侧为short型，右侧为long型，由于long型在内存中所占二进制位数是32位，而short型在内存中所占二进制位数是16位，使得long型的高16位无法复制到short型变量所占内存中，因此可能丢失数据。

也就是说，若赋值运算符左侧变量所占内存空间小于右侧表达式的数据类型所占内存空间，则可能丢失数据。例如，赋值运算符左侧为short型，右侧为int型或long型，就可能丢失数据；赋值运算符左侧为char型，右侧为整型或实型，就可能丢失数据；赋值运算符左侧为float型，右侧为double型，就可能丢失数据。

下面分几种情况讨论。

1）字符型数据赋值给整型变量

字符型数据在内存中占8位，而整型变量在内存中至少占16位，因此将字符型数据的8位放到整型变量的低8位中。对整型变量的其他位，Visual C++和C-Free都根据字符型数据的最高位的值来决定补1或补0。若字符型数据的最高位是0，则对整型变量的其他位补0；若字符型数据的最高位是1，则对整型变量的其他位补1。

2）整型（int、short、long）数据赋值给字符型变量

由于字符型数据在内存中占8位，所以只将整型数据的低8位送到字符型变量中。

3）short型数据赋值给long型变量

将short型数据的16位二进制代码送到long型变量的低16位中，如果short型数据值为正（符号位是0），则long型变量的高16位补0；如果short型数据值为负（符号位是1），则long型变量的高16位补1。对高16位补0（或1）称为符号扩展。

4）long型数据赋值给short型变量

只将long型数据中的低16位送到short型变量中。

5）unsigned short型数据赋值给long型变量

此时不存在符号扩展问题，只需将long型变量的高位补0。

6）unsigned型数据赋值给占二进制位数相同的其他整型变量

将unsigned型数据的内容原样送到其他整型变量中，如果范围超过其他整型变量允许的范围，则会出错。例如，a是unsigned short型变量，a=65535，而b是short型变量，若执行“b=a;”，则由于a的二进制形式是11111111 11111111，所以b的二进制形式也是11111111 11111111，而且由于最高位（符号位）是1，因此b成了负数，根据补码知识可知b是-1，执行“printf("%d",b);”将输出“-1”。

7）非unsigned型的整型数据赋值给占二进制位数相同的unsigned型变量

此时也是原样赋值（即最高的符号位也一起传送）。例如，a是unsigned short型变量，b是short型变量，b=-1，若执行“a=b;”，则由于b的二进制形式是11111111 11111111，所以a的二进制形式也是11111111 11111111，执行“printf("%d",a);”将输出“65535”。

其他各种整型数据间转换的方法与上面基本相同，可总结为，将占位数少的变量赋值给占位数多的变量时，原值传送到占位数多的变量的低位（应注意高位的符号扩展问题）。将占位数多的变量赋值给占位数少的变量时，可能丢失数据。

8）整型数据赋值给实型变量

系统将整型数据转换成单精度（或双精度）实型数据，保持数值不变，赋值给实型变量。

9）实型数据赋值给整型变量

将单精度（或双精度）实型数据赋值给整型变量时，舍弃实型数据的小数部分，将整数部分赋值给整型变量。例如，若n是int型变量，则执行“n=2.59;”的结果是n的值为2，执行“printf("%d",n);”将输出“2”。

10）float 型数据赋值给 double 型变量

此时保持数值不变，存放到 double 型变量中，在内存中以 64 位二进制形式存储。

11）double 型数据赋值给 float 型变量

此时截取 double 型数据的前 7 位有效数字，存放到 float 型变量中，在内存中以 32 位二进制形式存储。此时可能丢失数据，还要注意数值范围，不要溢出。

2.2.7 自增、自减运算符

自增运算符（++）的作用是使变量的值增 1，自减运算符（--）的作用是使变量的值减 1。自增运算符和自减运算符都是单目运算符。

对于 int 型变量 i，++i 和 i++都等价于 i=i+1，--i 和 i--都等价于 i=i-1。

++i 和--i 是前缀表示法，i++和 i--是后缀表示法。

++i 表示将 i 值先增 1，再将 i 在表达式中使用；i++表示先在表达式中使用 i 的值，再将 i 值增 1。

--i 表示将 i 值先减 1，再将 i 在表达式中使用；i--表示先在表达式中使用 i 的值，再将 i 值减 1。

例 2.7 阅读程序，理解自增、自减运算。

程序代码如下：

```
#include<stdio.h>
int main()
{   int i,j,k;  i=66;
    j=++i;                                  /*j 的值是 67 */
    k=i++;                                  /*k 的值是 67 */
    printf("%d,%d,%d\n",j,k,i);             /*i 的值是 68 */
    i=-66;
    j=--i;                                  /*j 的值是-67 */
    k=i--;                                  /*k 的值是-67 */
    printf("%d,%d,%d\n",j,k,i);             /*i 的值是-68 */
    return 0;
}
```

程序运行结果：

```
67,67,68
-67,-67,-68
```

关于自增、自减运算，需要注意以下几点：

（1）自增、自减运算符都不能用于常量和表达式。例如，++3、(a*b)++都是非法的。

（2）自增、自减运算符的优先级高于算术运算符，与单目运算符“-”（取负）和“!”（逻辑非）的优先级相同，结合方向自右至左。例如，-a++等价于-(a++)。

（3）像“printf("%d,%d \n",i,i++);”这样出现“i,i++”的语句，在不同的编译系

统中结果不同。假设执行该printf语句之前i的值是3，若按照从左至右的方式求值，则输出“3,3”；若按照从右至左的方式求值，则输出“4,3”。

（4）自增、自减运算符最好单独使用，避免自增、自减运算符与其他运算符混合使用。像++n+++m这样很难理解的表达式，应该避免使用。

2.2.8 逗号运算符和逗号表达式

用逗号将两个表达式连接起来形成的一个表达式称为逗号表达式。它的一般形式如下：

```
表达式1,表达式2
```

逗号表达式的求值过程：先求表达式1的值，再求表达式2的值，最后将表达式2的值作为逗号表达式的值。

例如，逗号表达式“k=5*3,++k”的值是16。这是因为，第一个表达式“k=5*3”的值是15，因此k的值也是15，所以第二个表达式“++k”的值是16。由于赋值运算符的优先级高于逗号运算符，所以“k=5*3,++k”是逗号表达式，不要将其理解为“k=(5*3,++k)”。

一个逗号表达式可以与另一个表达式组成新的逗号表达式。例如，“(k=5*3,++k),6*k”就是这样的逗号表达式。对于这样的逗号表达式，先计算逗号表达式“(k=5*3,++k)”的值，再计算表达式“6*k”，“6*k”的值就是逗号表达式“(k=5*3,++k),6*k”的值。

逗号表达式的扩展形式如下：

```
表达式1,表达式2, … ,表达式n
```

求这个逗号表达式的过程：自左至右，依次计算每个表达式的值，最后计算出的表达式*n*的值即整个逗号表达式的值。

例如，逗号表达式“n=10,n+=2,n*3”的值为36（即“n*3”的值）。

然而，不是任何地方出现逗号就是逗号运算符，逗号在很多情况下仅用作分隔符。例如，在输入函数“scanf("%d,%d",&x,&y);”中的逗号、在输出函数“printf("%d,%d",x,y);”中的逗号，都用作分隔符。

2.2.9 求字节数运算符

求字节数运算符是sizeof，它一个特殊的单目运算符，可用于求各种变量或各种数据类型在计算机系统中所占的字节数。

某一个变量（或数据类型）在不同的计算机系统中可能占不同长度的内存空间，若想了解在自己所使用的计算机系统中各种变量（或数据类型）所占用的内存空间大小，就可以使用求字节数运算符sizeof。

例2.8 显示各种数据类型在计算机系统中所占内存空间的字节数。

程序代码如下：

```
#include<stdio. h>
int main()
{   short a;int b;long c;float d;double e;char f;
    printf("%d,%d,%d,%d,%d,%d \n",sizeof(a),sizeof(b),sizeof(c),sizeof(d),sizeof(e),sizeof(f));
    printf("%d,%d,%d,%d\n ",sizeof(short),sizeof(int),sizeof(unsigned int),sizeof(long int));
    printf("%d,%d,%d\n ",sizeof(float),sizeof(double),sizeof(char));
    return 0;
}
```

使用 Visual C++或 C-Free 运行该程序，输出如下：

```
2,4,4,4,8,1
2,4,4,4
4,8,1
```

2.2.10 位运算符

C 语言中的位运算包括按位取反运算、左（右）移运算、按位与运算、按位或运算等。

1. 按位取反运算

按位取反运算符为~。对于一个变量 a，取反运算~a 是将 a 的每位二进制代码取反，即将 a 的二进制代码中的 0 变为 1、将 1 变为 0。

2. 左移运算

左移运算符为<<。对于一个变量 a，左移运算是将 a 的每位二进制代码向左移动，移动之后高位丢失、低位补 0。

例如，若 a 是字符型变量，a 的二进制代码为 00001011，a<<2 是指将 a 的每位二进制代码向左移动 2 位，移动后为 00101100。

3. 右移运算

右移运算符为>>。对于一个变量 a，右移运算是将 a 的每位二进制代码向右移动，移动之后低位丢失、高位补 0（或补 1）。

对于 Visual C++和 C-Free 及 Turbo C 系统，若 a 是无符号数和正整数，则高位补 0；若 a 是负整数，则高位补 1。例如，若字符型变量 a 代码为 00001011，a>>2 是将 a 的每位二进制代码向右移动 2 位，移动后为 00000010。

4. 按位与运算

按位与运算符为 &。对于变量 a 和 b，按位与运算 a&b 是将 a 和 b 的各对应二进制位作 & 运算。运算规则：1&1=1；0&1=0；1&0=0；0&0=0。

5. 按位或运算

按位或运算符为 | 。对于变量 a 和 b，按位或运算 a | b 是将 a 和 b 的各对应二进制位作 | 运算。运算规则：1|1=1；0|1=1；1|0=1；0|0=0。

6. 按位异或运算

按位异或运算符为 ^。对于变量 a 和 b，按位异或运算 a^b 是将 a 和 b 的各对应二进制位进行 ^ 运算。运算规则：1^1=0；0^1=1；1^0=1；0^0=0。

2.2.11 位运算举例

1. 按位取反运算

按位取反运算符~是一个单目运算符，运算量在运算符之后，取反运算的功能是将一个数据中的所有位都取其相反值，0 变 1，1 变 0。

例 2.9 对于 unsigned short 型变量 num1=$(23)_{10}$，求~num1。

【分析】 由于$(23)_{10}=(00000000\ 00010111)_2$，因此对于 unsigned short 型变量 num2=~num1，num2 的值为$(11111111\ 11101000)_2$，等于$(177750)_8$，还等于$(65512)_{10}$。

程序代码如下：

```
#include<stdio.h>
int main()
{   unsigned short num1=23,num2;
    num2=~num1;
    printf("unsigned short 型数%d 取反的结果是%d",num1,num2);
    return 0;
}
```

运行程序输出如下：

```
unsigned short 型数 23 取反的结果是 65512
```

将该程序中的 num1 和 num2 改为 short 型，看看运行结果如何？程序代码如下：

```
#include<stdio.h>
int main()
{   short num1=23,num2;
    num2=~num1;
    printf("short 型数%d 取反的结果是%d",num1,num2);
    return 0;
}
```

程序运行结果：

```
short 型数 23 取反的结果是-24
```

将 num1 和 num2 修改为 short 型之后，num1 和 num2 是有符号变量，因此 num2=~num1 的值（11111111 11101000$)_2$是一个负数的补码，即 num2 存放的是负数。将 num2 转换为原码时，按照转换规则，得到二进制原码为 10000000 00011000，即十进制数-24。

2. 左移运算

左移运算符<<是一个双目运算符，左移运算的功能是将一个数据的所有位向左移若干位，将左边（高位）移出的部分舍去，将右边（低位）自动补零。

例 2.10 对于 unsigned short 型变量 num1 = $(4113)_{10}$，求 num1<<3 的结果。

【分析】 由于 num1 的二进制形式为 $(00010000\ 00010001)_2$，因此 num1<<3 的结果是 $(10000000\ 10001000)_2$，换算成十进制为 32904。

程序代码如下：

```
#include<stdio.h>
int main()
{    unsigned short num1=4113,num2;
     num2=num1<<3;
     printf("unsigned short 型数%d 左移 3 位的结果是%d ",num1,num2);
}
```

程序运行结果：

```
unsigned short 型数 4113 左移 3 位的结果是 32904
```

将该程序修改如下：

```
#include<stdio.h>
int main()
{    short num1=4113,num2;
     num2=num1<<3;
     printf("short 型数%d 左移 3 位的结果是%d ",num1,num2);
}
```

程序运行结果：

```
short 型数 4113 左移 3 位的结果是-32632
```

原因与例 2.9 相同，num1<<3 的结果是 $(10000000\ 10001000)_2$，这是一个负数的补码，按照转换规则，得到它的二进制原码为 11111111 01111000，因此按十进制%d 格式输出 short 型数是-32632。

对于无符号数，在左移过程中如果没有高位丢失，则左移 1 位相当于乘以 2，左移 2 位相当于乘以 4。unsigned short 型数 4113 左移 3 位相当于乘以 8。

左移运算的速度较快，因此，对于乘 2 的操作，有些 C 编译系统自动用左移 1 位来实现，将 2^n 幂运算用左移 n 位来实现。

3. 右移运算

右移运算符>>是双目运算符，右移运算的功能是将一个数据的所有位向右移若干位。将右侧（低位）移出的部分舍去，左侧（高位）移入的二进制数分两种情况处理：对于无符号数和正整数，高位补 0；对于负整数，高位补 1（适用于 Visual C++和 C-Free 及 Turbo C 等系统）。

例 2.11 对于 unsigned short 型变量 num1 = $(783)_{10}$，求 num1>>3 的结果。

【分析】 $(783)_{10}$ 的二进制形式为 $(00000011\ 00001111)_2$，因此 num1>>3 的结果是 $(00000000\ 01100001)_2$，等于 $(97)_{10}$。

程序代码如下：

```
#include<stdio.h>
int main()
{   unsigned short num1=783,num2;
    num2=num1>>3;
    printf("unsigned short 型数%d 右移 3 位的结果是%d ",num1,num2);
}
```

程序运行结果：

```
unsigned short 型数 783 右移 3 位的结果是 97
```

对于无符号数来说，在右移过程中，如果没有低位的丢失，则每右移 1 位，就相当于除以 2，右移 2 位相当于除以 4。

4. 按位与运算

按位与运算要求有两个运算量，按照运算规则，将两个运算量的各对应二进制位作按位与运算。

例 2.12 对于 unsigned short 型变量 num1=$(32813)_{10}$和 num2=$(32815)_{10}$,求 num1&num2。

【分析】 num1＝$(32813)_{10}$，num1 等于$(10000000\ 00101101)_2$；num2＝$(32815)_{10}$，num2 等于$(10000000\ 00101111)_2$。因此，num1&num2 等于$(10000000\ 00101101)_2$，等于$(32813)_{10}$。

$$\begin{array}{r} 10000000\ 00101101 \\ \&\ 10000000\ 00101111 \\ \hline 10000000\ 00101101 \end{array}$$

程序代码如下：

```
#include<stdio.h>
int main()
{   unsigned short num1=32813,num2=32815,num3;
    num3=num1&num2;
    printf("%d 和%d 按位与运算的结果是%d\n",num1,num2,num3);
    return 0;
}
```

程序运行结果：

```
32813 和 32815 按位与运算的结果是 32813
```

例 2.13 对于 short 型变量 num1=$(-83)_{10}$和 num2=$(-53)_{10}$，求 num1&num2。

【分析】 num1=$(-83)_{10}$的补码为$(11111111\ 10101101)_2$，$(-53)_{10}$的补码为$(11111111\ 11001011)_2$，因此 num1&num2 等于$(11111111\ 10001001)_2$，$(11111111\ 10001001)_2$是$(-119)_{10}$的补码。

$$\begin{array}{r} 11111111\ 10101101 \\ \&\ 11111111\ 11001011 \\ \hline 11111111\ 10001001 \end{array}$$

程序代码如下：

```
#include<stdio.h>
int main()
{   short num1=-83,num2=-53,num3;
    num3=num1&num2;
    printf("%d 和%d 按位“与”运算的结果是%d\n",num1,num2,num3);
    return 0;
}
```

程序运行结果：

```
-83 和-53 按位“与”运算的结果是-119
```

5. 按位或运算

按位或运算要求有两个运算量，按照运算规则，将两个运算量的各个对应二进制位作按位或运算。

例 2.14　对于 unsigned short 型变量 num1=$(32815)_{10}$和 num2=$(32813)_{10}$，求 num1 | num2。

【分析】　num1 = $(32815)_{10}$，等于$(10000000\ 00101111)_2$；num2 = $(32813)_{10}$，等于$(10000000\ 00101101)_2$。因此，num1 | num2 等于$(10000000\ 00101111)_2$，等于$(32815)_{10}$。

```
  10000000 00101111
| 10000000 00101101
-------------------
  10000000 00101111
```

程序代码如下：

```
#include<stdio.h>
int main()
{   unsigned short num1=32815,num2=32813,num3;
    num3= num1| num2;
    printf("%d 和%d 按位或运算的结果是%d\n ",num1,num2,num3);
    return 0;
}
```

程序运行结果：

```
32815 和 32813 按位或运算的结果是 32815
```

例 2.15　对于 short 型变量 num1=$(-63)_{10}$和 num2=$(-53)_{10}$，求 num1|num2。

【分析】　num1 = $(-63)_{10}$的补码为$(11111111\ 11000001)_2$，num2 = $(-53)_{10}$的补码为$(11111111\ 11001011)_2$。因此，num1|num2 等于$(11111111\ 11001011)_2$，$(11111111\ 11001011)_2$是$(-53)_{10}$的补码。

```
  11111111 11000001
| 11111111 11001011
-------------------
  11111111 11001011
```

程序代码如下：

```
#include<stdio.h>
int main()
{   short num1=-63,num2=-53,num3;
```

```
    num3= num1|num2;
    printf("%d和%d按位或运算的结果是%d\n",num1,num2,num3);
    return 0;
}
```

程序运行结果：

```
-63和-53按位或运算的结果是-53
```

6. 按位异或运算

按位异或运算要求有两个运算量，按照运算规则，将两个运算量的各对应二进制位作按位异或运算。

例 2.16 对于 unsigned short 型变量 num1=$(32815)_{10}$和 num2=$(32813)_{10}$，求 num1^num2。

【分析】 num1 = $(32815)_{10}$，等于$(10000000\ 00101111)_2$；num2 = $(32813)_{10}$，等于$(10000000\ 00101101)_2$。因此，num1^num2 等于 $(00000000\ 00000010)_2$，$(00000000\ 00000010)_2$等于$(2)_{10}$。

```
   10000000 00101111
^  10000000 00101101
--------------------
   00000000 00000010
```

程序代码如下：

```
#include<stdio.h>
int main()
{   unsigned short num1=32815,num2=32813,num3;
    num3=num1^ num2;
    printf("%d和%d按位异或运算的结果是%d\n",num1,num2,num3);
    return 0;
}
```

程序运行结果：

```
32815和32813按位异或运算的结果是2
```

在例 2.9～例 2.16 中，运算量的数据类型是 unsigned short 或 short，读者可以改用其他数据类型来练习位运算。

2.2.12 位运算应用

例 2.17 num1=$(3147)_{10}$是 short 型变量，请将存储 num1 的内存单元的二进制形式的低 8 位取出。

【分析】 由于$(3147)_{10}$的二进制形式为$(00001100\ 01001011)_2$，因此将存储 num1 的内存单元的低 8 位取出来就是取出$(00000000\ 01001011)_2$（高 8 位都是 0）。只要将 num1 与$(00000000\ 11111111)_2$作按位与运算即可。$(00000000\ 11111111)_2=(255)_{10}$。令 num2=$(255)_{10}$，则将 num1 与 num2 作按位与运算即可。

程序代码如下：

```
#include<stdio.h>
int main()
{   short num1=3147,num2=255,num3;
    num3= num1 & num2;                    /* num3 十进制形式为 75 */
    printf("%d 的二进制形式低 8 位对应的十进制数为%d\n",num1,num3);
    return 0;
}
```

程序运行结果：

```
3147 的二进制形式低 8 位对应的十进制数为 75
```

若将该程序中的 num1 的值换为-63，然后运行程序，则输出如下：

```
-63 的二进制形式低 8 位对应的十进制数为 193
```

这是因为，num1 的内存单元存放的是$(-63)_{10}$的补码，$(-63)_{10}$的补码为$(11111111\ 11000001)_2$，取出$(11111111\ 11000001)_2$的低 8 位为$(00000000\ 11000001)_2$，$(00000000\ 11000001)_2$对应的十进制数为 193。

例 2.18　num1 = $(3147)_{10}$是 unsigned short 型变量，请将存储 num1 的内存单元的二进制形式的后 8 位变为 0。

【分析】　$(3147)_{10}$的二进制形式为$(00001100\ 01001011)_2$，将后 8 位变为 0 后的二进制形式为$(00001100\ 00000000)_2$，$(00001100\ 00000000)_2$的十进制形式为$(3072)_{10}$。

将 num1 与$(11111111\ 00000000)_2$作按位与运算，即可得到$(00001100\ 00000000)_2$。$(11111111\ 00000000)_2$的十进制形式为$(65280)_{10}$。令 num2 = $(65280)_{10}$，将 num1 与 num2 作按位与运算即可。

程序代码如下：

```
#include<stdio.h>
int main()
{   unsigned short num1=3147,num2=65280,num3;
    num3=num1 & num2;
    printf("将存储%d 的内存单元的二进制形式的后 8 位变为 0 后得到的十进制数是%d\n",num1,num3);
    return 0;
}
```

运行程序输出如下：

```
将存储 3147 的内存单元的二进制形式的后 8 位变为 0 后得到的十进制数是 3072
```

例 2.19　$(3146)_{10}$是 unsigned short 型变量，请将存储 num1 的内存单元的二进制形式的后 4 位变为 1。

【分析】　$(3146)_{10}$的二进制形式为$(00001100\ 01001010)_2$，将后 4 位变为 1 后的二进制形式为$(00001100\ 01001111)_2$，$(00001100\ 01001111)_2$的十进制形式为$(3151)_{10}$。

将 num1 与 $(00000000\ 00001111)_2$ 作按位或运算，即可得到 $(00001100\ 01001111)_2$。$(00000000\ 00001111)_2$ 的十进制形式为 $(15)_{10}$。令 num2 = $(15)_{10}$，将 num1 与 num2 作按位或运算即可。

程序代码如下：

```
#include<stdio.h>
int main()
{   unsigned short num1=3146,num2=15,num3;
    num3=num1| num2;
    printf("将存储%d 的内存单元的二进制形式的后4位变为1后得到的十进制数是%d\n ",num1,num3);
    return 0;
}
```

程序运行结果：

```
将存储3146的内存单元的二进制形式的后4位变为1后得到的十进制数是3151
```

例 2.20 从键盘输入一个十六进制正整数，存放在 unsigned short 型变量 a 中，将 a 的二进制形式循环右移 n 位。

【分析】 循环右移 n 位含义是：首先，将 a 右移 n 位，移出的 n 位数据不丢弃，保持这 n 位的数据和原有位置关系；然后，将这 n 位数据作为左端需要补入的 n 位。

例如，若 a 的十六进制形式为 6d1（二进制形式为 00000110 11010001），将 a 循环右移 3 位，移出的 3 位（001）补入左端，循环右移后的十六进制形式为 20da（二进制形式为 00100000 11011010）。

将 a 的二进制形式循环右移 n 位的方法如图 2.4 所示，过程如下：

（1）将 a 左移 16-n 位，右端补 16-n 个 0，然后存入 b，即 b 中存放 a 的低 n 位。

（2）将 a 右移 n 位，左端补 n 个 0，然后存入 c，即 c 中存放 a 的高 16-n 位。

（3）上面的工作结束后，a 被分割成两部分（低 n 位放在 b 中，高 16-n 位放在 c 中）。接下来将 b 与 c 作按位或运算，即可得到所需结果。

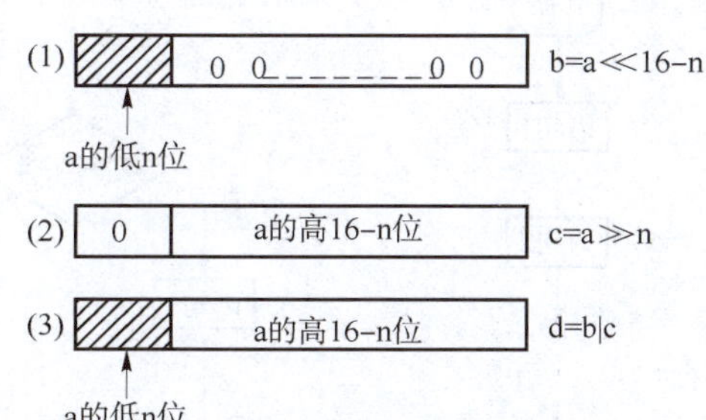

图 2.4 循环移位示意图

程序代码如下：

```
#include<stdio.h>
int main()
{   unsigned short n,a,b,c,d;
    printf("请输入一个十六进制正整数:");
    scanf("%x",&a);
    printf("\n 请输入循环右移的位数:");
    scanf("%d ",&n);
    b=a<<16-n;
    c=a>>n;
```

```
    d=b|c;
    printf("\n%x 循环右移%d 位后,得到%x。\n",a,n,d);
    return 0;
}
```

程序运行结果：

```
请输入一个十六进制正整数:6d1↙
请输入循环右移的位数:3↙
6d1 循环右移 3 位后,得到 20da。
```

2.3 顺序结构程序设计

结构化程序设计通常包括3种基本结构，即顺序结构、选择结构、循环结构。如图2.5所示，顺序结构采用由上而下的顺序、逐条执行各语句。如图2.6所示，选择结构根据判断条件的真或假，分别执行语句1或语句2。如图2.7（a）所示，首先判断条件的真假，条件为真时执行循环体语句1，否则跳出循环去执行循环之后的语句2；如图2.7（b）所示，首先执行循环体语句1，然后判断条件的真假，条件为真时继续执行循环体语句1，条件为假时跳出循环去执行循环之后的语句2。

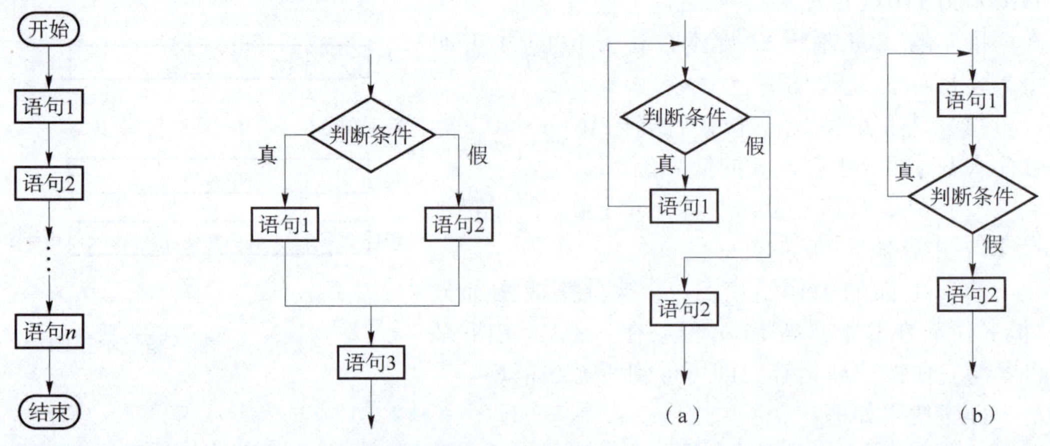

图2.5 顺序结构流程图　　图2.6 选择结构流程图　　图2.7 两种循环结构流程图

本章介绍顺序结构程序设计，其他结构程序设计将在后面的章节中介绍。

使用顺序程序解决问题的过程一般包括3部分：数据的输入；数据的处理；数据的输出。数据的输入是把已知数据输入计算机（为变量赋值）；数据的处理是根据输入的数据、依照某种算法进行运算，得出问题的答案；数据的输出是指将得出的答案以某种方式显示。

例2.21 输入圆柱体的半径和高，计算其表面积和体积。

计算圆柱体的表面积和体积的流程图如图2.8所示。

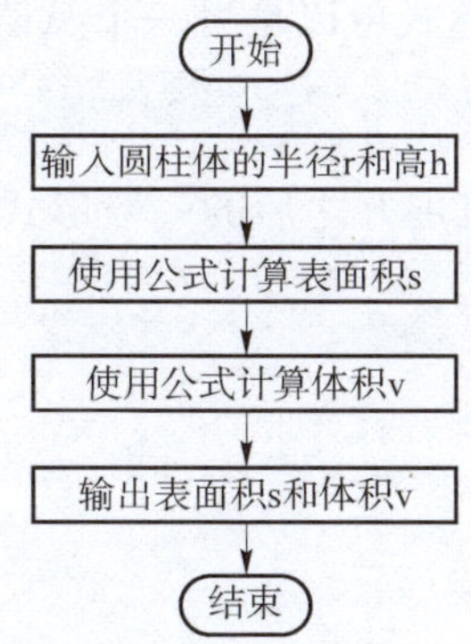

图 2.8 计算圆柱体的表面积和体积的流程图

程序代码如下：

```
#include<stdio.h>
int main()
{   float r,h,s,v;
    printf("输入圆柱体的半径和高:");
    scanf("%f,%f",&r,&h);
    s=2*3.14*r*r+2*3.14*r*h;
    v=3.14*r*r*h;
    printf("圆柱体的表面积是:%f\n",s);
    printf("圆柱体的体积是:%f\n",v);
    return 0;
}
```

程序运行结果：

```
输入圆柱体的半径和高:10,20↙
圆柱体的表面积是:1884.000000
圆柱体的体积是:6280.000000
```

从流程图和程序运行结果可以看出，该程序由上至下按顺序逐条执行每条语句。

2.4 C 语句的种类

在第 1 章中已经说明，一个 C 程序由若干个函数组成，一个函数包括声明部分（数据描述）和执行部分（数据操作）。其中，声明部分在函数中由数据定义来实现，执行部分由执行语句来实现。

在 C 程序中，常见的 C 语句有以下几种。

1. 赋值语句

赋值语句是在赋值表达式后加上分号构成的表达式语句。赋值语句是程序中使用得最多的语句之一。在赋值语句的使用中，需要注意以下几点。

（1）在赋值符“=”右侧的表达式可以是另一个赋值表达式。格式如下：

```
变量=(变量=表达式);
```

该形式可以形成嵌套的形式，其展开之后的一般形式如下：

```
变量=变量=…=表达式;
```

例如：

x=y=z=8;

该语句等效于以下的 3 个赋值语句：

z=8;　y=z;　x=y;

（2）应注意在变量声明中为变量赋初值和赋值语句的区别。

为变量赋初值是变量声明的一部分，赋初值后的变量与其后的其他同类型变量之间仍必须用逗号分隔，赋值语句则必须用分号结尾。

（3）在变量声明中，不允许连续为多个变量赋初值。

例如，下述语句是错误的：

int m=n=k=23;

必须写成如下形式：

int m=23,n=23,k=23;

（4）注意赋值表达式和赋值语句的区别，赋值表达式是一种表达式，它可以出现在任何允许表达式出现的地方，而赋值语句不能。

语句“printf("%d,%d",x=10,y=2*x+3);”是合法的，系统首先计算表达式“x=10”和表达式“y=2*x+3”的值，然后输出。使用 Visual C++运行该语句，输出“10,23”。

2. 表达式语句

表达式语句由一个表达式和在其后面加上一个分号（;）构成。

例如，“a++”是一个表达式，加上一个分号后，“a++;”就成为一条语句，作用是完成使 a 增 1 的操作。同样，赋值表达式“n=n+3”加上一个分号后，成为一条赋值语句“n=n+3;”。由此可以看出，赋值语句也是一种表达式语句。由于赋值语句在程序中使用频繁，因此将它单独列为一种语句进行讨论。

3. 函数调用语句

函数调用语句由函数名、括号、实际参数、分号组成。其一般形式如下：

```
函数名(实际参数表);
```

执行此语句就是调用指定的函数，并将实际参数传递给被调用函数定义中的形式参数，然后执行被调函数体中的语句。

例如，函数调用语句“printf("sum is:%d\n",100);”的功能是调用库函数 printf，输出“sum is 100”。

4. 控制语句

控制语句用于控制程序的流程，以实现程序的各种控制方式。控制语句由特定的语句定义符组成。

C 语言的控制语句有 9 种，可分成以下 3 类：

（1）条件判断语句：if 语句、switch 语句。
（2）循环执行语句：while 语句、do…while 语句、for 语句。
（3）转向语句：break 语句、continue 语句、goto 语句、return 语句。

5. 复合语句

将多条语句放在大括号｛｝中组成一个整体，这个整体称为复合语句。在程序中应把复合语句看成一条语句（一个整体）。例如：

```
{sum=a+b+c;  aver=sum/3;  printf("%f,%f",sum,aver);}
```

复合语句内的各条语句必须以“;”结尾，但在括号“}”后面不加分号。

6. 空语句

只有一个“;”的语句称为空语句。空语句不执行任何动作。

在程序中，可以使用空语句作空循环体。例如，在循环语句“while(getchar()!='#');”中，只要从键盘输入的字符不是 # 就重新输入。这里的循环体就是空语句。

2.5 数据的输入与输出

在 C 语言中，所有数据的输入/输出都通过调用库函数来完成，在前面的例题中已经用到了格式输出函数 printf 和格式输入函数 scanf。接下来，详细介绍格式输出函数 printf 和格式输入函数 scanf，以及字符输入函数getchar 、getch 和字符输出函数 putchar。

2.5.1 格式输出函数 printf

格式输出函数 printf 的功能是按用户指定的格式，把指定的数据输出到显示器屏幕上，在前面的例题中，已经多次使用过这个函数。

1. printf 函数的一般形式

调用 printf 函数的格式如下：

```
printf("格式控制串",输出列表);
```

格式控制串用于指定输出格式。它必须放在双引号内，它由格式说明符、普通字符和转义字符组成。格式说明符由%和格式字符组成，用于说明输出数据的类型、形式、长度、小数位数等。例如，%d 表示按十进制整型输出；%ld 表示按十进制长整型输出；%c 表示按字符型输出；%f 表示按十进制实型输出；等等。普通字符和转义字符是指在输出数据时按原样输出的字符，在显示中起到提示作用。

输出列表用于列出所要输出的数据项，数据项可以是单个变量、字符串、表达式等。输出列表中的数据项个数必须与格式字符串所说明的输出参数个数一样多，各输出项之间用逗号（,）分开，且顺序要与格式字符一一对应。

例 2.22 使用不同的格式控制串输出正方形的边长和面积值。

程序代码如下：

```
#include<stdio.h>
int main()
{    int a=100,s;    s=a*a;
     printf("%d  %d\n",a,s);
     printf("%d,%d\n",a,s);
     printf("边长=%d,面积=%d",a,s);
     return 0;
}
```

程序运行结果：

```
100  10000
100,10000
边长=100,面积=10000
```

程序中3次输出了a、s的值，但由于格式控制串不同，输出的情况也不相同。

第一次输出语句的格式控制串中，两个格式串%d之间有2个空格（空格也是普通字符），所以输出的a、s值之间有2个空格。

第二次输出语句的格式控制串中，两个格式串%d之间加入的是1个逗号（普通字符），因此输出的a与s值之间有一个逗号。

第三次输出语句的格式控制串中，增加了普通字符串“边长=”和“面积=”，由于普通字符原样输出，因此输出“边长=100,面积=10000”。

2. printf函数的格式字符

对于printf函数，输出不同类型的数据内容，可以采用不同的输出格式字符，如表2.2所示。

表2.2　printf函数常用的输出格式字符

格式字符	输出形式说明	格式字符	输出形式说明
c	字符	s	字符串
d	带符号的十进制整型	u	无符号的十进制整型
e	浮点数，指数e的形式	g	输出%f与%e较短者
E	浮点数，指数E的形式	G	输出%f与%E较短者
f	浮点数，小数点形式	x	无符号的十六进制整型，小写输出a~f
o	无符号的八进制整型	X	无符号的十六进制整型，大写输出A~F

表2.2中的格式字符可以分为以下几种：

1）整型数据输出的格式字符

整型数据的输出形式有4种：带符号的十进制整型、无符号的十进制整型、无符号的十六进制整型和无符号的八进制整型。这4种输出形式分别使用格式字符d、u、x（或X）、o。其中，格式字符x表示以小写形式输出十六进制的a~f，格式字符X表示以大写形式输出十六进制的A~F。

2）字符型数据输出的格式字符

在输出字符型数据时，若要输出一个字符，则使用格式字符 c；若要输出一串字符，则使用格式字符 s。

3）实型数据输出的格式字符

实型数据输出的格式字符有 f、e（或 E）、g（或 G）。其中，格式字符 f 表示以小数形式输出实数；格式字符 e（或 E）表示以指数形式输出实数；格式字符 g（或 G）表示输出时自动选择使用格式字符 f 或 e（或 E）。

注意： 实型数据并非全部数字都是有效数字，float 型实数的有效数字是前 7 位，double 型实数的有效数字是前 15 位。

例 2.23 写出下面程序的输出结果。

程序代码如下：

```
#include<stdio.h>
int main()
{   short a,b;  char c;  float s1,s2;
    a=97;  b=-3;  c='a';
    s1=111.11;  s2=22.22;
    printf("%d,%c,%d,%o\n",a,a,b,b);
    printf("%f,%c,%d\n",s1+s2,c,c);
    return 0;
}
```

程序运行结果：

```
97,a,-3,177775
133.330000,a,97
```

从程序运行的结果可以看出，整型变量可以用字符形式输出，字符型变量也可以用整型形式输出。负数在计算机中以补码的形式存放。变量 b 的值十进制值为-3，-3 的补码为 11111111 11111101，它对应的八进制数为 177775。%f 为浮点数格式输出，其中整数部分全部输出，小数部分按系统默认宽度（6 位小数）输出。

3. 转义字符

在 printf 函数中可以使用转义字符（表 2.1），一个转义字符是以“\”开头的一个字符序列。

例 2.24 使用转义字符输出双引号和单引号。

程序代码如下：

```
#include<stdio.h>
int main()
{   char zf;
    printf("\"请输入一个\'英文字符\':\"");
    scanf("%c",&zf);
    printf("\"您输入的英文字符是:%c\"",zf);
    return 0;
}
```

程序运行时首先显示如下：

```
"请输入一个'英文字符':"
```

若输入“a”，则屏幕显示如下：

```
"您输入的英文字符是:a"
```

从程序的运行结果可以看到，要想输出双引号（或单引号），就必须在格式字符串中使用转义字符。如果不采用转义字符形式，直接使用双引号（或单引号），就会发生错误。

4. 修饰字符

printf 函数的输出格式是以%开始，后面接一组有意义的字母。在%后面加上输出长度的数字，能使数据按固定的字段长度输出。

例如，%3d 表示输出十进制整数时，输出的数据共占 3 列，若输出的数据是 36，则实际占 2 列，另一列是空格。若输出的整数部分超过可以显示的长度，则以实际数据来显示。若使用%3d，而输出的数据是 3456，则显示 3456，即显示实际的 4 位数占 4 列。

又如，%6. 3f 表示输出浮点数时，输出的数据（包括小数点）共有 6 位，小数点后占 3 位，小数点前占 2 位。在小数部分，当指定显示的位数少于实际位数时，会将小数部分四舍五入至指定显示的位数。若使用%6. 2f，而输出的数据是 12. 3456，则显示 12. 35。

printf() 函数中常用的修饰符如表 2. 3 所示。

表 2. 3　printf() 函数的常用修饰符

修饰符	功能	举例
-	向左对齐	%-3d
+	显示数值的正负号	%+5d
空	数值为正值时，留一个空格；为负值时，显示负号	% 6f
0	在固定字段长度的数值前空白处填上 0。若与负号同时使用，则此功能无效	%07. 2f
m（正整数）	数据输出的最小宽度，当数值的位数大于所给定的字段长度时，字段会自动加宽它的长度	%9d
n（正整数）	数值以%e、%E 及%f 形式表示时，可以决定小数点后要显示的位数	%4. 3f
l	用于长整型整数，可以加在格式字符 d、o、x、u 前面	%lu

例 2. 25　输入圆的半径，计算圆的面积。

程序代码如下：

```
#include<stdio. h>
int main()
{   int r;   float s;
    printf("请输入圆的半径:");
    scanf("% d",&r);
    s=3. 14159 * r * r;
    printf("圆的半径为:% -5d,",r);
    printf("圆的面积为:% 6. 2f\n",s);
    return 0;
}
```

运行程序首先显示如下：

```
输入圆的半径:
```

若输入“10”，则输出：

```
圆的半径为:10   ,圆的面积为:314.16
```

上面的程序中调用了 printf 函数，用于输出提示信息和变量 r、s 的值。用 printf 输出数据时，通常所有数据向右对齐，但输出 r 时使用了“%-5d”格式，因此输出数据左对齐，在 10 的右侧输出 3 个空格，然后输出逗号。输出 s 时使用了“%6.2f”格式，因此输出了四舍五入后的两位小数 314.16。

例 2.26 写出下面程序的输出结果。

程序代码如下：

```
#include<stdio.h>
int main()
{   float x=123.4567,y=-567.123;
    char c='a';  long d=1234567;  unsigned long e=65535;
    printf("%-12f,%-12f\n",x,y);
    printf("%7.2f,%7.2f\n",x,y);
    printf("%e,%10.2e\n",x,y);
    printf("%c,%d,%o,%x\n",c,c,c,c);
    printf("%ld,%lo,%lx\n",d,d,d);
    printf("%u,%o,%x\n",e,e,e);
    printf("%s,%6.3s\n","student","student");
    return 0;
}
```

程序运行结果：

```
123.456703   ,-567.122986
123.46,-567.12
1.234567e+002,-5.67e+002
a,97,141,61
1234567,4553207,12d687
65535,177777,ffff
student,   stu
```

2.5.2 格式输入函数 scanf

格式输入函数 scanf 的功能是在终端设备上以指定的格式输入数据赋给变量。

1. scanf 函数的一般格式

scanf 函数的调用格式如下：

```
scanf("格式控制串",&变量名1,&变量名2,…);
```

“& 变量名 1,& 变量名 2,…” 是指用户通过键盘输入数据并按回车键后，将数据内容传送到相应变量所占的内存单元中。

使用 scanf 函数为变量赋值时，在变量名前必须加上取地址运算符 &。

例 2.27 由键盘输入 3 个整数并求其总和及平均值。

程序代码如下：

```
#include<stdio.h>
int main()
{   int a,b,c;   float sum;
    scanf("%d %d %d",&a,&b,&c);                /*从键盘输入3个整数并赋给变量a、b、c*/
    sum=a+b+c;                                 /*计算总和*/
    printf("总和及平均值为:%f,%f \n",sum,sum/3);  /*输出总和、平均值*/
    return 0;
}
```

运行程序若输入以下 3 个数：

```
10  20  30↙
```

则输出如下：

```
总和及平均值为:60.000000,20.000000
```

2. scanf 函数的输入格式

表 2.4、表 2.5 分别列出了 scanf 函数常用的输入格式字符和修饰符。从表 2.4 中可以看出，scanf 函数所使用的输入格式和 printf 函数类似。

表 2.4 scanf 函数常用的输入格式字符

格式字符	输入说明	格式字符	输入说明
c	字符	o	八进制整数
d	十进制整数	s	字符串
e, f, g	浮点数	u	无符号十进制整数
E, G	浮点数	x, X	十六进制整数

表 2.5 scanf 函数常用的修饰符

修饰符	输入说明	修饰符	输入说明
l	输入长整型整数	域宽 m（正整数）	指定输入数据所占列数 m
h	输入短整型整数	*	表示输入项在读入后不赋给相应的变量

3. 使用 scanf 函数的注意问题

（1）在 scanf 函数的格式控制串部分，每个格式说明符要与被输入值的变量一一对应，格式说明符指定的类型要与相应变量的类型一致。

（2）在 scanf 函数中，要求给出变量地址，若只给出变量名则会出错。例如，n 是 int 型变量，则语句 “scanf("%d",n);” 是非法的，而 “scanf("%d",&n);” 是合法的。

（3）若两个格式说明符之间没有任何字符，则在输入数据时，两个数据之间应通过空格键、Tab 键或回车键作为分隔。例如，在例 2.27 中使用空格作为分格。

如果格式说明符之间包含其他字符，则输入数据时，应输入与这些字符相同的字符作为分隔。例如，下面的格式说明符之间包含逗号，则输入数据时，数据间要用逗号分隔开。

```
scanf("%d,%d,%d",&m,&n,&k);
```

在输入数据时，若 m=10，n=15，k=36，应采用如下形式：

```
10,15,36↙
```

在输入字符型数据时，由于“空格”也会作为有效字符输入，因此不能用“空格”作间隔。例如，执行下面语句：

```
scanf("%c%c%c",&a,&b,&c);
```

若输入“# *!”（#与 * 之间有一个空格），则将 '#' 赋给变量 a，将空格赋给变量 b，将 '*' 赋给变量 c。只有输入“#*!”时，才会把 '#' 赋给变量 a，将 '*' 赋给变量 b，将 '!' 赋给变量 c。

（4）可以在格式说明符的前面指定输入数据所占的列数，系统将自动按此列数截取所需的数据。例如：

```
scanf("%4d%3d",&m,&n);
```

当用户输入“1234567”时，系统将自动地将 1234 赋给变量 m，将 567 赋给变量 n。

2.5.3 函数 getchar、putchar、getch

前面介绍的函数 scanf 和函数 printf 可以进行各种类型数据的输入、输出。若要进行单个字符的输入、输出，则可以使用函数 getchar、putchar、getch。

1. 函数 getchar、putchar

函数 getchar 的函数值是从键盘输入的一个字符。

使用函数 getchar 时，从键盘上输入一个字符，所输入的字符会立即显示出来，并且只有当按下回车键后，这个字符作为函数 getchar 的函数值才会生效。如果同时输入多个字符，则 getchar 会把第一个字符作为函数值；如果程序中使用了其他的函数 getchar，这些剩余的字符则会作为其他的函数 getchar 的函数值。

函数 getchar 的使用格式如下：

```
char ch;  ch=getchar();
```

函数 putchar 可以将 1 个字符输出到屏幕。当然，使用前面介绍的函数 printf 也可以将 1 个字符输出到屏幕。函数 putchar 的使用格式如下：

```
putchar(表达式);
```

例 2.28 函数 getchar 和函数 putchar 的简单使用。

程序代码如下：

```
#include<stdio. h>
int main()
{    char ch;
     printf("请输入一个英文字符:");
     ch=getchar();                          /*输入一个字符,将该字符存放于变量 ch 中*/
     printf("\n 您输入的英文字符是:");
     putchar(ch);
     return 0;
}
```

运行程序，若从键盘输入字符 g，然后按回车键，则屏幕显示如下：

```
请输入一个英文字符:g↙
您输入的英文字符是:g
```

2. 函数 getch

函数 getch 的函数值也是接收从键盘输入的 1 个字符，但它与 getchar 函数不同。使用函数 getch 时，从键盘上输入一个字符后，不需要按下回车键，输入的字符作为 getch 函数值马上可以赋予变量，而且屏幕上看不到这个被输入的字符。

函数 getch 经常用于不希望看到所输入内容的场景，如输入密码等。

函数 getch 的使用格式如下：

```
char ch;  ch=getch();
```

例 2.29 说明函数 getch 的使用情况。

程序代码如下：

```
#include<stdio. h>
int main()
{    char ch;
     printf("请输入一个英文字符:");
     ch=getch();                            /*输入一个字符,将该字符存放于变量 ch 中*/
     printf("\n 您输入的英文字符是:");
     putchar(ch);
     return 0;
}
```

运行程序，若从键盘输入字符 g，则屏幕显示如下：

```
请输入一个英文字符:
您输入的英文字符是:g
```

由此可知，当显示“请输入一个英文字符：”时，从键盘输入字符 g，并没有按回车键，变量 ch 就会接收输入的字符，程序往下执行。

2.6 程序设计举例

例 2.30 从键盘输入一个小写英文字母，请输出该小写英文字母对应的大写字母，再输出该小写英文字母的 ASCII 值的十进制形式、八进制形式和十六进制形式。

程序代码如下：

```
#include<stdio.h>
int main()
{   char ch;
    printf("请输入一个小写英文字母:");
    ch=getchar();
    putchar(ch);  putchar(ch-32);
    printf("\n%d,%o,%x \n",ch,ch,ch);
    return 0;
}
```

程序运行结果：

```
请输入一个小写英文字母:a↙
a A
97,141,61
```

例 2.31 输入汽车的行驶速度（单位：千米/小时）和按该速度行驶的时间（单位：小时），请计算行驶的路程，然后输出。

程序代码如下：

```
#include<stdio.h>
int main()
{   float v,t,s;
    printf("请输入行驶速度:");
    scanf("%f",&v);
    printf("请输入行驶的时间:");
    scanf("%f",&t);
    s=v*t;
    printf("\n路程为:%f \n",s);
    return 0;
}
```

例 2.32 将筐里的栗子分给猴子。规定每只猴子只能分得 12 个栗子，不能多也不能少。输入筐里的栗子个数，计算这些栗子可以分给几只猴子，以及剩余几个栗子，将结果输出。

程序代码如下：

```
#include<stdio.h>
int main()
{   int k,m,n;
    printf("请输入筐里的栗子个数:");
    scanf("%d",&k);
    m=k/12;  n=k%12;
    printf("筐里共有%d个栗子。\n",k);
    printf("可以分给%d只猴子,剩余%d个栗子。\n",m,n);
    return 0;
}
```

2.7 习　　题

1. 阅读程序，写出运行结果。

（1）
```
#include<stdio.h>
main()
{   int x,y,z=369;  x=z/100;  y=z%100;
    printf("%d,%d\n",x,y);
    return 0;
}
```

（2）
```
#include<stdio.h>
main()
{   int a;float x=9.8;  a=x;
    printf("%d,%f",a,x);
    return 0;
}
```

（3）
```
#include<stdio.h>
main()
{   float f=3.1415926;
    printf("%f,%e\n",f,f);
    return 0;
}
```

（4）
```
#include<stdio.h>
main()
{   char c='A';
    printf("%d,%o,%x,%c,%c\n",c,c,c,c,c+32);
```

```
    return 0;
}
```

（5）
```
#include<stdio.h>
main()
{   int a=100,b;   float x=2.71828,y;   char c='a';   b=a+c;   y=x+a/10;
    printf("%d,%f",b,y);
    return 0;
}
```

（6）
```
#include<stdio.h>
main()
{   int i=5,j=7;   printf("%d,%d,   ",++i,--j);
    printf("%d,%d,   ",i++,j--);
    printf("%d,%d\n",i,j);
    return 0;
}
```

（7）
```
#include<stdio.h>
int main()
{   int x=23,y=456;
    printf("x=%4d,y=%-4d\n",x,y);
    return 0;
}
```

（8）
```
#include<stdio.h>
int main()
{   int k=65;
    printf("%d,%c,%d,%d\n",k,k,k/10,k%10);
    return 0;
}
```

（9）
```
#include<stdio.h>
int main()
{   char ch='A';   putchar(ch);
    ch=getchar();   putchar(ch);        /*运行程序时从键盘输入a */
    printf("  %c,%c\n",ch+1,ch+2);
    return 0;
}
```

（10）
```
#include<stdio.h>
int main()
{   int a=65;   char c='F';
    printf("%4d%4d%4c%4c\n",a,a+3,a,a+3);
    printf("%c,%c,%c\n",c-1,c-2,c-3);
    printf("%s,%5.3s\n","COMPUTER","COMPUTER");
```

```
        return 0;
    }
```

（11）
```
#include<stdio.h>
int main()
{   char c1='a',c2='b',c3='c',c4='\101',c5='\102';
    printf("a%c b%cc%c\t abc\n",c1,c2,c3);
    printf("AA\b%c %cB\n",c4,c5);
}
```

（12）
```
#include<stdio.h>
int main()
{   float x=3.14159;
    printf("%f,%f,%f\n",x,x*100,x/100);
    printf("%e,%6.3f\n",x*10,x*10);
}
```

（13）
```
#include<stdio.h>
int main()
{   unsigned short a,b,c,d;
    a=0x678;
    b=~a;   printf("\n%x 取反为 %x,",a,b);
    c=a<<2;   printf("%x 左移 2 位为 %x,",a,c);
    d=a>>2;   printf("%x 右移 2 位为 %x\n",a,d);
    return 0;
}
```

（14）
```
#include<stdio.h>
int main()
{   unsigned short a,b,c,d,e;
    a=0x678;   b=0x789;
    c=a&b;   printf("%x 和%x 作按位与运算的结果为 %x\n",a,b,c);
    d=a|b;   printf("%x 和%x 作按位或运算的结果为 %x\n",a,b,d);
    e=a^b;   printf("%x 和%x 作按位异或运算的结果为 %x\n",a,b,e);
    return 0;
}
```

（15）
```
#include<stdio.h>
int main()
{   unsigned short a,b,d,e;
    a=0x3456;   b=0xff;
    d=a&b;   printf("%x 低 8 位的十六进制形式为 %x,",a,d);
    e=(a>>8)&b; printf("%x 高 8 位的十六进制形式为 %x\n",a,e);
    return 0;
}
```

(16)
```
#include<stdio.h>
int main()
{   unsigned short a,b,c,d,e;
    a=0x350;  b=0xf;  c=0xf000;
    d=a|b;  e=a|c;
    printf("将%x 的低 4 位的二进制代码变成 1 后的十六进制形式为 %x\n",a,d);
    printf("将%x 的高 4 位的二进制代码变成 1 后的十六进制形式为 %x\n ",a,e);
    return 0;
}
```

2. 编写程序。

(1) 输入一个大于 10 的整数 n，输出 n 除以 10 的商和余数。

(2) 利用变量 k，将两个变量 m 和 n 的值交换。

(3) 输入一个实数（小数点后面包含有效数字），分别输出它的整数和小数部分。

(4) 输入一个英文字符，分别输出它的十进制、八进制、十六进制的 ASCII 码值。

(5) 输入一个大写的英文字符，输出对应的小写英文字符。

(6) 输入一个三位整数 n，求 n 的三位数码之和。

(7) 输入一个三位整数 n，把 n 逆序输出（如输入“678”，输出“876”）。

(8) 输入 x 的值，根据函数表达式 $y=2x^2+3x+6$ 计算并输出 y 的值（输出 2 位小数）。

(9) 输入半径，分别计算圆的面积和球的面积并输出。

(10) 使用 getchar 函数输入 1 个小写英文字母给变量 c，然后使用 putchar 函数输出它对应的大写英文字母，最后输出该小写英文字母后面的 3 个相邻英文字母。

(11) 输入整型变量 m、n 的值，计算 m 除以 n 的商和余数，然后输出。

(12) 输入用分作单位的时间数，输出用小时和分作单位的时间数。例如，输入“210”，输出“3 小时 30 分”。

(13) 输入长方体的长、宽、高，输出长方体的体积与表面积。

(14) 输入 x 和 y 的值，根据函数表达式 $z=(x-9)^2+(y-8)^2$，计算并输出 z 的值。

(15) 输入 2 个十六进制整数，赋给 unsigned short 型变量 a、b，计算 a 和 b 的“按位与”，然后以十六进制形式输出。

(16) 输入 2 个十六进制整数，赋给 unsigned short 型变量 a、b，计算 a 和 b 的“按位或”，然后以十六进制形式输出。

(17) 输入 2 个十六进制整数，赋给 unsigned short 型变量 a、b，计算 a 和 b 的“按位异或”，然后以十六进制形式输出。

(18) 使用位运算，将 unsigned short 型变量 a 所占用的内存单元的 16 位都变成 0。

(19) 使用位运算，将 unsigned short 型变量 a 所占用的内存单元的 16 位都变成 1。

(20) 使用位运算，取出 unsigned short 型变量 a 所占用的内存单元的 16 位中的最右端的 4 位。

(21) 使用位运算，取出 unsigned short 型变量 a 所占用的内存单元的 16 位中的从右端数的第 4 位到第 8 位。

(22) 使用位运算，将 unsigned short 型变量 a 所占用的内存单元的 16 位中的中间两位变为 1。

（23）使用位运算，将 unsigned short 型变量 a 所占用的内存单元的 16 位中的中间两位变为 0。

（24）输入一个十六进制整数，赋给 unsigned short 型变量 a，将其左移 3 位，然后以十六进制形式输出。

（25）输入一个十六进制整数，赋给 unsigned short 型变量 a，将其右移 4 位，然后以十六进制形式输出。

扫描二维码获取习题参考答案

第 3 章

选择结构程序设计

选择结构是程序的三种基本结构之一。选择结构的作用是根据给定的条件，从几组操作中选择其中的一组操作。本章介绍如何实现选择结构。

3.1　关系运算符和关系表达式

“关系运算”是对两个给定的值进行比较，判断两个给定的值是否符合条件。

例如，5 * a<6 * b+3 是一个关系表达式，如果 a 和 b 的取值能够使这个关系表达式成立，则关系表达式的值为“真”（即“条件满足”）；如果 a 和 b 的取值不能使这个关系表达式成立，则关系表达式的值为“假”（即“条件不满足”）。

3.1.1　关系运算符

C 语言的关系运算符如表 3.1 所示。

表 3.1　C 语言的关系运算符

运算符	<	<=	>	>=	= =	! =
说明	小于	小于或等于	大于	大于或等于	相等	不相等

表 3.1 中的前 4 种关系运算符（<、<=、>、>=）的优先级别相同，后两种关系运算符（= =、! =）的优先级别相同。前 4 种关系运算符的优先级高于后两种关系运算符。

3.1.2　关系表达式

如 5 * a<6 * b+3、(b * b-4 * a * c)>=0、'a' +ch1<='b' 、(x=9)>y、(x-17)<(y+3)、x+

2 * y = =x/2 这样用关系运算符将两个表达式连接起来的式子，称为关系表达式。

在关系运算符的两端，可以出现算术表达式、赋值表达式、字符表达式、关系表达式等。关系表达式的值是一个逻辑值，为“真”或“假”。例如，关系表达式“12>16”的值为“假”，“98>='a'”的值为“真”。

在 C 语言中，用 1 表示“真”，0 表示“假”。例如，若 x = 20、y = 10，则关系表达式“x+8>y-6”成立，该关系表达式的值为“真”，所以此时关系表达式“x+8>y-6”的值为 1；若 x = 10、y = 30，则关系表达式“x+8>y-6”不成立，该关系表达式的值为“假”，所以此时关系表达式“x+8>y-6”的值为 0。

可以将关系表达式的值赋给其他变量。例如：

z = (2 * x>3 * y+2)　（当 x = 100、y = 10 时，z 的值为 1；当 x = 10、y = 30 时，z 的值为 0）

a = (b+1>c-2)　（当 b = 20、c = 10 时，a 的值为 1；当 b = 10、c = 50 时，a 的值为 0）

关系运算符的结合方向是自左至右，若 m = 3、n = 2、k = 1 且 y = (m>n>k)，则 y 的值为 0。因为按照自左至右的结合方向，先执行关系运算“m>n”的值为 1（“真”），再执行关系运算“1>k”的值为 0（“假”），因此 y 为 0。

关系运算符的优先级低于算术运算符，但高于赋值运算符。

根据优先级的规定，可以进行以下简化：

```
t=(s * s>4 * u * u-1)          简化为    t= s * s>4 * u * u-1
a=(b!=c)                       简化为    a=b!=c
(3 * x>=4 * y+7)= =8 * z       简化为    3 * x>=4 * y+7= =8 * z
(b * b-4 * a * c)>=0           简化为    b * b-4 * a * c>=0
```

3.2　逻辑运算符和逻辑表达式

3.2.1　逻辑运算符

C 语言提供了 3 种逻辑运算符，如表 3.2 所示。

表 3.2　逻辑运算符

运算符	!	&&	||
说明	逻辑非	逻辑与	逻辑或

! 是单目运算符，只要求有一个运算对象，如!(a>=0)。&& 和 || 是双目运算符，要求有两个运算对象，如(a>=0)&&(b<=0)、(a>=0) || (b<=0)。

设 A 和 B 为两个运算对象，则逻辑运算规则如下：

1） A&&B

若 A 和 B 都为真，则 A&&B 为真；若对 A、B 取值其他情况，则 A&&B 为假。

2）A‖B

若 A 和 B 都为假，则 A‖B 为假；若对 A、B 取值其他情况，则 A‖B 为真。

3）!A

若 A 为真，则!A 为假；若 A 为假，则!A 为真。

注意：运算对象 A 和 B 可以是任何合法的关系表达式或逻辑表达式。

逻辑运算符的优先次序：！（逻辑非）高于 &&（逻辑与）；&&（逻辑与）高于‖（逻辑或）。逻辑运算符中的 && 和‖低于关系运算符，！高于算术运算符。

根据优先级的规定，可进行以下简化：

(x>=0)&&(y<=0)	简化为	x>=0 && y<=0
(x==y)‖(x!=6)	简化为	x==y‖x!=6
(x-6<0)‖(y+5>0)&&(!z)	简化为	x-6<0 ‖ y+5>0 &&!z

3.2.2 逻辑表达式

用逻辑运算符将若干个表达式连接起来得到的表达式称为逻辑表达式。逻辑表达式的值是“真”或“假”，即逻辑运算的结果是“真”或“假”。

C 语言编译系统在判断一个运算对象的值为“真”或“假”时，先判断该运算对象是 0 还是非 0，以非 0 代表“真”，以 0 代表“假”。例如，若 x=12，则 x 为真，!x为假；若 x=12、y=0，则 x&&y 为假，!x&&y 为假，x&&!y 为真，x‖y 为真，!x‖y 为假，!x‖!y 为真。

在逻辑表达式中的运算对象，可以是 0（假）或任何非 0 的数值（真）。对于在一个表达式的不同位置上出现的数值，要注意区分哪些是作为数值运算的对象，哪些是作为关系运算的对象，哪些是作为逻辑运算的对象。

例如，对于表达式“!6‖8<3‖9>6&&15+2”，根据优先级的规定，处理过程为：第 1 步，处理“!6”，值为 0（假）；第 2 步，处理“15+2”，值为 17，因为是非 0，所以为真，即值为1；第 3 步，处理“8<3”，值为 0（假）；第 4 步，处理“9>6”，值为 1（真）。该逻辑表达式变为 0‖0‖1&&1，根据优先级的规定，接着处理“1&&1”，值为 1（真）。该逻辑表达式变为 0‖0‖1，运算结果为 1。

在上面的例子中，逻辑运算符两侧的运算对象都是 0 或 1 或其他整数值。其实，逻辑运算符两侧的运算对象也可以是字符型、实型或指针型等。系统最终都是以 0 和非 0 来判定它们是真还是假。

在求解逻辑表达式的过程中，系统并不是按顺序执行所有逻辑运算，若计算到某一步时，整体的逻辑表达式的值是真或假已经明确，则系统不再执行后面的逻辑运算符。例如下面的两种情况：

1）a&&b&&c

若 a 为真（非 0），则系统判别 b 的值；若 a 为假，则系统无须判别 b 和 c 的值，因为在 a 为假的情况下，无论 b 和 c 的值是什么，整个逻辑表达式“a&&b&&c”的值为假；若 a 和 b 都为真，则系统判别 c 的值。如果 a 为真、b 为假，则系统不再判断 c 的值，因为在 b 为假的情况下，整个逻辑表达式“a&&b&&c”的值为假。逻辑表达式“a&&b&&c”的执行流程图如图 3.1（a）所示。

2）a‖b‖c

只要 a 为真（非 0），系统就不再判别 b 和 c，因为在 a 为真的情况下，整个逻辑表达式“a‖b‖c”为真；只有 a 为假，系统才判别 b；若 a 和 b 都为假，则系统判别 c。逻辑表达式“a‖b‖c”的执行流程图如图 3.1（b）所示。

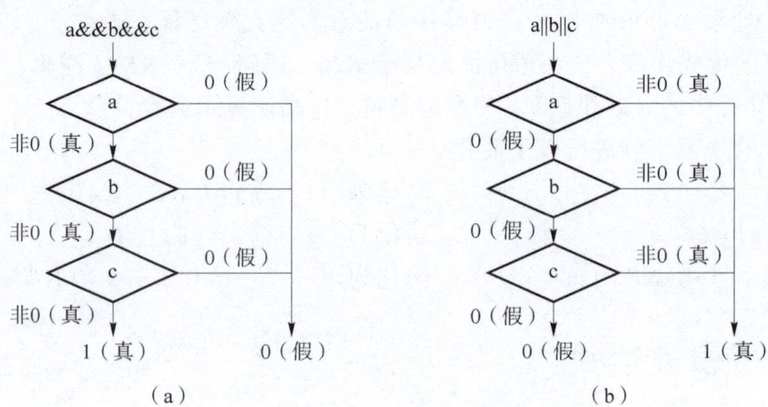

图 3.1　逻辑表达式的执行流程图

（a）a && b && c；（b）a‖b‖c

注意：a、b、c 均可以是一个逻辑表达式。

例如，对于逻辑表达式“m>n&&m++&&n++”，系统首先判别“m>n”的真假情况，若已知 m=5 且 n=7，则“m>n”的值为假，在这种情况下，整个系统逻辑表达式“m>n&&m++&&n++”的值为假，系统不再执行“m++”和“n++”，所以 m 的值仍为 5，n 的值仍为 7。

对于一些复杂的条件，可以用一个逻辑表达式来表示。

例如，对于给定的 3 个数（边长）放在变量 a、b、c 中，判断这 3 个数能否构成三角形，根据任意两边之和大于第三边的原理，可以构造逻辑表达式如下：

(a+b>c)&&(b+c>a)&&(c+a>b)

又如，对于给定的年份值放在变量 year 中，判断存放于 year 中的年份是否为闰年，根据闰年的判断条件，可以构造逻辑表达式如下：

(year%400==0)‖(year%4==0)&&(year%100!=0)

3.3　if 语句

3.3.1　if 语句的 3 种形式

1. 第一种形式的 if 语句

格式如下：

```
if(表达式) 语句
```

执行过程如图 3.2 所示，若表达式为“真”，则执行该语句，否则不执行该语句。

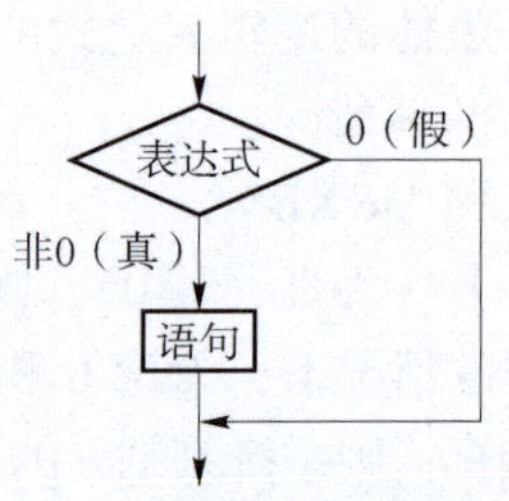

图 3.2　第一种 if 语句的执行流程图

例 3.1 输入变量 a 的值，若 a>100 则输出“YES”；否则什么也不做。

【分析】 将 a>100 作为格式中的表达式，若 a>100 为真，则输出“YES”。

程序代码如下：

```
#include<stdio.h>
int main()
{   int a;
    printf("Please input a:");
    scanf("%d",&a);
    if(a>100)
    printf("YES\n");
    return 0;
}
```

2. 第二种形式的 if 语句

格式如下：

```
if(表达式)  语句 1
else 语句 2
```

执行过程如图 3.3 所示，若表达式为“真”，则执行语句 1，否则执行语句 2。

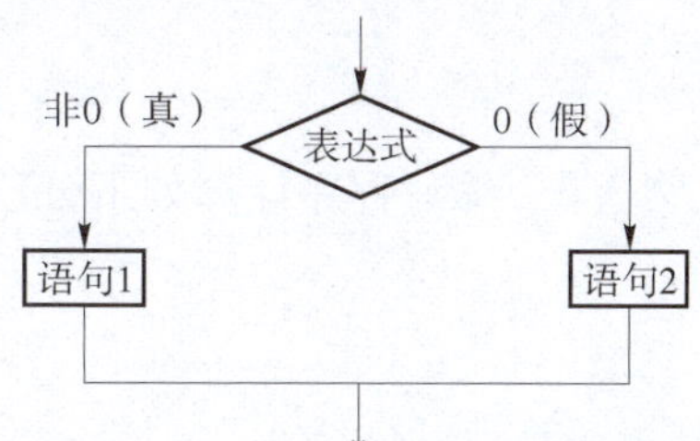

图 3.3 第二种 if 语句的执行流程图

在语句 1 和语句 2 中，只能有一个语句被执行。

例 3.2 输入一个整数，判断它能否被 3 整除。

【分析】 可将该整数与 3 做%运算，若余数为零则被 3 整除，否则不能整除。

程序代码如下：

```
#include<stdio.h>
int main()
{   int a;
    printf("请输入一个整数:");scanf("%d",&a);
    if(a%3==0)  printf("%d 能被 3 整除。\n",a);
    else  printf("%d 不能被 3 整除。\n",a);
    return 0;
}
```

3. 第三种形式的 if 语句

格式如下：

```
if(表达式 1)     语句 1
else  if(表达式 2)     语句 2
…
else  if(表达式 n-1)   语句 n-1
else  语句 n
```

执行过程如图 3.4 所示。若表达式 1 为真，则执行语句 1；若表达式 1 为假，则判断表达式 2；若表达式 2 为真，则执行语句 2；若表达式 2 为假，则判断表达式 3；照此类推，若表达式 $n-1$ 为真，则执行语句 $n-1$，若表达式 $n-1$ 为假，则执行语句 n。

语句 1 到语句 n 中的 n 个语句中，只能有一个被执行。若语句 n 能被执行，则前$n-1$ 个表达式的值都为假。

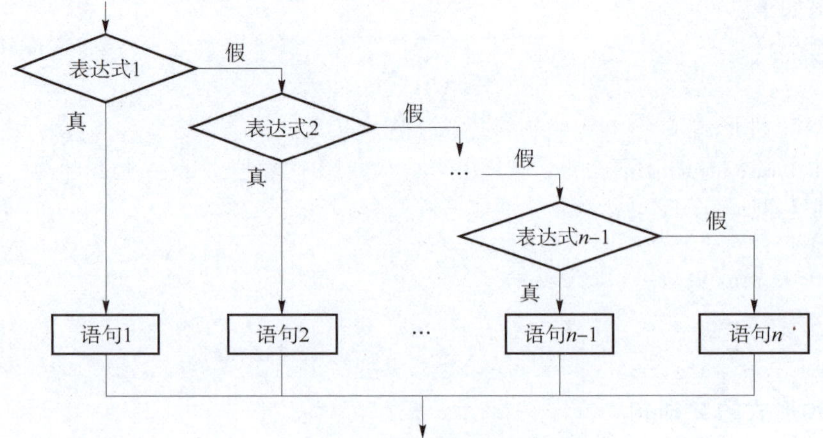

图 3.4　第三种 if 语句的执行流程图

例 3.3　编写程序计算如下分段函数：

$$y=\begin{cases}2x+3, & x<10\\ 3x-2, & 10\leqslant x<30\\ 3x+4, & x\geqslant 30\end{cases}$$

【分析】　根据 x 所在的区间和不同的计算表达式，按照第三种形式的 if 语句编写计算 y 值的程序。

程序代码如下：

```
#include<stdio.h>
int main()
{    float x,y;
     printf("Please input x:");    scanf("%f",&x);
     if(x<10)
         y=2*x+3;
     else if(10<=x && x<30)
         y=3*x-2;                    /*可以写成"else if(x<30)   y=3*x-2;"*/
     else
         y=3*x+4;
     printf("x=%f,y=%f\n",x,y);
     return 0;
}
```

注意：当 x 在区间［10,30）时，程序的条件应写为“10<=x&&x<30”，而不能写为“10<=x<30”。

在使用 if 语句时，需要注意以下几点：

（1）if 语句中的“表达式”可以是任何能够判断真假的表达式（如逻辑表达式或关系表达式），也可以是任意类型的常量或变量。例如：

```
scanf("%d",&x);   /*若输入1或非0值,则x为真;若输入0,则x为假*/
if(x)   printf("x is variable");
```

(2) 对于第二、三种形式的 if 语句，在每个 else 前面都有一个分号。注意：else 前的分号不是表示语句结束，它们是 if 语句的一个组成部分。

else 子句不能作为语句单独使用，它必须与 if 配对使用。

(3) if 语句格式中的语句 1、语句 2、…、语句 *n* 都既可以是一个基本语句，也可以是一个复合语句。

(4) 在第三种形式的 if 语句中，最后的 else 子句可以不存在。

例如，下面的程序段用于判断平面直角坐标系中的横坐标（x）和纵坐标（y）取值的 4 种情况，没有使用 else 子句。

```
#include<stdio. h>
int main()
{   float x,y;
    scanf("%f,%f",&x,&y);
    if(x>0&&y>0)  printf("点(%f,%f)在第一象限。\n",x,y);
    else if(x<0&&y>0)  printf("点(%f,%f)在第二象限。\n",x,y ");
    else if(x<0&&y<0)  printf("点(%f,%f)在第三象限。\n",x,y ");
    else if(x>0&&y<0)  printf("点(%f,%f)在第四象限。\n",x,y ");
    return 0;
}
```

3.3.2 条件运算符

条件运算符由？和：组成，使用条件运算符将 3 个操作对象连接，形成条件表达式。条件表达式的一般形式如下：

```
表达式 1?表达式 2:表达式 3
```

条件表达式是 C 语言中唯一的三目运算符。它的执行过程是：先求解表达式 1，若表达式 1 为真，则取表达式 2 的值作为该条件表达式的值，否则取表达式 3 的值作为该条件表达式的值。

有些 if 语句可以用简单的条件运算符来代替。例如，下面的 if 语句：

```
if(x<=0)  y=x*x+6;
else  y=4*x+5;
```

可以用下面的条件运算符来处理：

```
y=(x<=0)?(x*x+6):(4*x+5);
```

其中，“(x<=0)?(x*x+6):(4*x+5)”是一个条件表达式。

关于条件运算符，应注意以下事项：

(1) 条件运算符的优先级低于关系运算符和算术运算符。例如，下面的条件表达式中的括号可以去掉。

```
y=(x<=0)?(x*x+6):(4*x+5);
```

写成下面的形式：

```
y=x<=0?x*x+6:4*x+5;
```

（2）条件运算符优先于赋值运算符。例如，在语句“y=(x<=0)?(x * x+6):(4 * x+5);”中，先求解条件表达式，再将它的值赋给变量y。

（3）在条件表达式中，“表达式2”和“表达式3”既可以是数值表达式，也可以是其他表达式。例如下面的“表达式2”和“表达式3”都是字符型：

```
a>b?putchar('A'):putchar('B')
```

（4）条件运算符的结合方向为自右至左。例如：

```
x>0?0:y<0?1:-1
```

按照“自右至左”的结合方向，相当于下面的表达式：

```
x>0?0:(y<0?1:-1)
```

例3.4 输入一个整数，判断它的奇偶性。如果是偶数，则输出它的平方值；如果是奇数，则输出它的10倍值。

【分析】 可以先用求余数运算（%）判断整数的奇偶性，再用条件表达式计算平方值或10倍值。

程序代码如下：

```
#include<stdio.h>
int main()
{    int n,k;
     scanf("%d",&n);
     k=(n%2==0)? (n * n):(10 * n);
     printf("%d\n",k);
     return 0;
}
```

3.4 switch语句

要解决多种选择问题，除了使用if语句外，还可以使用switch语句。switch语句可以完成多分支选择程序的编写。

switch语句的格式如下：

```
switch(表达式)
{    case 常量表达式1:语句1;[break;]
     case 常量表达式2:语句2;[break;]
     …
     case 常量表达式n:语句n;[break;]
     [default:语句n+1;[break;]]
}
```

switch 语句的执行过程：首先计算 switch 右侧表达式的值，当该表达式的值与某一个 case 后面的常量表达式的值相等时，就执行该 case 后面的语句；若表达式的值与所有的 case 后的常量表达式的值都不相等，则执行 default 后面的语句。

使用 switch 语句时，应注意下列事项：

（1）switch 后的表达式的类型与常量表达式的类型要一致。

（2）在“case 常量表达式：”后面可以包含一个以上的执行语句，这些语句可以不用大括号括起来，计算机会自动顺序执行这些语句。当然，加上大括号也可以。

（3）各常量表达式的值均不能相同，否则矛盾。

（4）break 语句的作用是使流程跳出 switch 结构，终止 switch 语句的执行。若没有 break 语句，则无法跳出 switch 结构，会继续执行下一条 case 后面的语句。因此，格式中的 break 语句在一般情况下不能省略。最后一个分支（default）可以不加 break 语句。

（5）各个 case 和 default 的出现次序不影响程序执行结果。

（6）多个 case 可以共用一组执行语句。例如：

```
switch(a)
{  …
   case 1:  case 3:  case 5:  printf("a 等于 1 或 3 或 5");break;
   case 2:  case 4:  case 6:  printf("a 等于 2 或 4 或 6");break;
   …
}
```

当 a 的值为 1、3 或 5 时，都执行语句“printf("a 等于 1 或 3 或 5");break;”。当 a 的值为 2、4 或 6 时，都执行语句“printf("a 等于 2 或 4 或 6");break;”。

例 3.5 分析下面程序中 switch 语句的作用。

程序代码如下：

```
#include<stdio.h>
int main()
{   int n;
    printf("请输入一个整数:");
    scanf("%d",&n);
    switch(n%10)
    {  case 1:case 3: case 5: case 7:case 9:printf("这个数是奇数\n");break;
       case 0:case 2: case 4: case 6:case 8:printf("这个数是偶数\n");break;
    }
    return 0;
}
```

【分析】 运行该程序，根据输入整数的个位数，分成两种情况输出。如果个位数是奇数，则输出“这个数是奇数”；如果是偶数，则输出“这个数是偶数”。

3.5 if 语句和 switch 语句的嵌套形式

3.5.1 if 语句的嵌套

允许在 if 语句中包含一个或多个 if 语句，这称为 if 语句的嵌套。格式如下：

```
if()
    if()语句 1
    else  语句 2
else
    if()语句 3
    else  语句 4
```

在嵌套的 if 语句中，需要注意 if 与 else 的配对关系。else 总是与它上面的最近的未配对的 if 配对。如果 if 与 else 的数目不一样，为实现程序设计者的构想，可以通过添加大括号来确定配对关系。示例如下：

```
if(表达式 1)
{if(表达式 2)语句 1}
else 语句 2
```

其中，{} 内的内容作为当表达式 1 为真时要执行的语句，因此 else 与第一个 if 配对。若去掉 {}，则 else 与第二个 if 配对。

例 3.6 根据输入的 x 值，计算并输出 y 的值。x 与 y 满足如下分段函数关系：

$$y=\begin{cases}7x+8, & x\geqslant 60\\ 3x-4, & 0\leqslant x<60\\ 6x+2, & x<0\end{cases}$$

【分析】 下面运用嵌套方法编写程序。

程序代码如下：

```
#include<stdio.h>
int main()
{   float x,y;
    printf("Please input x:");
    scanf("%f",&x);
    if(x<60)
        if(x<0)
        y=6*x+2;
        else  y=3*x-4;
    else  y=7*x+8;
    printf("x=%f,y=%f\n",x,y);
    return 0;
}
```

此外，还也可以采用与上面不同的嵌套方法来编写计算该分段函数的程序。

3.5.2 switch 语句的嵌套

在 switch 语句中，可以包含另一个 switch 语句。

例 3.7 分析下列 switch 语句的嵌套。

程序代码如下：

```
#include<stdio.h>
int main()
{    int x,y;
     printf("Please input x:");
     scanf("%d",&x);
     switch(x<60)
        {case 0:   y=7*x+8;break;
         case 1:   switch(x<0)
                      {case 0:   y=3*x-4;break;
                       case 1:   y=6*x+2;break;
                      }
        }
     printf("x=%d,y=%d\n",x,y);
     return 0;
}
```

【分析】 上面的程序采用嵌套形式，根据 x 值来计算 y 值，功能与例 3.6 相同。

从例 3.6 可以看到 if 语句的嵌套形式，从例 3.7 可以看到 switch 语句的嵌套形式，实际上 if 语句中与 switch 语句可以互相嵌套，即在 if 语句中可以包含 switch 语句，在 switch 语句中可以包含 if 语句。

3.6 程序设计举例

例 3.8 输入 3 个字符存放在变量 a、b、c 中，然后交换变量 a、b、c 的值，使 a、b、c 中存放的字符按 ASCII 码值从大到小排序，最后输出从大到小排序的 3 个字符。

【分析】 可先让变量 a 与 b、c 比较，比较之后通过交换将 ASCII 码值最大的字符放在变量 a 中。最后，让 b 和 c 两个变量比较，通过交换将 ASCII 码值大的字符放在变量 b 中。

程序代码如下：

```
#include<stdio.h>
int main()
{    char a,b,c,t;
     scanf("%c%c%c",&a,&b,&c);
     if(a<b)
       {t=a;   a=b;   b=t;}            /*交换a、b,使a中存放较大的字符*/
```

```
    if(a<c)
      {t=a;  a=c;  c=t;}          /*交换a、c,使a中存放较大的字符*/
    if(b<c)
      {t=b;  b=c;  c=t;}          /*交换b、c,使b中存放较大的字符*/
    printf("%c,%c,%c\n",a,b,c);
    return 0;
}
```

例 3.9 输入 x 和 y，判断 x 和 y 是否满足方程 $y=6x-7$。

【分析】 当判断两个实数 a 和 b 是否相等时，由于实数存在误差，因此不能直接用等式(a==b)来判断，可以用“fabs(a-b)<=1e-6”来判断。其中，数学函数 fabs(a-b)是取 a-b 的绝对值，1e-6（即 10^{-6}）是一个接近 0 的数，若“fabs(a-b)<=1e-6”成立，则认为 a 和 b 相等。

同理，判断 x 和 y 是否满足方程 $y=6x-7$，也就是判断 y 和 6*x-7 是否相等。应该用“fabs(y-(6*x-7))<=1e-6”来判断。若“fabs(y-(6*x-7))<=1e-6”成立，则认为“(y==6*x-7)”成立，认为满足方程 $y=6x-7$，否则不满足。

当需要使用 fabs 之类的数学函数时，需要到数学函数库中调用它们，所以在程序的开头必须加上“#include<math. h>”，把 math. h 文件包含到本程序中。

程序代码如下：

```
#include<stdio. h>
#include<math. h>
int main()
{   float x,y,z;
    scanf("%f,%f",&x,&y);
    z= y-(6*x-7);
    if(fabs(z)<=1e-6)     /*若条件成立,则认为z等于0 */
        printf("%f 和 %f 满足方程 y=6x-7。\n",x,y);
    else
        printf("%f 和 %f 不满足方程 y=6x-7。\n",x,y);
    return 0;
}
```

例 3.10 输入一个百分制成绩，输出用英文字母表示的等级制成绩。规则：若百分制成绩大于或等于 90 分，则等级制成绩为 A；若百分制成绩小于 90 分但大于或等于 80 分，则等级制成绩为 B；若百分制成绩小于 80 分但大于或等于 70 分，则等级制成绩为 C；若百分制成绩小于 70 分但大于或等于 60 分，则等级制成绩为 D；若百分制成绩小于 60 分，则等级制成绩为 E。

【分析】 本题可以用 if 语句实现。由于题中将百分制成绩分为 5 个等级，所以构建 4 个表达式就可以了。

程序代码如下：

```
#include<stdio.h>
int main()
{   float x;
    printf("请输入一个百分制成绩:");
    scanf("%f",&x);          /* 输入0到100范围内的实数 */
    if(x>=90)printf("A\n");
    else if(x>=80)printf("B\n");
    else if(x>=70)printf("C\n");
    else if(x>=60)printf("D\n");
    else printf("E\n");
    return 0;
}
```

例3.10的问题也可以使用switch语句来编写。程序代码如下：

```
#include<stdio.h>
int main()
{   float x;  int n;
    printf("请输入一个百分制成绩:");
    scanf("%f",&x);
    n=x/10;
    switch(n)
      {case 10:
       case 9:  printf("A\n");break;
       case 8:  printf("B\n");break;
       case 7:  printf("C\n");break;
       case 6:  printf("D\n");break;
       default:printf("E\n");
       }
    return 0;
}
```

例3.11 求一元二次方程 $ax^2+bx+c=0$（$a\neq0$）的根。

【分析】 一元二次方程 $ax^2+bx+c=0$（$a\neq0$）求根有以下3种情况：

（1）$b^2-4ac=0$，有两个相等的实根。

（2）$b^2-4ac>0$，有两个不相等的实根。

（3）$b^2-4ac<0$，有两个共轭复根。

程序中的函数sqrt是求平方根函数，它是一个数学函数，需要从math.h库中调用它，所以在程序的开头必须加上“#include<math.h>”。

程序代码如下：

```
#include<math.h>
#include<stdio.h>
int main()
{   float a,b,c,d,x1,x2,p,q;
```

```
    printf("输入方程系数 a,b,c:");
    scanf("%f,%f,%f",&a,&b,&c);
    d=b*b-4*a*c;
    if(d>0)
        { x1=(-b+sqrt(d))/(2*a);
          x2=(-b-sqrt(d))/(2*a);
          printf("有两个不相等的实根:%8.4f 和 %8.4f\n",x1,x2);
        }
    else if(d<0)
        { p=-b/(2*a);   q=sqrt(-d)/(2*a);
          printf("有两个共轭复根\n");
          printf("%8.4f+%8.4fi\n",p,q);
          printf("%8.4f-%8.4fi\n",p,q);
      }
    else
      printf("有两个相等的实根:%8.4f\n",-b/(2*a));
    return 0;
}
```

例 3.12 请输入算术运算符号+、-、*、/中的某一种，再输入两个整数，分别存放在变量 a、b 中。在屏幕上输出 a+b 或 a-b 或 a*b 或 a/b 的值。当作 a/b 运算时，由于 b 不能为 0，因此若 b 为 0，就要给出提示信息。

【分析】 可以使用 switch 语句编写，对于其中的 a/b 运算，嵌套一个 if 语句即可。

程序代码如下：

```
#include<stdio.h>
int main()
{   float a,b;   char ch;
    printf("请输入一个算术运算符号(+、-、*、/):");   scanf("%c",&ch);
    printf("请输入变量 a 的值:");   scanf("%f",&a);
    printf("请输入变量 b 的值:");   scanf("%f",&b);
    switch(ch)
      { case  '+'  :  printf("运算结果为:%f%c%f=%f \n",a,ch,b,a+b);break;
        case  '-'  :  printf("运算结果为:%f%c%f=%f \n",a,ch,b,a-b);break;
        case  '*'  :  printf("运算结果为:%f%c%f=%f \n",a,ch,b,a*b);break;
        case  '/'  :
            if(b!=0)  printf("运算结果为:%f%c%f=%f \n",a,ch,b,a/b);
            else  printf("分母不能为 0!");
      }
}
```

例 3.13 输入一个不多于 5 位的正整数，编写完成以下两项任务的程序：

（1）求出它的位数并输出。

（2）按逆序输出它的每位数码。例如，输入“12345”，输出“12345 是 5 位数，逆序输出为 54321。”。

【分析】 输入最大数为99999（5位），最小数位1（1位）。可以根据输入的正整数的范围（1位在1~9之间，2位在10~99之间，3位在100~999之间，4位在1000~9999之间，5位在10000~99999之间），来确定该数的位数。可以使用求余数运算%和除法运算/相结合，将输入的正整数的每一位数码分离出来。

程序代码如下：

```
#include<stdio.h>
int main()
{   int shu,ge,shi,bai,qian,wan,wei;
    printf("请输入一个正整数(在1~99999之间):");
    scanf("%d",&shu);
    if(shu>9999)   wei=5;
    else if(shu>999)   wei=4;
    else if(shu>99)   wei=3;
    else if(shu>9)   wei=2;
    else   wei=1;
    printf("%d是%d位数,",shu,wei);
    ge=shu%10;
    shi=shu/10%10;
    bai=shu/100%10;
    qian=shu/1000%10;
    wan=shu/10000;
    printf("按逆序输出为");
    switch(wei)
    {  case 5:   printf("%d%d%d%d%d。\n",ge,shi,bai,qian,wan);break;
       case 4:   printf("%d%d%d%d。\n",ge,shi,bai,qian);break;
       case 3:   printf("%d%d%d。\n",ge,shi,bai);break;
       case 2:   printf("%d%d。\n",ge,shi);break;
       case 1:   printf("%d。\n",ge);break;
    }
}
```

3.7 习　　题

1. 阅读程序，写出运行结果。

(1)
```
#include<stdio.h>
int main()
{   int a=23,b=45;
    if(3*a>2*b-3)   printf("%d \n",a);
    else   printf("%d\n",b)
    return 0;
}
```

（2）
```
#include<stdio. h>
int main()
{   int a,b,c;a=b=c=0;
    if(++a||b++&&c++)   printf("%d,%d,%d",a,b,c);
    else   printf("OK");
    return 0;
}
```
（3）
```
#include<stdio. h>
int main()
{   int a,b,c;a=25;b=13;c=29;
    if(a>b)
      if(a>c)   printf("%d\n",a);
      else   printf("%d",b);
    else   printf("%d",c);
    printf("end\n");
    return 0;
}
```
（4）
```
#include<stdio. h>
int main()
{   float x,y;
    printf("Input x:");
    scanf("%f",&x);   /* 输入 20 */
    switch(x>=10)
      {case 0:   y=7*x-5;break;
       case 1:   switch(x>=30)
                   {case 0:   y=3*x+2;break;
                    case 1:   y=6*x+8;break;
                   }
      }
    printf("y=%f\n",y);
    return 0;
}
```
2. 编写程序。

（1）输入 1 个整数，判断它能否被 7 整除，输出判断结果。

（2）输入 2 个整数，分别赋给变量 a、b（a<b），判断 a 是否是 b 的因子。

（3）输入 3 个数，判断这 3 个数能否构成三角形。

（4）输入 4 个数，按从大到小的顺序输出。

（5）输入一个字符，若它的十进制 ASCII 码值在 65~90 之间，则输出“AAA”；若它的十进制 ASCII 码值在 97~122 之间，则输出“aaa”；若它的十进制 ASCII 码值在 48~57 之间，则输出“999”；若它的十进制 ASCII 码值不在上述范围，则输出“NO”。

（6）输入平面直角坐标系中一个点的坐标（x,y）（x 和 y 都取整数），判断该点是否在直

线 $y=2x+3$ 与直线 $y=-3x+8$ 的交叉点上。

(7) 输入平面直角坐标系中一个点的坐标 (x,y)（x 和 y 都取整数），判断该点与圆 $(x+5)^2+(y-6)^2=9$ 的位置关系。

(8) 输入 1 个整数，判断它是大于 0 还是小于 0，还是等于 0。

(9) 输入 1 个字符，判断它是否为大写英文字符，是否为小写英文字符，是否为阿拉伯数字，或者是不属于这 3 种字符的其他字符。

(10) 输入直角坐标系中某个点的坐标 x 和 y（x 和 y 非 0），判断该点位于哪个象限。

(11) 输入 x 的值，计算下列分段函数 y 的值。

$$y=\begin{cases}3x+6, & x<-10\\ 2x-4, & -10\leqslant x<0\\ 8x-9, & 0\leqslant x<10\\ 5x+7, & x\geqslant 10\end{cases}$$

扫描二维码获取习题参考答案

第 4 章 循环结构程序设计

许多问题需要用到循环结构。循环结构是结构化程序设计的基本结构之一，它和顺序结构、选择结构共同作为各种复杂程序的基本构成单元。

4.1 while 语句和 do…while 语句

4.1.1 while 语句

可以使用 while 语句来实现“当型”循环结构。

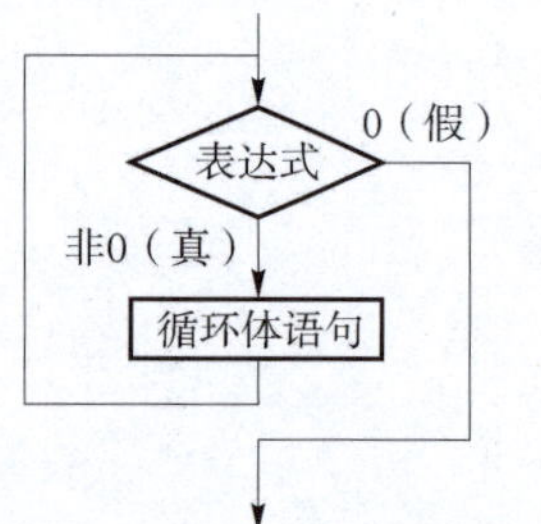

图 4.1 while 语句执行流程图

while 语句的格式如下：

```
while(表达式)
  循环体语句
```

while 语句的执行流程如图 4.1 所示。首先计算表达式的值，若表达式为非 0 值（真），则执行 while 语句中的循环体语句，然后再次计算表达式的值；若表达式为非 0 值（真），则再执行循环体语句；依次循环，直到表达式的值为 0（假）时，结束循环。

例 4.1 用 while 语句求 1+2+3+4+…+99+100。

【分析】 本题要从 1 一直加到 100。加法为循环操作，每次加一个自然数。可以设一个变量 sum，初始值为零，每次循环把一个自然数（存放变量 i 中）加到 sum 中，这时 sum 也称为累加器。每次加法完成后，让 i 增加 1，准备下次循环使用。只要这个自然数在规定范围内（i≤100），就可继续循环累加。

程序代码如下：

```
#include<stdio. h>
int main()
{   int i=1,sum=0;
    while(i<=100)
     {    sum=sum+i;
          i++;
     }
    printf("sum=% d\n",sum);
    return 0;
}
```

对于 while 语句，需要说明以下几点：

(1) 如果首次计算 while 后面的表达式时，表达式值为 0，则循环体一次也不执行。例如，执行下面的代码，如果从键盘为变量 x 输入 0 或负数，则不执行循环体语句。

```
scanf("% f",&x);
while(x>0)
{   sum+=x;
    scanf("% f",&x);
}
printf("% f",sum);
```

(2) 若被反复执行的循环体包括若干条基本语句，则应该将这些基本语句放在大括号中，以复合语句的形式出现。

(3) 在循环体中，要有使循环趋向于结束的语句，否则形成死循环。例如，下面代码的循环体中没有改变循环条件的语句，所以表达式“n<=100”永远为真，不能结束循环。

```
int n=1,sum=0;
while(n<=100)   sum+=n;
```

4.1.2 do…while 语句

可以使用 do…while 语句实现“直到型”循环结构。

do…while 语句的格式如下：

```
do
  循环体语句
while(表达式);
```

do…while 语句的特点是：先执行循环体语句，再判断循环条件是否成立。do…while 语句的执行流程如图 4.2 所示。先执行一次循环体语句，然后计算表达式，若表达式的值为非零（真），则再执行循环体语句一次，如此循环，直到表达式的值等于 0（假），结束循环。

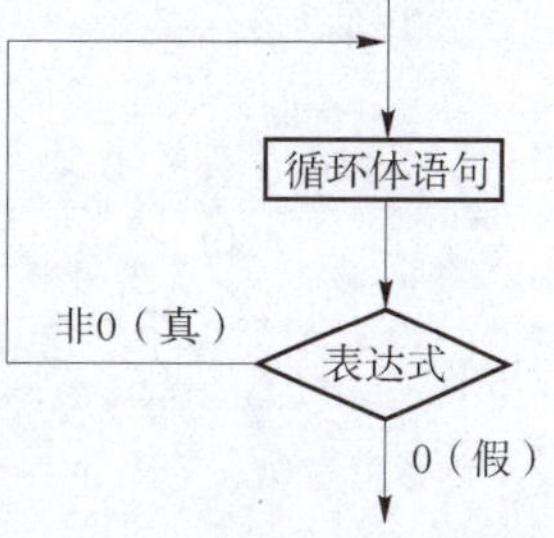

图 4.2 do…while 语句流程图

例 4.2 从键盘输入若干个数，当其中正数的和超过 5000 时停止输入，统计输入正数的个数并求输入的正数的平均值。

【分析】 可以循环统计正数个数并累加求和，循环条件为“正数的和小于 5000”。

程序代码如下：

```
#include<stdio.h>
int main()
{    int n=0;float x,sum=0;
     do
       { scanf("%f",&x);
          if(x>0)
           { n++;                  /*统计输入的正数个数*/
            sum=sum+x;             /*累加正数的和*/
           }
       }while(sum<=5000);
     printf("输入了%d个正数,它们的平均值为%f。\n",n,sum/n);
     return 0;
}
```

对于 do…while 语句，需要说明以下两点：

（1）由于 do…while 循环是先执行循环体，再判断表达式的真假，因此循环体至少可以被执行一次。

（2）do…while 循环和 while 循环一样，在循环体中一定要有使循环趋向于结束的语句，否则循环永不结束，形成死循环。

例 4.3 从键盘输入一个正整数，求其各位数码之和。例如，输入“12345”，输出“15”。

【分析】 为了求各位数码之和，需要把各位数码拆分开，然后相加。可以使用循环实现拆分，在循环中将求余运算与除法运算相结合，每次循环都拆分出 1 个最低位的数码，每次循环将该正整数缩小至其 1/10 并取整，直到该正整数缩小为 0 则循环结束。

程序代码如下：

```
#include<stdio.h>
int main()
{    int n,k,sum=0;
     printf("Please input a number:");
     scanf("%d",&n);
     do
       {k=n%10;
        sum=sum+k;
        n=n/10;
       }while(n!=0);
     printf("sum is %d\n",sum);
     return 0;
}
```

4.2　for 语句构成的循环

for 语句使用灵活，不仅可用于循环次数已经确定的情况，还可用于循环次数不确定而只给出循环结束条件的情况。可以用 for 循环代替 while 循环和 do…while 循环。

for 语句的格式如下：

```
for(表达式 1;表达式 2;表达式 3)语句
```

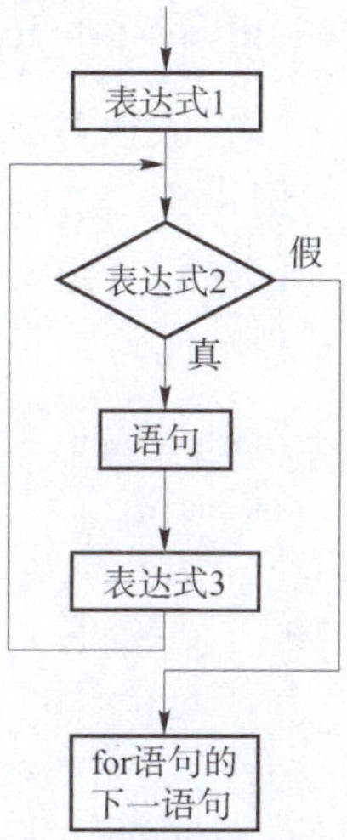

for 语句的循环流程图如图 4.3 所示，执行过程如下：

第 1 步，若表达式 1 存在，则先计算表达式 1 的值，然后转向第 2 步；若表达式 1 不存在，则直接进入第 2 步。

第 2 步，计算表达式 2 的值，若其值为真（值为非 0），则执行 for 语句中指定的循环体语句，然后执行第 3 步；若表达式 2 为假（值为 0），则转到第 4 步。

第 3 步，若表达式 3 存在，则计算表达式 3 的值，然后转向第 2 步；若表达式 3 不存在，则直接转向第 2 步。

第 4 步，循环结束，执行 for 语句的下一语句。

表达式1

表达式2

假

真

语句

表达式3

for语句的
下一语句

图 4.3　for 语句的循环流程图

例 4.4　输入 100 个数，求这 100 个数的和。

【分析】　循环 100 次，每次从键盘输入一个数存放在变量 x 中，将 x 累加到变量 s 上。

程序代码如下：

```
#include<stdio.h>
int main()
{    int k;   float x,s=0;
     for(k=1;k<=100;k++)
        { scanf("%f",&x);
           s=s+x;
        }
     printf("%f\n",s);
     return 0;
}
```

对于 for 语句，需要说明以下几点：

（1）一般情况下，表达式 1 是为循环变量赋初值。可以省略表达式 1，但在循环前要为循环变量赋初值。例如：

```
i=2;sum=0;
for(;i<=100;i=i+2)   sum+=i;
```

（2）一般情况下，表达式 3 是用来改变循环变量的值。可以省略表达式 3，但在循环体中要出现能够保证循环正常结束的语句。例如：

```
sum=0;
for(i=100;i>0;){sum+=i;i=i-2;}
```

（3）可以省略表达式 1 和表达式 3。此时完全等同于 while 语句。例如：

```
i=2;sum=0;
for(;i<=100;)  {sum+=i;  i=i+2;}
```

（4）表达式 1 中可以包含与循环变量无关的其他表达式。例如：

```
for(sum=0,i=100;i>=2;i=i-2)sum+=i;
```

（5）表达式 2 可以是任何合法的 C 语言表达式，只要其值为非零，就执行循环体。

例 4.5 输入一个正整数，存放在变量 n 中，计算 1+1/2+1/3+1/4+…+1/*n*。

【分析】 定义变量 k、n 和 sum，循环 n 次，每次将 1/k（k 值从 1 到 n）累加到 sum。

程序代码如下：

```
#include<stdio.h>
int main()
{   int k=1,n;  float sum=0;
    scanf("%d",&n);
    for(k=1;k<=n;k++)
        sum=sum+1.0/k;
    printf("1+1/2+1/3+…+1/%d= %f \n",n,sum);
    return 0;
}
```

例 4.6 输入一行字符（用回车符结束），请用 for 语句统计其中英文字符的个数。

【分析】 定义一个变量 n=0，每读入一个字符，就判断一次，如果是英文字符则执行 n++，直到输入结束标志（'\n'）为止。可以用 getchar() 函数读入字符存放变量 ch 中，循环条件（即 for 语句的表达式 2）可以使用“ch!='\n'”。

程序代码如下：

```
#include<stdio.h>
int main()
{   char ch;  int n;
    printf("请输入一行字符(用回车符结束):");
    ch=getchar();
    for(n=0;ch!='\n';)
        { if('a'<=ch && ch<='z' || 'A'<=ch && ch<='Z')
                n++;
            ch=getchar();
        }
    printf("其中的英文字符个数为%d\n",n);
  return 0;
}
```

4.3 break 语句和 continue 语句

4.3.1 break 语句

break 语句可提前结束循环，从循环体内跳到循环的后面，接着执行循环语句后面的语句。

结合 while 循环的 break 语句的语法格式如下：

```
while(表达式)
  { 语句块 1
    if(条件)
       break;
    语句块 2
  }
```

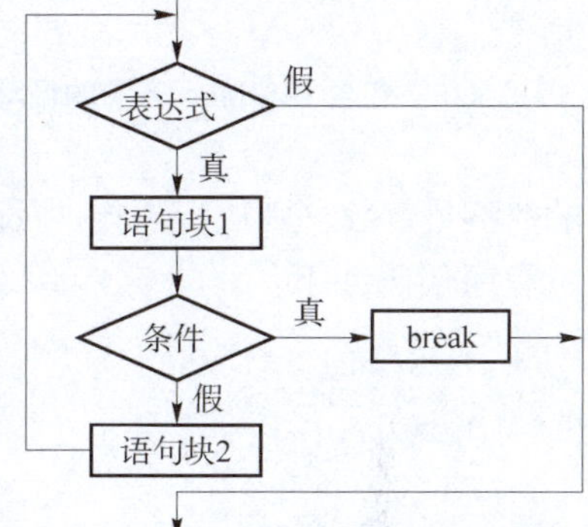

图 4.4 包含 break 语句的循环流程图

图 4.4 说明了 break 语句的执行过程。

例 4.7 分析下面的程序，说明它的作用。

程序代码如下：

```
#include<math.h>
int main()
{    int n,s=0;
     scanf("%d",&n);
     while(n!=0)
          { s=s+n;
            if(s>9999)   break;
            scanf("%d",&n);
          }
     printf("%d\n",s);
     return 0;
}
```

【分析】 该程序首先从键盘输入变量 n 的值，若 n 非 0，则使用循环将 n 的值累加到变量 s 上，若变量 s 的值大于 9999，则使用 break 语句跳出循环，否则继续循环累加。

4.3.2 continue 语句

continue 的作用为结束本次循环，即跳过循环体中 continue 语句后面尚未执行的语句，结束本次循环，接着进行下一次是否执行循环的判定。

结合 while 循环的 continue 语句的格式如下：

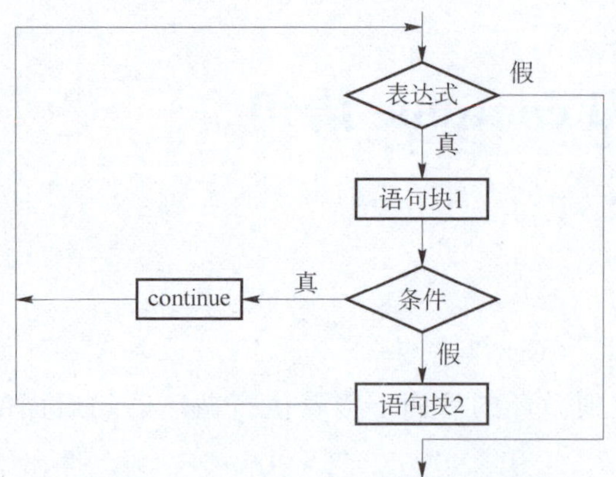

图 4.5　包含 continue 语句的循环流程图

```
while(表达式)
{ 语句块 1
  if(条件)
      continue;
  语句块 2
}
```

包含 continue 语句的 while 循环流程图如图 4.5 所示。

例 4.8　从键盘上输入若干个正整数，求其中奇数的和。

【分析】　可以循环若干次（输入零或负数结束循环），每次输入一个正整数。如果输入的数不是奇数，则执行语句“continue;”结束本次循环，开始下一次循环；否则累加求和。

程序代码如下：

```
#include<stdio.h>
int main()
{    int n=2,sum=0;
     while(n>0)
     {  scanf("%d",&n);
        if(n%2==0)   continue;
        sum=sum+n;
     }
     printf("sum=%d\n",sum);
     return 0;
}
```

例 4.9　从键盘输入 100 个字符。若输入的是英文字符，则不做任何处理，接着输入下一个字符；若输入的不是英文字符，则显示该字符的十进制 ASCII 码值。

【分析】　可以循环 100 次，每次输入字符之后判断是否为英文字符。若是英文字符，则执行语句“continue;”结束本次循环，开始下一次循环；否则显示该字符的十进制 ASCII 码值。

程序代码如下：

```
#include<stdio.h>
int main()
{    int i;   char a;
     for(i=0;i<100;i++)
     {  scanf("%c",&a);
        if('a'<=a && a<='z' || 'A'<=a && a<='Z')   continue;
        printf("%c----%d\n",a,a);
     }
     return 0;
}
```

4.4 goto 语句构成的循环

goto 语句被称为无条件转向语句，它的一般形式如下：

```
goto 语句标号;
```

例如：

```
goto flag;
```

goto 语句的功能：程序的流程（从当前所在的位置）无条件地转到“语句标号”所指定的位置去执行。语句“goto flag;”使程序的流程无条件地转向 flag 所指定的位置去执行。

使用 goto 语句，需要遵守以下两点：

（1）语句标号用标识符表示，它的命名规则与变量名相同，即由字母、数字和下划线组成，其第一个字符必须为字母或下划线。不能用整数来作标号。

例如，“goto mark123;”、“goto a456;”是合法的，而“goto 789;”是不合法的。

（2）在带语句标号的语句中，语句标号与语句之间用冒号作分隔。例如：

```
a456:y=2*x+300;
```

可以用 goto 语句与 if 语句一起构成循环结构。

例 4.10 求 100+98+96+…+4+2 的值。

【分析】 可以循环求这个偶数和，从 100 开始，到 2 结束。

程序代码如下：

```
#include<stdio.h>
int main()
{    int i=100,sum=0;
     mark:if(i>=2)
             { sum=sum+i;
              i=i-2;
              goto mark;
             }
     printf("100+98+96+…+4+2=%d\n",sum);
     return 0;
}
```

尽管可以使用 goto 语句实现循环，但由于 goto 语句容易使程序的流程变得可读性差，因此程序设计中应尽量少用或不用 goto 语句。

4.5 嵌套循环结构

在一个循环体内部，可以包含另一个完整的循环结构，这种结构被称为二层循环嵌套。

在内部的循环中还可以嵌套循环，这就是多层循环嵌套。

某一种循环（while 循环、do…while 循环或 for 循环）可以自身嵌套。例如，在 while 循环的内部可以包含完整的 while 循环；在 do…while 循环的内部可以包含完整的 do…while 循环；在 for 循环的内部可以包含完整的 for 循环。

不同种类的循环可以互相嵌套。例如，在 while 循环的内部可以包含完整的 for 循环；在 while 循环的内部可以包含完整的 do…while 循环；在 do…while 循环的内部可以包含完整的 for 循环；在 for 循环的内部可以包含完整的 while 循环或 do…while 循环；等等。

例 4.11 分析下面包含两层循环的程序，写出它的运行结果。

程序代码如下：

```
#include<stdio.h>
int main()
{    int i,j;char c='A';
     for(i=0;i<4;i++)                  /*外层循环控制输出4行*/
         { for(j=1;j<=5;j++)           /*内层循环控制每行输出5列,每列输出一个字符*/
                printf("%c",c+i);
           printf("\n");
         }
     return 0;
}
```

【分析】 在该程序中，外层循环变量 i 的取值为 0、1、2、3，所以外层循环 4 次。

对于外层循环变量 i 的每个值，内层循环变量 j 的取值都为 1、2、3、4、5，所以内层循环 5 次，然后换行。程序总共循环了 20 次（4×5）。

外层循环变量 i 取值为 0 时，5 次内层循环输出的都是'A'（c+0 对应字符'A'）。

外层循环变量 i 取值为 1 时，5 次内层循环输出的都是'B'（c+1 对应字符'B'）。

外层循环变量 i 取值为 2 时，5 次内层循环输出的都是'C'（c+2 对应字符'C'）。

外层循环变量 i 取值为 3 时，5 次内层循环输出的都是'D'（c+3 对应字符'D'）。

综合上面分析，程序输出 4 行，每行 5 列，运行结果如下所示：

```
AAAAA
BBBBB
CCCCC
DDDDD
```

例 4.12 在计算机屏幕上输出如下九九乘法表。

```
1*1=1
2*1=2   2*2=4
3*1=3   3*2=6    3*3=9
4*1=4   4*2=8    4*3=12   4*4=16
5*1=5   5*2=10   5*3=15   5*4=20   5*5=25
6*1=6   6*2=12   6*3=18   6*4=24   6*5=30   6*6=36
7*1=7   7*2=14   7*3=21   7*4=28   7*5=35   7*6=42   7*7=49
8*1=8   8*2=16   8*3=24   8*4=32   8*5=40   8*6=48   8*7=56   8*8=64
9*1=9   9*2=18   9*3=27   9*4=36   9*5=45   9*6=54   9*7=63   9*8=72   9*9=81
```

【分析】 注意计算机在屏幕上是分行输出，每次输出一行之后，再输出下一行。上述九九乘法表共有9行，可以用循环变量i来表示行数（1≤i≤9）。对于第i行来说，它有j个等式，可以用一个循环变量j来表示列数（1≤j≤i）。位于第i行第j列的等式刚好是i和j相乘的式子。

程序代码如下：

```
#include<stdio.h>
int main()
{   int i,j;
    for(i=1;i<=9;i++)                        /* 外层循环控制输出的行数 */
       { for(j=1;j<=i;j++)                   /* 内层循环控制每行输出的列数和输出的内容 */
              printf("%d * %d=%-3d",i,j,i * j);
         printf("\n");
       }
    return 0;
}
```

例4.13 求1到10之间的每个整数的阶乘的和，即1！+2！+3！+…+10!。

【分析】 本题可用两层循环解决。外层循环变量i的值从1变化到10，控制求和的项数；内层循环变量j的值从1变化到i，计算i的阶乘。

程序代码如下：

```
#include<stdio.h>
int main()
{   int i,j;
    double t,s=0;
    for(i=1;i<=10;i++)
      { t=1;                        /* 每次求阶乘都从1开始,循环i次,求i的阶乘 */
        for(j=1;j<=i;j++)           /* 内层循环算出i的阶乘,存放在t中 */
            t=t * j;
        s=s+t;
      }
    printf("1!+2!+3!+…+10!=%e\n",s);
}
```

4.6 程序设计举例

例4.14 输入两个正整数m和n，求它们的最小公倍数。

【分析】 m * n是m和n的一个公倍数，设p是m和n中比较大的数，则p有可能是m和n的公倍数，而小于p的数不可能是m和n的公倍数，所以可以使用循环方法，在m * n到p的范围内找出m和n的最小公倍数。

程序代码如下：

```
main()
{    int m,n,p,k,t;
     scanf("%d,%d",&m,&n);
     if(n<m)   p=m;                    /*将m和n中的大数放在p中*/
     else   p=n;
     for(k=m*n;k>=p;k--)               /*将m和n的公倍数放入t中,最后放入t的是最小的*/
         if(k%n==0 && k%m==0)   t=k;
     printf("%d和%d的最小公倍数是:%d\n",m,n,t);
}
```

例 4.15 统计若干个成人的身高，从键盘输入若干个成人身高（单位：厘米），分三种范围：≥180 厘米、≥160 厘米并且<180 厘米、<160 厘米，统计各个范围的人数。

【分析】 可以通过 while 循环实现统计。每次循环输入一个身高值，判断该身高值属于哪种范围，然后让相应的变量累加。

程序代码如下：

```
#include<stdio.h>
int main()
{    float h;   int n1=0,n2=0,n3=0,k=0;
     printf("请输入第%d位成人身高:",k+1);
     scanf("%f",&h);
     while(h!=0)
       { if(h>=180)   n1++;
         else if(h>=160)   n2++;
         else   n3++;
         k++;
         printf("若停止输入身高,请按0。否则请输入第%d位成人身高:",k+1);
         scanf("%f",&h);
       }
     printf("在%d个成人中,大于或等于180厘米的人数为%d。\n",k,n1);
     printf("在%d个成人中,大于或等于160厘米且小于180厘米的人数为%d。\n",k,n2);
     printf("在%d个成人中,小于160厘米的人数为%d。\n",k,n3);
     return 0;
}
```

例 4.16 利用下面的格里高利公式计算圆周率 π 的近似值，在逐项累加的过程中，若某一项的绝对值小于 10^{-6}，则停止累加，输出 π 的近似值。

$$\frac{\pi}{4}=1-\frac{1}{3}+\frac{1}{5}-\frac{1}{7}+\cdots$$

【分析】 这是一个级数求和问题，可以通过循环实现逐项累加求和。用变量 pi 存放各项的和，用变量 t 存放某一项的值。t 的值在每次循环中都会改变，t 的值由分母（从 1 开始的某个奇数）和正 1 或负 1（轮流出现）组成。

程序代码如下：

```
#include<stdio.h>
#include<math.h>
int main()
{    float i=1.0;int k=1;double t=1.0,pi=0;
     do
        {pi= pi+t;
         i+=2;   k=-k;
         t=k/i;
        }while(fabs(t)>=1e-6);
     pi= pi*4;
     printf("圆周率π的近似值为:%lf\n",pi);
     return 0;
}
```

例 4.17 输入一个正整数，存放在变量 m 中，判断 m 是否为素数。

【分析】 判断 m 是否为素数，需要检查 m 是否能被 $2\sim m-1$ 之间的整数整除。根据数学理论，只须检查 m 能否被 $2\sim\sqrt{m}$ 之间的整数整除即可。设 i 取 $[2,\sqrt{m}]$ 范围的整数，如果 m 不能被该区间上的任何一个整数整除，即对 $[2,\sqrt{m}]$ 上的每一个整数 i，$m\%i$ 都不为 0，则 m 是素数；但是只要有一个 i 能使 $m\%i$ 为 0，则 m 不是素数。

程序代码如下：

```
#include<stdio.h>
#include<math.h>
int main()
{    unsigned i,m,k;
     scanf("%d",&m);
     k=sqrt(m);
     for(i=2;i<=k;i++)
        if(m%i==0)   break;
     if(i<=k)
     printf("%d 不是素数。\n",m);
     else   printf("%d 是素数。\n",m);
     return 0;
}
```

若执行语句“break;”使循环提前结束，则“m%i”的值应该为 0 且满足“i<=k”，m 不是素数；否则“i<=k”不成立，循环不会提前结束。因此可以用“i<=k”来判断 m 是否为素数。

例 4.18 已知在直角坐标平面上圆的方程是 $x^2+y^2=36$，从键盘输入 100 个点的坐标 x 和 y（x 和 y 都是整数），判断每个点在圆内、圆外、还是圆上。

【分析】 可以用循环来解决此问题。设变量 x 和 y 存放点的坐标，输入每一个点的坐标 (x,y)，由平面几何知识可知：若 x^2+y^2 的值小于 36，则该点在圆内；否则，若 x^2+y^2 的值大于 36，则该点在圆外；否则，该点在圆上。

程序代码如下：

```
#include<stdio.h>
#include<math.h>
int main()
{    int i,x,y;
     for(i=1;i<=100;i++)
       { scanf("%d,%d ",&x,&y);
         if(x*x+y*y<36)   printf("点(%d,%d)在圆内。\n",x,y);
         else if(x*x+y*y>36)   printf("点(%d,%d)在圆外。\n",x,y);
         else printf("点(%d,%d)在圆上。\n",x,y);
       }
     return 0;
  }
```

例 4.19 从键盘输入一个十六进制正整数（该整数为 unsigned int 型），将其转换为二进制数。例如，输入十六进制数“fcdef”，输出“0000000000001111-1100110111101111”；输入十六进制数“5678”，输出“0000000000000000-0101011001111000”；输入十六进制数“15”，输出“0000000000000000-0000000000001111”。

【分析】 对于十六进制整数 n，可以从最高位到最低位测试它的二进制（32 位）形式的各位，判断每位是 1 还是 0。具体方法：定义一个标志变量 flag（其十六进制形式为 0x80000000，二进制形式为 10000000 00000000 00000000 00000000），将 flag 与 n 进行按位与运算，运算的结果或者为真，或者为假；若为真，则说明 n 的最高位值为 1；若为假，则说明 n 的最高位值为 0。然后将 flag 右移一位后，再将 flag 与 n 进行按位与运算，根据按位与运算结果的真假，判断 n 的第 2 位是 1 还是 0。照此类推，循环 32 次，即可求出 n 的每位是 1 还是 0。

程序代码如下：

```
#include<stdio.h>
int main()
{    unsigned short i,n,b,flag;
     flag=0x80000000;
     printf("请输入一个需要转换成二进制的整数(十六进制形式):");
     scanf("%x",&n);
     printf("\n %x 的二进制形式为:",n);
     for (i=0;i<32;i++)
        {b=(flag & n)? 1:0;
         printf("%d",b);
         if(i==15)printf("-");
         flag=flag>>1;
        }
     printf("\n");
     return 0;
}
```

运行程序 3 次，输出如下：

```
请输入一个需要转换成二进制的整数(十六进制形式):fcdef↙
fcdef 的二进制形式为:0000000000001111-1100110111101111
请输入一个需要转换成二进制的整数(十六进制形式):15↙
15 的二进制形式为:0000000000000000-0000000000001111
请输入一个需要转换成二进制的整数(十六进制形式):5678↙
5678 的二进制形式为:0000000000000000-0101011001111000
```

例 4.20　猜数游戏。让计算机随机生成一个 1～100 之间的整数，请你猜该数是多少，输出你猜的次数以及该数的值。请你每次从键盘输入所猜的数。若猜大了或猜小了，计算机就给出提示，你重新猜。

【分析】　可能第一次就猜对了，因此不用进入循环，循环体不被执行，所以选择 while 循环语句比较好。若某次未猜对，就需要继续猜，则循环体被执行。在循环中，根据所猜的数（number）与被猜的数（guess）的大小关系，显示提示信息。

程序中使用函数 srand( ) 设置随机数种子，每次执行程序时该函数产生不同的整数序列，即传递给 srand( ) 一个整数，以便决定 rand( ) 函数从何处开始生成随机数。函数 srand( ) 调用函数 time(NULL) 返回一个自 1970 年 1 月 1 日以来经历的秒数。函数 rand( ) 的值是取值为 0～32767 的随机整数。

程序代码如下：

```
#include<stdio.h>
#include<stdlib.h>
#include<time.h>
int main()
{    int count=1,guess,number;
     srand(time(NULL));                    /*设置随机数种子为当前时间*/
     guess=rand()%100+1;                   /*随机生成一个 1 到 100 之间的整数*/
     printf("这是第 1 次猜数,请输入所猜的数:");
     scanf("%d",&number);
     while(guess!=number)
         {if(guess>number)   printf("你猜的数小了！ \n");
          else   printf("你猜的数大了！ \n ");
          count++;
          printf("这是第%d 次猜数:,请输入所猜的数:",count);
          scanf("%d",&number);
         }
     printf("恭喜你猜对了！ 这个数是%d。\n",number);
     printf("你猜的次数是%d。\n",count);
}
```

例 4.21　古典算术问题：搬砖块。某工地需要搬砖块，已知男人一人搬 3 块，女人一人搬 2 块，小孩两人搬 1 块。请问用 45 个人正好搬 45 块砖，有多少种搬法？

【分析】　对于这个组合问题，3 个因素决定一种搬法，即男人数、女人数、小孩数，每类人数的取值范围为 0～45 的整数，各类人数的取值之和正好等于 45。因此，对于每类人数的取值都要反复测试，最后确定正好满足45人搬45块砖的组合。

可以采用三重循环嵌套来解决此问题，程序代码如下：

```
#include<stdio.h>
int main()
{    int men,women,child;                    /* men 男人数、women 女人数、child 小孩数 */
     for(men=0;men<=45;men++)
        for(women=0;women<=45;women++)
           for (child=0;child<=45;child++)   /* 符合下面条件的人数组合,就是一种搬法。*/
              if(men+women+child==45 && men*3+women*2+child*0.5==45)
                  printf("men=%d,women=%d,child=%d\n",men,women,child);
     return 0;
}
```

程序运行结果：

```
men=0,women=15,child=30
men=3,women=10,child=32
men=6,women=5,child=34
men=9,women=0,child=36
```

由于只有45块砖，因此：男人的数量不会超过15人，女人的数量不会超过22人，而且男人和女人的数量确定下来后，小孩的数量就确定了，小孩数=45-男人数-女人数。

根据以上分析，上述程序可以改进如下：

```
#include<stdio.h>
int main()
{    int men,women,child;
     for (men=0;men<=15;men++)
        for(women=0;women<=22;women++)
           { child=45-men-women;
              if(men*3+women*2+child*0.5==45)
                  printf("men=%d,women=%d,child=%d\n",men,women,child);
           }
     return 0;
}
```

例4.22 已知方程$f(x)=2x^3+13x^2-52x-315=0$在区间（2,9）内有一个根，并且$f(x)$在区间(2,9)内单调递增。请用二分法编程求这个根。二分法的算法：对于函数$f(x)=2x^3+13x^2-52x-315$，设$x_1=2$，$x_2=9$，将区间(x_1,x_2)二等分，中点为x_0，若$f(x_0)=0$，则x_0是根；若$f(x_0)*f(x_1)<0$，则根在(x_1,x_0)内，将x_0赋给x_2；否则根在(x_0,x_2)内，将x_0赋给x_1；得到新的区间(x_1,x_2)。新的区间(x_1,x_2)的长度是原来的二分之一。重复上述过程，再求新的x_0，使得区间(x_1,x_2)的长度越来越小，直到x_0与根非常接近为止。

【分析】 可用循环编程。根在(x_1,x_2)内，按照给定的算法，每次求(x_1,x_2)的中点x_0，若x_0是根，则结束循环，否则让含根区间缩小一半，得到新的(x_1,x_2)，再求新的(x_1,x_2)的中点x_0，直到x_0与根非常接近为止。例如，让(x_1-x_0)的绝对值小于给定的小正数(10^{-5})。

程序代码如下：

```
#include<stdio.h>
#include<math.h>
main()
{   float x0,x1,x2,f0,f1,f2;
    scanf("%f,%f",&x1,&x2);   /* 输入 2 和 9 */
    f1=2*x1*x1*x1+13*x1*x1-52*x1-315;
    do
     {x0=(x1+x2)/2;   f0=2*x0*x0*x0+13*x0*x0-52*x0-315;
      if(f0==0)   break;
      if(f0*f1<0)   x2=x0;       /* 将 x0 作为新的右端点(x2=x0;),或左端点(x1=x0) */
      else{x1=x0;f1=f0;}         /* f1=f0 的作用是:将原来中点的函数值作为左端点的函数值 */
     }while(fabs(x1-x0)>=1.0e-5);
    printf("根是%6.3f\n",x0);
}
```

4.7 习　　题

1. 阅读程序，写出运行结果。

（1）
```
#include<stdio.h>
int main()
{   int s=0,k;
    for(k=100;k>=1;k--)   s=s+k;
    printf("s=%d\n",s);
    return 0;
}
```

（2）
```
#include<stdio.h>
int main()
{   int i,j;
    for(i=6;i>=1;i--)
      {for(j=1;j<=7-i;j++)   printf("*");
       printf("\n");
      }
    return 0;
}
```

（3）
```
#include<stdio.h>
int main()
{   int i;
    for(i=1;i<=10;i++)
      {  if(i%2)   printf("%d",i);
```

```
            else    continue;
        }
    printf("END\n");
    return 0;
}
```

（4）
```
#include<stdio.h>
int main()
{   int i=3;
    while(i<=10)
    {i ++;
       if(i% 5= =0 || i% 7= =0)    continue;
       else    printf("% d,",i);
    }
  return 0;
}
```

（5）
```
#include<stdio.h>
int main()
{    int n=6,t=1;
     do
       {t=t * n;    n--;
       } while(n>=1);
     printf("% d\n",t);
     return 0;
}
```

（6）
```
#include<stdio.h>
int main()
{    int i,j;
     for(i=1;i<6;i++)
       {for(j=1;j<=i;j++)    printf("% 3d",i);
        printf("\n");
       }
     return 0;
}
```

2. 编写程序。

（1）计算并输出 1+4+7+10+13+…+97+100 的值。

（2）计算并输出 1 到 1000 之间能被 4 整除的所有数的和。

（3）从键盘输入整型变量 n 的值，计算并输出 1 到 n 之间的偶数的乘积。

（4）从键盘输入 10 个整数，每次存放变量 x 中，判断每个数是否满足 $3x^2+4x-5=0$。

（5）从键盘输入直角平面坐标系中 10 个点的坐标（x,y）（x 和 y 都是整数），判断每个点的坐标（x,y）是否在直线 $6x+7y=0$ 上。

（6）计算并输出 1-1/2+1/3-1/4+…+1/99-1/100 的值。

（7）计算表达式 1+1/2+2/3+3/4+4/5+…+98/99+99/100 的值。

（8）已知数列第 1 项为 2，后面各项均为它前一项的 2 倍再加 3，输出该数列的前 10 项。

(9) 输入若干个字符（以回车结束输入），分别统计出其中英文字母、数字和其他字符的个数。

(10) 判断并输出 301~599 的所有素数。

(11) 将一个正整数分解质因数。例如，输入“90”，输出“90=2*3*3*5”。

(12) 鸡兔同笼是中国古代著名趣题之一。在《孙子算经》中就记载了这个有趣的问题：有若干只鸡和兔同在一个笼子里，从上面数，有 35 个头；从下面数，有 94 只脚。笼中各有几只鸡和兔?

(13) 猴子吃桃问题。猴子第一天摘下若干个桃子，当即吃了一半，还不过瘾，又多吃了一个；第二天早上将剩下的桃子吃掉一半，然后又多吃了一个；以后每天早上都吃了前一天剩下的一半加一个；到第 10 天早上想再吃时，看见只剩下一个桃子了。求猴子第一天共摘了多少个桃子。

扫描二维码获取习题参考答案

第 5 章

数　组

数组是有序数据的集合，数组中的每个元素都属于同一种数据类型，数组中的元素用数组名称加下标的形式来确定。可通过数组来处理一批类型相同的数据。将数组与循环方法相结合，可以编写比较复杂的程序，如解决比较大小、排序等类型的问题。

5.1 一维数组

5.1.1 一维数组的定义

一维数组的定义格式如下：

```
类型说明符 数组名[常量表达式];
```

例如，下面定义了一个有 10 个元素的 int 型数组 a：

```
int a[10];
```

又如，下面定义了各有 100 个元素的 float 型数组 score 和 grade：

```
float score[100],grade[100];
```

再如，下面定义了 char 型的有 10 个元素的数组 name 和有 18 个元素的数组 number：

```
char name[10],number[18];
```

关于数组定义，有以下几点需要说明：

(1) 数组名的命名规则与变量名的命名规则相同。

（2）数组定义形式中的“常量表达式”的值表示数组元素的个数，即数组长度。例如，语句“int a[10];”表示数组 a 长度为 10，数组 a 有 10 个元素。10 个数组元素的下标取 0、1、2、…、8、9 这 10 个整数，即数组 a 的 10 个元素可表示为 a[0]、a[1]、a[2]、…、a[8]、a[9]。

（3）可以在同一个类型说明中定义多个数组和变量。例如：

```
int a,b,x[100],y[300],z[500];
```

（4）系统为数组元素分配连续的内存空间。

（5）在同一个函数中，其他变量名不能与数组名相同。

（6）一个数组的所有元素是同种类型的变量。例如，定义“int a[10];”后，相当于定义了 10 个 int 型变量，即从 a[0]到 a[9]的 10 个变量都是 int 型变量。

（7）定义数组时，方括号中的常量表达式可以是常量或符号常量，但不能是变量，即 C 语言不允许对数组的大小作动态定义。例如，下面的定义是错误的：

```
main()
{    int k;
     scanf("%d",&k);
     float x[k];
     …
}
```

又如，下面的定义是可以的。若想改变数组的大小，改变语句“#define N 10”中 N 后面的值（即 10）即可。

```
# define N 10
main()
{    float x[N],y[5*N],z[N+3];
     …
}
```

5.1.2　一维数组元素的引用和初始化

1. 一维数组元素的引用

数组元素的表示形式为“数组名[下标]”，下标可以是整型常量或整型表达式，下标取值范围为 0 到“数组长度-1”范围内的整数。

注意：数组必须先定义，然后才可以引用数组元素。

例 5.1　输入 100 个数，求它们的平均值，最后输出这 100 个数中大于平均值的数。

【分析】　将 100 个数存放数组中，使用循环将数组元素累加后求平均值，最后使用循环输出大于平均值的数。

程序代码如下：

```
#include<stdio.h>
int main()
{   int n;   float aver=0,a[100];
    for (n=0;n<100;n++)
        {scanf("%f",&a[n]);
         aver=aver+ a[n];
        }
    aver=aver/100;
    printf("平均值为:%f\n",aver);
    printf("100个数中大于平均值的数为:");
    for(n=0;n<=99;n++)
        if(a[n]>aver)
            printf(",%f ",a[n]);
    return 0;
}
```

2. 一维数组元素的初始化

数组被定义时，数组元素没有初始值，就像一般的普通变量在定义后没有初始值那样，数组元素的值是不确定的。可以通过初始化的方式为它们赋初值，即在定义数组时为数组元素赋初值。例如：

```
int a[10]={1,2,3,4,5,6,7,8,9,10};
```

执行上面定义并且初始化后，数组的所有元素被赋初值，即 a[0]=1,a[1]=2,a[2]=3,a[3]=4,a[4]=5,a[5]=6,a[6]=7,a[7]=8,a[8]=9,a[9]=10。

上面是给数组的所有元素赋初值。也可以只写出一部分元素的初值。例如：

```
int a[10]={1,2};
```

执行上面定义和初始化后，a[0]值为1、a[1]值为2，而其他数组元素的值都是0。

当对数组的全部元素赋初值时，允许省略数组长度。例如：

```
int a[ ]={1,2,3,4,5,6,7,8,9,10};
```

上面的定义和初始化与如下形式等效：

```
int a[10]={1,2,3,4,5,6,7,8,9,10};
```

若数组元素的初始值全为0，则可以写成如下形式：

```
int a[10]={0};     /*不能写成"int a[10]=0;",因为C语言不允许对整个数组初始化*/
```

5.1.3 一维数组程序设计举例

例5.2 已知一维数组中存放了20个正整数，从键盘输入一个正整数，按顺序在数组中查找与该数相等的数，输出其所在的位置。

【分析】 将被查找的数按顺序与数组元素对比，若相同则输出所在位置。

程序代码如下：

```
#include<stdio.h>
#define N 20
int main()
{   int n,k,sign=0;
    int num[N]={56,37,38,23,52,41,96,67,38,15,23,25,21,67,65,54,53,52,68,90};
    printf("请输入被查找的数:");
    scanf("%d",&n);
    for(k=0;k<N;k++)
      if(num[k] == n)
        {printf("被查找的数%d在数组的第 %d个位置上。\n",n,k+1);   sign=1;}
    if(sign!=1)
        printf("找不到！ \n");
    return 0;
}
```

若输入“38”，则输出：

```
被查找的数 38 在数组的第 3 个位置上。
被查找的数 38 在数组的第 9 个位置上。
```

若输入“12”，则输出：

```
找不到！
```

sign 为标志变量。若 sign 为 1，则表示找到了；若 sign 仍为 0，则表示找不到。

例 5.3 将从键盘输入的 100 个不同的整数存放在一维数组中，找出其中最小的整数，输出该数以及该数的位置（用数组的下标表示）。

【分析】 对于数组中的每个整数，按顺序比较，即可找出最小整数。

程序代码如下：

```
#define N 100
#include<stdio.h>
int main()
{   int n,min,k=0,a[N];
    for(n=0;n<N;n++)   scanf("%d",&a[n]);
    min=a[0];
    for(n=1;n<N;n++)
        if(a[n]<min)
          { min=a[n];   k=n;   }   /*将最小数存放在 min 中,下标存放在 k 中*/
    printf("最小的整数为%d,在数组中的下标为%d。\n",min,k);
    return 0;
}
```

例 5.4 随机产生 100 个整数存放在一维数组中，要求每个数大于 300 并且小于 800。请输出这些数中满足条件（能被 7 整除，或者能被 9 整除）的数及其在数组中的下标。

【分析】 可以使用函数 srand( )设置随机数种子，以便每次执行程序时产生不同的整数序列。使用函数 rand( )生成随机数，函数 rand( )的值是取值为 0～32767 的随机整数，可以使用语句“if(300<n && n<800)”来选择产生大于300并且小于800的随机数，将函数rand()生成的随机数存放到数组中。按顺序判断这些数组中的数是否满足条件即可。

程序代码如下：

```
#define N 100
#include<math. h>
#include<stdlib. h>
#include<time. h>
int main()
{   int k,n,s=0,a[N];
    srand(time(NULL));                          /*设置随机数种子为当前时间*/
    for(k=0;k<N;k++)
        { mark:  n=rand();                      /*产生随机数*/
          if(300<n && n<800)a[k]=n;             /*符合条件的随机数存放到数组中*/
          else goto mark;
        }
    for(k=0;k<N;k++)
      if(a[k]%7==0 || a[k]%9==0)
        printf("%d,%d \n",a[k],k);              /*输出满足条件的数及其在数组中的下标*/
    return 0;
}
```

例5.5 从键盘输入10个整数，使用选择排序法，将它们从小到大排序。

【分析】 将10个整数赋给数组的10个元素，然后使用二层循环，查找给定范围内的最小数。

第1次，找到10个数中的最小数，查找的范围是下标为0~9范围内的所有数组元素。记住存储这个最小数的数组元素的下标，将该下标对应的数组元素与下标为0的数组元素的值对换，使下标为0的数组元素中存储最小数，即下标为0的数组元素中存储的是下标为0~9范围内的所有数组元素中的最小数。

第2次，找到剩余9个数（除去下标为0的数组元素）中的最小数，查找的范围是下标为1~9范围内的所有数组元素。记住存储这个最小数的数组元素的下标，将该下标对应的数组元素与下标为1的数组元素的值对换，使下标为1的数组元素中存储这个范围内的最小数，即下标为1的数组元素中存储的是下标为1~9范围内的所有数组元素中的最小数。

第3次，找到剩余8个数（除去下标为0和1的数组元素）中的最小数，查找的范围是下标为2~9范围内的所有数组元素（除去下标为0和1的数组元素）。记住存储这个最小数的数组元素的下标，将该下标对应的数组元素与下标为2的数组元素的值对换，使下标为2的数组元素中存储这个范围内的最小数，即下标为2的数组元素中存储的是下标为2~9范围内的所有数组元素中的最小数。

照此类推，直到第9次找到剩余的2个数中的最小数，查找的范围是下标为8和9的两个数组元素，记住存储这个最小数的数组元素的下标，将该下标对应的数组元素与下标为8的数组元素的值对换，使下标为8的数组元素中存储这个范围内的最小数，即下标为8的数组元素中存储的是下标为8和9两个数组元素中的最小数。剩下的一个数放在下标为9的数组元素中，显然是最大的数。

以上所述的排序方法被称为选择排序法。

程序代码如下：

```
#define N 10
#include<stdio. h>
int main()
{   int i,j,m,temp,a[N];
    for(i=0;i<N;i++)  scanf("%d",&a[i]);          /* 输入 10 个无序的数 */
    for(i=0;i<=N-1;i++)  printf("%5d",a[i]);     /* 输出 10 个无序的数 */
    printf("\n");
    for(i=0;i<=N-2;i++)                           /* 选择排序 */
      {m=i;
       for(j=i+1;j<=N-1;j++)
         if(a[j]<a[m])m=j;                        /* 找到最小的数组元素值,用 m 存放它的下标 */
       temp=a[i];  a[i]=a[m];  a[m]=temp;
      }
    for(i=0;i<=N-1;i++)  printf("%5d",a[i]);     /* 输出 10 个有序的数 */
    printf("\n");
    return 0;
}
```

若输入的 10 个数为 4、9、1、3、0、5、7、2、8、6，则输出：

```
4    9    1    3    0    5    7    2    8    6
0    1    2    3    4    5    6    7    8    9
```

例 5.6　折半查找法。数组 x 中按从小到大的顺序存放了 25 个整数，从键盘输入一个整数存放在变量 a 中。请使用折半查找法，在数组 x 中查找与变量 a 值相同的数的位置。

【分析】　折半查找法的思想是：每次使查找范围缩减一半，逐渐缩小范围，逼近要查找的数。设 top 和 bott 是查找范围的两个端点下标，mid=(top+bott)/2。若 a 等于 x[mid]，则找到了，输出查找结果，结束查找。若 a 在 x[top]和 x[mid]之间，则将 mid-1 赋给 bott；若 a 在 x[mid]和 x[bott]之间，则将 mid+1 赋给 top，得到新的端点下标。确定新的 top 和 bott 之后，查找范围缩减一半。重复上述过程，直到 top>bott 为止。

程序代码如下：

```
#include<stdio. h>
int main()
{   int top,bott,mid,loca,a;
    int x[25]={1,2,3,4,5,6,7,8,9,10,11,12,13,14,15,16,17,18,19,20,21,22,23,24,25};
    scanf("%d",&a);
    top=0;bott=24;loca=-1;
    while(top<=bott)
      {mid=(top+bott)/2;
        if(a==x[mid])
          { printf("找到了%d,位置在下标%d。\n",a,mid);
            loca=mid;break;
          }
        else if(a<x[mid])bott=mid-1;
```

```
            else top=mid+1;
        }
    if(loca==-1)printf("没有找到%d。\n",a);
    return 0;
}
```

例 5.7 数组 str 中按从小到大的顺序存放了 10 个字符，从键盘输入一个字符，将该字符插入数组 str 中，使插入后的 11 个字符仍按从小到大的顺序存放在数组 str 中。

【分析】 按顺序将输入的字符与数组中的字符比较，确定插入位置。

程序代码如下：

```
#define N 11
#include<stdio.h>
int main()
{   int i,k;  char ch,str[N]= {'a','c','d','f','g','h','k','n','p','r'};
    for(k=0;k<=N-2;k++)
        printf("%3c",str[k]);
    printf("\n Please input the character inserted:");
    scanf("%c",&ch);
    if(ch>=str[N-2])                /*若ch值大于或等于数组的最大元素,则将ch值插在最后*/
        str[N-1]=ch;
    else
        { i=0;
          while(i<N-1)
           {if(ch<str[i])               /*若ch值小于str[i],则将ch值插在下标为i的位置*/
              {for(k=N-2;k>=i;k--)   /*下标大于或等于i的元素依次向后移动一个位置*/
                    x[k+1]=x[k];
                 str[i]=ch;break;      /*将ch值放在str[i]中,插入完成,结束循环 */
              }
            i++;
          }
        }
        for(k=0;k<=N-1;k++)   printf("%3c",str[k]);
        printf("\n");
     return 0;
}
```

运行程序，若输入“x”，则输出：

```
a c d f g h k n p r x
```

若输入“b”，则输出：

```
a b c d f g h k n p r
```

若输入“a”，则输出：

```
a a c d f g h k n p r
```

例 5.8 统计选票。假设有 1000 张选票，有 10 个候选人，候选人编号从 1 到 10。在投票时，投票人可在每张选票写 1 到 10 之间的数码，写 1 表示投票给第 1 号候选人，写 2 表示投票给第 2 号候选人，照此类推，写 10 表示投票给第 10 号候选人。

【分析】 可以定义数组 a[11]，使用 a[i]存放第 i 号候选人的得票数（i 取值 1 到 10 间的整数）。可以使用循环统计选票，若选票上写的是 i，则 a[i]的值增加 1。第 i 位候选人得票为 a[i]张。最后使用循环语句输出 a[1]到 a[10]的值即可。

虽然数组元素的下标是从 0 开始，但是程序中没有使用下标为 0 的数组元素。变量可以做自加运算，数组元素 a[i]也是变量，所以也可以执行 a[i]++运算。

程序代码如下：

```
#include "stdio. h"
#define N 11
main()
{    int i,k=1,vote,a[N]={0};
     while(k<=1000)
       { printf("请输入选票上的数码:");
         scanf("%d",&vote);
         for(i=1;i<N;i++)
             if(vote==i)    a[i]++;
         k++;
       }
     for(i=1;i<N;i++)printf("第%d位候选人得票%d张。\n",i,a[i]);
}
```

5.2 二 维 数 组

5.2.1 二维数组的定义

二维数组定义的一般格式如下：

```
类型说明符  数组名[常量表达式1][常量表达式2]
```

例如，定义 float 型二维数组 student 和 data，student 包含 35（5 行 7 列）个数组元素，data 包含 24（3 行 8 列）个数组元素，每个数组元素都是一个 float 型变量。代码如下：

```
float student[5][7],data[3][8];
```

又如，定义 char 型二维数组 name，name 有 800（100 行 8 列）个数组元素，每个数组元素都是一个 char 型变量。代码如下：

```
char name[100][8];
```

再如，定义 int 型二维数组 a 和 num，a 有 6 个（2 行 3 列）数组元素，num 有 30 个（3

行 10 列）数组元素，每个数组元素都是一个 int 型变量。代码如下：

```
int a[2][3],num[3][10];
```

二维数组中的元素在内存中是按行的顺序存放，系统为它们分配连续的内存空间，即先存放第一行的元素，再存放第二行的元素，照此类推。例如，上面定义的数组 a 的 6 个元素占据连续的 6 个单元（每个单元 4 字节）的空间，在内存中按顺序排列：a[0][0],a[0][1],a[0][2],a[1][0],a[1][1],a[1][2]。

可以把二维数组看作一种特殊的一维数组，这个一维数组中的每个元素又是一个一维数组（即把每行看作一个元素）。例如，可以把上面定义的二维数组 num 看作一维数组，这个一维数组有 num[0]、num[1]、num[2]共 3 个元素。这 3 个元素中的每个元素（num[0]或 num[1]或 num[2]）都是包含 10 个元素的一维数组，num[0]、num[1]和 num[2]分别是 3 个一维数组的名称，如图 5.1 所示。

num{
num[0]:num[0][0],num[0][1],num[0][2],…,num[0][9]
num[1]:num[1][0],num[1][1],num[1][2],…,num[1][9]
num[2]:num[2][0],num[2][1],num[2][2],…,num[2][9]

图 5.1　二维数组 num

此外，还可以定义二维以上的多维数组。例如，“int dw[2][3][5];”定义了有 30 个数组元素的三维数组 dw。

5.2.2　二维数组元素的引用和初始化

1. 二维数组元素的引用

对于二维数组元素，引用的形式如下：

```
数组名[行下标][列下标]
```

行下标或列下标可以是整型变量或整型表达式，如 x[5][12]、y[i][j]、z[i+1][j-2]。行下标和列下标从 0 开始，行下标应小于数组的行数，列下标应小于数组的列数。

二维数组元素可以被看成是一个普通变量，二维数组元素可以被赋值，二维数组元素也可以出现在表达式中。

操作二维数组元素时，需要使用双重循环。通常用外层循环来控制二维数组行下标的变化，用内层循环来控制二维数组列下标的变化。

例 5.9　某校某年级共有 200 个学生，每个学生学习 6 门课程，使用数组计算每门课程的平均分。

【分析】　可定义 200 行 6 列的二维数组存放每个学生的分数。求每门课程的平均分就是求二维数组每列的平均值。

程序代码如下：

```
#define M 200
#define N 6
int main()
{   int i,j;  float score[M][N],aver[N],sum;
    for(i=0;i<M;i++)
```

```
        for(j=0;j<N;j++)                    /* 输入每个学生 6 门课程的分数 */
            scanf("%f",&score[i][j]);
    for(i=0;i<N;i++)
        {   sum=0;
            for(j=0;j<M;j++)                /* 内层循环计算每列的总分 */
                sum=sum+ score[j][i];
            aver[i]=sum/M;                  /* 计算每列的平均值 */
        }
    for(i=0;i<N;i++)
        printf("%f\n",aver[i]);             /* 输出每列的平均值 */
}
```

2. 二维数组元素的初始化

（1）可以分行给二维数组各元素赋初值。例如：

```
int num[2][3]={{1,2,3},{4,5,6}};
```

表示将{1,2,3}分别赋给第一行的 3 个元素，将{4,5,6}分别赋给第二行的 3 个元素。

（2）可以只用一个大括号，按顺序给各元素赋初值，与上面的分行作用相同。例如：

```
int num[2][3]={1,2,3,4,5,6};
```

（3）可以只写出部分元素的初值，将没列出的元素值默认为 0。例如：

```
int x[2][3]={{1,2},{3}};
```

相当于 x[0][0]=1，x[0][1]=2，x[1][0]=3，其余元素都是 0。

下面的写法相当于 x[0][1]=1，x[1][2]=3，其余元素都是 0。

```
int x[2][3]={{0,1},{0,0,3}};
```

（4）可以省略行数。例如，下面两种定义等价，后一种定义省略了行数 2。

```
int x[2][3]={1,2,3,4,5,6};
int x[ ][3]={1,2,3,4,5,6};
```

列数不能省略，例如，下面的定义是错误的：

```
int x[2][ ]={1,2,3,4,5,6};
```

对部分数组元素赋初值时，也可省略行数，但应分行赋初值。例如，下面的定义省略了行数 3：

```
int x[ ][4]={{1,2,3},{},{6,7,8,9}};
```

5.2.3 二维数组程序设计举例

例 5.10 已知矩阵 $\boldsymbol{A}$ 和 $\boldsymbol{B}$ 如下，矩阵 $\boldsymbol{E}=5\boldsymbol{A}+4\boldsymbol{B}$，矩阵 $\boldsymbol{F}=3\boldsymbol{A}-2\boldsymbol{B}$，请输出矩阵 $\boldsymbol{E}$ 和 $\boldsymbol{F}$。

$$\boldsymbol{A}=\begin{bmatrix}12 & 10 & 13\\20 & 29 & 23\end{bmatrix}\quad \boldsymbol{B}=\begin{bmatrix}30 & 32 & 35\\37 & 31 & 38\end{bmatrix}$$

【分析】 用二维数组存放矩阵元素值，按矩阵运算规则计算 $\boldsymbol{E}$ 和 $\boldsymbol{F}$。

程序代码如下：

```
#include<stdio.h>
int main()
{   int a[2][3],b[2][3],e[2][3],f[2][3],i,j;
    for(i=0;i<2;i++)
        for(j=0;j<3;j++)
            scanf("%d",&a[i][j]);                   /* 输入矩阵 A 的元素 */
    for(i=0;i<2;i++)
        for(j=0;j<3;j++)
            scanf("%d",&b[i][j]);                   /* 输入矩阵 B 的元素 */
    for(i=0;i<2;i++)
        for(j=0;j<3;j++)
            {e[i][j]=5*a[i][j]+4*b[i][j];           /* 计算矩阵 E 的元素 */
             f[i][j]=3*a[i][j]-2*b[i][j];           /* 计算矩阵 F 的元素 */
            }
    for(i=0;i<2;i++)
       {for(j=0;j<3;j++)   printf("%5d",e[i][j]);
        printf("\n");
       }
    for(i=0;i<2;i++)
       {for(j=0;j<3;j++)   printf("%5d",f[i][j]);
        printf("\n");
       }
    return 0;
}
```

例 5.11 已知某公司 M 种产品全年各月的销售金额如表 5.1 所示，请使用二维数组存放各产品 12 个月的销售金额，并计算每种产品全年 12 个月的销售总金额。

表 5.1 某公司 M 种产品全年各月的销售金额 单位：万元

产品编号	1月	2月	3月	4月	5月	6月	7月	8月	9月	10月	11月	12月
1	12	13	11	13	12	13	14	15	14	12	12	13
2	26	27	25	23	25	26	27	23	24	26	24	23
3	33	34	35	33	34	36	34	35	36	34	35	36
4	31	32	31	34	33	32	31	33	34	32	33	34
5	45	43	39	38	43	42	41	40	41	39	42	43
…	…	…	…	…	…	…	…	…	…	…	…	…

【分析】 用 M 行 12 列的数组存放销售金额，将每行的 12 个销售金额相加即可。

程序代码如下：

```
#define M 5                              /*不妨设 M 为 5*/
#include<stdio.h>
int main()
{   int a[M][12],sum[M]={0},i,j;
    for(i=0;i<M;i++)
      for(j=0;j<12;j++)
        {scanf("%d",&a[i][j]);          /*按顺序输入表格每行的 12 个数*/
         sum[i]=sum[i]+a[i][j];         /*求每行 12 个数的和*/
        }
    printf("每种产品的全年销售总金额如下:\n");
    for(i=0;i<M;i++)
      printf("第%d种产品全年12个月的销售总金额为%d。\n",i+1,sum[i]);
    printf("\n");
    return 0;
}
```

例 5.12 使用二维数组输出下面的图案。

```
H * * * H * * * H
* H * * H * * H *
* * H * H * H * *
* * * H H H * * *
H H H H H H H H H
* * * H H H * * *
* * H * H * H * *
* H * * H * * H *
H * * * H * * * H
```

【分析】 因为该图案由 9 行 9 列字符组成，所以可以使用 9 行 9 列的二维数组存放每个字符。该图案中的字符 H 按“米”字形排列，除字符 H 所占位置外，图案中其他位置都由字符 * 占据。可以先让所有数组元素都存储字符 *，再让“米”字位置的数组元素存储字符 H。所有数组元素赋值后，分行输出即可。

程序代码如下：

```
#define M 9
#include<stdio.h>
int main()
{   char a[M][M];  int i,j;
    for(i=0;i<M;i++)
     for(j=0;j<M;j++)
        a[i][j]='*';
    for(i=0;i<M;i++)  a[i][4]='H';        /*图案中间一列元素存储 H*/
    for(i=0;i<M;i++)  a[4][i]='H';        /*图案中间一行元素存储 H*/
    for(i=0;i<M;i++)  a[i][i]='H';        /*图案主对角线元素存储 H*/
    for(i=0;i<M;i++)
```

```
        for(j=0;j<M;j++)
            if(i+j==8)   a[i][j]='H';          /* 图案副对角线元素存储 H */
    for(i=0;i<M;i++)
      { for(j=0;j<M;j++)
            printf("%c",a[i][j]);
          printf("\n");
      }
    return 0;
}
```

例 5.13 输出 7 行如下形式的杨辉三角形：

```
1
1    1
1    2    1
1    3    3    1
1    4    6    4    1
1    5    10   10   5    1
1    6    15   20   15   6    1
```

【分析】 上面杨辉三角形中的数的排列规律是：第 1 列和主对角线的元素都是 1，其余的每个元素等于其上一行的两个元素之和（这两个元素一个位于同列，一个位于前一列），根据该规律，将数存放在二维数组中，然后按以上形式输出即可。

程序代码如下：

```
#define N 7
#include<stdio.h>
int main()
{   int i,j,a[N][N];
    for(i=0;i<N;i++)                          /* 列下标为 0 的第 1 列,以及主对角线的元素值都取 1 */
      {a[i][i]=1;
       a[i][0]=1;
      }
    for(i=2;i<N;i++)
      for(j=1;j<=i-1;j++)                     /* 除第 1 列和主对角线及对角线以上的元素外 */
       a[i][j]=a[i-1][j-1]+a[i-1][j];         /* 三角形内其他元素 a[i][j]等于
                                                 a[i-1][j-1]+a[i-1][j] */
    for(i=0;i<N;i++)
      {for(j=0;j<=i;j++)
           printf("%5d",a[i][j]);             /* 分行输出杨辉三角形 */
       printf("\n");
      }
    return 0;
}
```

5.3　字符数组与字符串

5.3.1　字符数组的定义

可以使用字符数组存放字符型数据。字符数组的定义举例如下：

```
char str[30],ch[40];
```

其定义了有 30 个数组元素的字符数组 str、有 40 个数组元素的字符数组 ch。

字符数组也可以是二维或多维的。例如：

```
char name[80][20],address[80][60];
```

name 是有 80 行 20 列的二维字符数组，address 是有 80 行 60 列的二维字符数组。

每个字符数组元素占 1 字节的内存空间，可以存放一个字符。

5.3.2　字符数组元素的引用和初始化

1. 字符数组元素的引用

字符数组元素的引用形式与前面介绍的一维数组和二维数组相同。有以下两种形式：

```
数组名[下标]
数组名[行下标][列下标]
```

字符数组元素的下标与前面介绍的一维数组和二维数组相同。每个数组元素是一个普通的字符型变量，字符数组元素可以像字符型变量一样被赋值及出现在表达式中。

2. 字符数组元素的初始化

字符数组元素的初始化就是在定义数组时为数组元素赋初值。

例如，下面对字符数组 st 的每个数组元素赋一个字符：

```
char st[6]={'A','B','C','D','E','F'};
```

即执行该定义后，st[0]='A'、st[1]='B'、st[2]='C'、st[3]='D'、st[4]='E'、st[5]='F'。

若数组元素的个数与花括号中的字符个数相同，则可以省略数组长度。例如，下面的定义与上面的作用相同：

```
char st[ ]={'A','B','C','D','E','F'};
```

也可以给字符数组 st 的部分数组元素赋值。例如：

```
char st[6]={'A','B'};
```

执行该定义后，st[0]='A'、st[1]='B'，而 st[2]= st[3]= st[4]= st[5]='\0'。'\0'代表 ASCII 码为 0 的字符，'\0' 不是一个可以显示的字符，而是一个空操作符。

5.3.3 字符串

姓名、家庭住址、身份证号码、员工编号、产品的名称等，这些数据都是字符串。在 C 语言中，没有专门的字符串变量，通常用字符数组来存放字符串。C 语言规定，用字符 '\0' 作为字符串的结束标志。由于系统自动在字符串尾加上了字符串结束标志'\0'，因此可以利用 '\0' 来判断字符串是否结束。从字符串的第一个字符开始向后逐次检查每个字符，遇到 '\0' 时，表示字符串结束了。

printf 函数可以输出一个字符串。例如：

```
printf("How are you ?");
```

系统自动在字符串“How are you ?”的尾部加了一个 '\0'，即存储在内存中的实际上是字符串“How are you？ \0”。执行 printf 函数，输出该字符串时，系统从第一个字符 'H' 开始逐个字符输出，每输出一个字符都进行一次检查，遇到字符串结束标志 '\0' 时，停止输出。

使用字符串常量，可以对一个字符型数组初始化。例如：

```
char st[8]={"Student"};
```

该定义等价于：

```
char st[8]={'S','t','u','d','e','n','t','\0'};
```

在上面的两种定义中，数组长度也可以省略，写成下面两种定义形式：

```
char st[ ]={"Student"};
char st[ ]={'S','t','u','d','e','n','t','\0'};
```

在使用字符串常量进行初始化时，可以省略大括号和数组长度。例如：

```
char st[ ]= "Student";
```

注意： 下面的定义与上面的几种定义形式不等价。

```
char st[ ]={'S','t','u','d','e','n','t'};
```

由于该定义中缺少一个字符串结束标志 '\0'，因此这里省略的数组长度是 7，而不是 8。

字符数组初始化时，若字符个数小于数组长度，则后面几个没有给定的数组元素的值都为 '\0'。例如：

```
char x[8]={"end"};
```

在该定义中，从 x[3] 到 x[7] 的 5 个元素的值都是 '\0'。

5.3.4 字符数组元素的输入输出

输入输出字符数组元素可以分别采用格式符%c 和格式符%s。

1. 用格式符%c 将字符逐个输入输出

例 5.14 输入一串字符序列（其中包括英文字符和数字字符），最后一个字符是*。分别统计这串字符中的英文字符个数和数字字符的个数，然后输出这串字符中的英文字符，最后输出这串字符中的数字字符。

【分析】 将输入的字符（*是结束标志）存放在数组中，循环判断并统计，然后循环判断并输出。

程序代码如下：

```
#include<stdio.h>
#define N 80          /*假设输入的字符数小于 80*/
int main()
{   char a[N];int k=0,t1=0,t2=0;
    printf("请输入一串字符(小于 80 个),以*结束输入。\n");
    do
    { scanf("%c",&a[k]);
        k++;
    }
    while(a[k]!='*');
    for(i=0;a[i]!='*';i++)
      {if('a'<=a[i]&&a[i]<='z' || 'A'<=a[i]&&a[i]<='Z')   t1++;
       if('0'<=a[i]&&a[i]<='9')   t2++;
      }
    printf("字符序列中有%d 个英文字符,有%d 个数字字符\n",t1,t2);
    for(i=0;a[i]!='*';i++)
      if('a'<=a[i]&&a[i]<='z' || 'A'<=a[i]&&a[i]<='Z')   printf("%c",a[i]);
    printf("\n");
    for(i=0;a[i]!='*';i++)
      if('0'<=a[i]&&a[i]<='9')   printf("%c",a[i]);
    printf("\n");
    return 0;
}
```

2. 用格式符%s 将字符串整体输入输出

例 5.15 输入一串字符（小于 80 个字符）存放在一个数组中（以回车符结束输入），将其中的英文字符存放到另一个数组中并输出这些英文字符。

【分析】 首先用%s 控制输入一串字符存放在一个数组中，然后判断并将英文字符存放在另一个数组中，最后输出存放英文字符的数组。

程序代码如下：

```
#include<stdio.h>
int main()
{   char st1[80]={'\0'},st2[80]={'\0'};
    int i,k=0;
    printf("请输入一串字符(小于 80 个),然后按回车键。\n");
```

```
    scanf("%s",st1);
    printf("您输入的一串字符是:%s\n",st1);
    for(i=0;i<80;i++)
        if('a'<=st1[i]&&st1[i]<='z' || 'A'<=st1[i]&&st1[i]<='Z')
            {st2[k]=st1[i];  k++;}
    printf("其中包含的英文字符是:%s\n",st2);
    return 0;
}
```

对于字符数组元素的输入输出，说明如下：

（1）格式符%s 对应的输出项是字符数组名称，不是字符数组元素名称。格式符%c 对应的输出项是字符数组元素名称，不是字符数组名称。

（2）用%s 输出字符数组元素值时，从数组的第一个字符开始向后逐个字符输出，遇见 '\0' 就停止，即使存储的字符个数远小于数组长度，遇见 '\0' 也结束输出。例如：

```
char st[100]={"abcdefg"};  printf("%s",st);
```

数组 st 的前 7 个元素中存储了 7 个字符（非 '\0'），st 后面的元素存储的字符都是'\0'，输出 7 个字符后，遇见了 '\0'，结束输出。

（3）若字符数组中包含两个或两个以上的 '\0'，则遇见第一个 '\0' 时就输出结束。例如：

```
char st[10]={'a','b','c','d','e','\0','f','g','h','\0'};
printf("%s",st);
```

执行语句后，将只输出“abcde”，后面的“fgh”没有一起输出。

（4）当使用格式符%s 将一串字符存放在字符数组中时，这串字符的中间不能有空格，否则只把第一个空格前的字符存储到了字符数组中。例如，执行下面 3 行语句：

```
char st[30];
scanf("%s",st);
printf("%s",st);
```

若输入如下的中间有空格的一串字符：

```
students and book
```

则实际上只将第一个空格前的 8 个字符“students”加上'\0'存储到字符数组 s 中。当执行“printf("%s",st);”时，输出“students”。

要想使用%s 将包含空格的一串字符存放到字符数组中，可以使用函数 gets。

5.3.5 处理字符串的函数

C 语言提供了许多处理字符串的函数。注意：使用函数 gets 和 puts 时，要将“#include<stdio.h>”包含进程序；使用函数 strcat、strcpy、strcmp、strlen、strlwr、strupr 时，要将“#include<string.h>”包含进程序。

1. 输入字符串函数

输入字符串函数的格式如下：

```
gets(字符数组名)
```

功能：从终端输入一串字符并按回车键，则该串字符存放至字符数组中。函数值是该字符数组的起始地址。

例如，执行下面的语句：

```
char st[30];
gets(st);
```

然后，从键盘输入 17 个字符“students and book”（各单词之间有一个空格）后按回车键。这 17 个字符存储到字符数组 st 中，系统在这 17 个字符的后面自动添加 '\0'，'\0' 也和前面的 17 个字符一起存储到字符数组 st 中。

2. 输出字符串函数

输出字符串函数的格式如下：

```
puts(字符数组名)
```

功能：将存储在字符数组中的字符串（以 '\0' 结尾的字符序列）输出到终端，在输出时将字符串结束标志 '\0' 转换成 '\n'，即输出字符序列后换行。

例如，执行下面的语句：

```
char st[20]={"students and book"};
puts(st);
printf("%s","program");
```

输出结果如下：

```
students and book
program
```

3. 连接字符串函数

连接字符串函数格式如下：

```
strcat(字符数组名1,字符串2)
```

功能：将字符串 2 连接到字符数组名 1 中存储的字符串的后面，并删除字符数组名 1 中存储的字符串后面的 '\0'。函数值是字符数组名 1 的起始地址。

使用 strcat 函数时需要注意：字符数组名 1 必须定义得足够长，以便能够容纳连接后的字符串；字符串 2 既可以是字符数组名称，也可以是字符串常量。

例如，执行下面的语句：

```
char st1[30]={"students and "};
char st2[30]={"book"};
strcat(st1,st2);  puts(st1);
strcat(st2," and program");  puts(st2);
```

输出结果如下：

```
students and book
book and program
```

另外，还可以使用函数 strncat(字符数组名 1,字符串 2,n)，将字符串 2 的前 n 个字符连接到字符数组名 1 中存储的字符串的后面。

4. 复制字符串函数

复制字符串函数的格式如下：

```
strcpy(字符数组名 1,字符串 2)
```

功能：将字符串 2 中的字符串复制到字符数组名 1 中，字符串 2 末尾的字符串结束标志 '\0' 也复制过去。

使用函数 strcpy 需要注意的问题：

（1）必须用函数 strcpy 为一个字符数组赋值，而不能用赋值语句直接给一个字符数组赋值。例如，下面给出的两条赋值语句都是错误的。

```
char st1[60],st2[40]="program";
st1=st2;                    /* 错误。应该用 strcpy(st1,st2); */
st1="students";             /* 错误。应该用 strcpy(st1,"students"); */
```

（2）字符串 2 既可以是字符数组名称，也可以是字符串常量。

（3）字符数组名 1 必须定义得足够长，以便能够容纳复制后的字符串。

（4）若字符串 2 中 '\0' 前面的字符数为 k，则执行复制后，字符数组名 1 中前 k 个字符被字符串 2 的字符覆盖，字符数组名 1 的第 $k+1$ 个字符被 '\0' 覆盖，而其余字符保持原样。下面的程序段说明了这个需要注意的问题：

```
    char st1[10]={"abcdefghi"};
    char st2[10]="ABCDEF";
    strcpy(st1,st2);
    puts(st1);   puts(st2);
    for(i=0;i<10;i++)   printf("%c,",st1[i]);
```

在执行“strcpy(st1,st2);”后，数组 st1 中各元素的存储情况如下：

```
st1[0]='A',st1[1]='B',st1[2]='C',st1[3]='D',st1[4]='E',
st1[5]='F',st1[6]='\0',st1[7]='h',st1[8]='i',st1[9]='\0'
```

该程序段执行后输出如下：

```
ABCDEF
ABCDEF
A,B,C,D,E,F,,h,i,,
```

从输出可以看出，字符 F 与 h 之间无显示，这是因为那个位置的字符是'\0'，字符 i 后面的情况也是这样。

另外，还可以使用函数 strncpy(字符数组名 1,字符串 2,n)，将字符串 2 的前 n 个字符复制到字符数组名 1 中。

5. 比较字符串函数

比较字符串函数的格式如下：

```
strcmp(字符串 1,字符串 2)
```

功能：比较两个字符串的大小。若字符串 1 大于字符串 2，则函数值为一个正整数；若字符串 1 小于字符串 2，则函数值为一个负整数；若字符串 1 等于字符串 2，则函数值为 0。

格式中的字符串 1 和字符串 2 既可以是字符串常量，也可以是字符数组名称。

比较大小的规则：对两个字符串从左至右，按 ASCII 码值逐个字符比较。如果所有相同位置对应的字符全部相同，则认为两个字符串相等；如果遇到相同位置对应的字符是不相同的，则以第一次遇到的相同位置的不同字符的比较结果为准。例如：

```
strcmp("abc","aacdeyz")>0     (成立,因为在第 2 个位置,b>c)
strcmp("abcd","abcd")==0      (成立,因为两个字符串相同)
strcmp("abc","abxy")<0        (成立,因为在第 3 个位置,c<x)
strcmp("abxe","abcg")>0       (成立,因为在第 3 个位置,x>c)
```

若“char st1[10]="AB",st2[10]="BCAS"”，则 strcmp(st1,st2)<0、strcmp(st1,"AB")==0、strcmp("BCF",st2)>0 都成立。

6. 求字符串长度函数

求字符串长度函数的格式如下：

```
strlen(字符串)
```

功能：求字符串的长度。字符串既可以是字符串常量，也可以是字符数组名称。函数值为从左向右遇到的第一个 '\0' 左侧的所有字符数。例如，若 st1、st2、st3 定义如下：

```
char st1[10]={"abc"};
char st2[10]={'a','b','c','\0'};
char st3[10]={'a','b','c','\0','d','e','\0'};
```

那么，strlen(st1)=strlen(st2)=strlen(st3)=strlen("abc")，都等于 3。

虽然字符数组 st3 有 10 个数组元素，存储了 5 个英文字母和若干个'\0'，但 strlen(st3)等于 3。

7. 大写字母转换成小写字母函数

大写字母转换成小写字母函数的格式如下：

```
strlwr(字符串)
```

功能：将字符串中的大写字母转换为小写字母，字符串中的其他字符保持不变。格式中的字符串既可以是字符串常量，也可以是字符数组名称。例如：

```
char st1[10]={"ABcd83*#"};
printf("%s\n%s\n",strlwr(st1),strlwr("AB78cd#"));
```

输出结果如下：

```
abcd83*#
ab78cd#
```

8. 小写字母转换成大写字母函数

小写字母转换成大写字母函数的格式如下：

```
strupr(字符串)
```

功能：将字符串中的小写字母转换为大写字母，字符串中的其他字符保持不变。格式中的字符串既可以是字符串常量，也可以是字符数组名称。

5.3.6 字符数组程序设计举例

例 5.16 输入一串字符存放在一维数组 s 中，从键盘输入一个字符存放变量 ch 中，请将数组 s 中的所有小写英文字母用 ch 中的字符替换，然后输出替换后的数组 s。

【分析】 首先使用 gets(s)输入一串字符，使用“ch=getchar();”输入一个字符。然后循环查找并替换 s 中的小写英文字母。最后使用 puts(s)输出替换后的数组 s。

程序代码如下：

```
#include<stdio.h>
#include<string.h>
int main()
{   int i;  char ch,s[80];          /*假设字符个数小于80*/
    printf("Please input a string of characters:");  gets(s);
    printf("Please input a character:");  ch=getchar();
    for(i=0;s[i]!='\0';i++)
        if('a'<=s[i] && s[i]<='z')  s[i]=ch;
    puts(s);
    return 0;
  }
```

例 5.17 输入 K 个字符，用冒泡法将这 K 个字符从小到大排序。

【分析】 冒泡法的编程思路如下：

将 K 个字符分别存放在数组元素 a[1]至 a[K]中（没有使用下标为 0 的数组元素）。

①进行第 1 轮比较（n=1），找出 a[1]至 a[K]范围内最大的字符，存放在 a[K]中。

②进行第 2 轮比较（n=2），找出 a[1]至 a[K-1]范围内最大的字符，存放在 a[K-1]中。

③进行第 3 轮比较（n=3），找出 a[1]至 a[K-2]范围内最大的字符，存放在 a[K-2]中。

④照此类推。进行第 K-2 轮比较（n=K-2），找出 a[1]至 a[3]的范围内最大的字符，存放在 a[3]中。

⑤进行第 K-1 轮的比较（n=K-1），找出 a[1]和 a[2]中的最大的字符，存放在 a[2]中。此时存放在 a[1]中的就是最小的字符。

在进行每一轮的比较时，根据给定的 n 值，将 a[1]至 a[K-n]范围内的每个数组元素 a[m]与它后面的相邻元素 a[m+1]进行比较。比较时，若 a[m]>a[m+1]，则交换 a[m]和 a[m+1]这两个元素的值使小值放在前面、大值放在后面。这样经过若干次相邻元素的比较和交换，就能将本轮要比较的范围内的最大值找出来，并存放于 a[K-n]中。

程序代码如下：

```
#define K 10
#include<stdio. h>
int main()
{   char ch,a[K+1];   int m,n;
    printf("Please input character:\n");
    for(n=1;n<=K;n++)                    /* 没有使用下标为 0 的数组元素 */
      scanf("% c",&a[n]);
    for(n=1;n<=K-1;n++)
      for(m=1;m<=K-n;m++)
        if(a[m]>a[m+1])                  /* 满足条件则交换 a[m]和 a[m+1] */
          {ch= a[m];
           a[m]= a[m+1];
           a[m+1]=ch;
          }
    for(n=1;n<=K;n++)                    /* 输出排序后的数组元素 */
       printf("% 4c",a[n]);
    return 0;
}
```

执行程序，若输入如下 10 个字符：

```
bchfeadijg
```

则程序的输出结果如下：

```
a  b  c  d  e  f  g  h  i  j
```

例 5.18　使用冒泡法对 *K* 个字符串进行从小到大排序。

【分析】　编程思路与例 5.17 基本相同。注意：比较两个字符串大小时，使用 strcmp 函数，将一个字符串复制到一个数组时，使用 strcpy 函数。

程序代码如下：

```
#include<stdio. h>
#include<string. h>
#define K 7                                  /* 不妨设 K 为 7 */
int main()
{   int m,n;   char ch[10],a[K][10];         /* 不妨假设每个字符串长度小于 10 */
    printf("Please input character string:\n");
    for(n=0;n<=K-1;n++)   gets(a[n]);
    for(n=0;n<=K-2;n++)
      for(m=0;m<=K-2-n;m++)
        if(strcmp(a[m],a[m+1])>0)
          {strcpy(ch,a[m]);
          strcpy(a[m],a[m+1]);
          strcpy(a[m+1],ch);}
    for(n=0;n<K;n++)   puts(a[n]);
    return 0;
}
```

执行程序，若输入以下 7 个字符串：

```
shanghai
haerbin
hangzhou
jinan
xiamen
beijing
guangzhou
```

则程序的输出结果如下：

```
beijing
guangzhou
haerbin
hangzhou
jinan
shanghai
xiamen
```

也可以使用冒泡法对数值型数据进行从小到大（或从大到小）的排序。

例 5.19 输入 100 个英文单词，请输出其中最长的英文单词以及它的长度。

【分析】 可用 strlen 函数循环计算字符串长度并比较大小。

程序代码如下：

```
#include<stdio.h>
#include<string.h>
#define N 100
int main()
{    int i,k=0,h;char st[N][20];          /*每行放一个单词,假设每个单词的长度小于20*/
     for(i=0;i<N;i++)    gets(st[i]);
     h=strlen(st[0]);
     for(i=1;i<N;i++)
         if(strlen(st[i])>h)
             {h=strlen(st[i]);    k=i;}
     printf("The longest string is:%s,the length is %d.\n",st[k],h);
     return 0;
}
```

例 5.20 输入一个英文字母，将该字母插入一个由英文字母组成的字符串。该字符串已经按照从小到大的顺序将字母排列。插入后，使字符串中的所有字母仍按从小到大的顺序排列。最后输出插入字母后的字符串。

【分析】 可将插入的字母存放在变量 ch 中，将从小到大排列的字符串存放数组 a 中。将变量 ch 与数组 a 的元素值（从下标 0 开始）顺序对比，如果 ch>=a[j]且没有比到 a 的最后一个字符，那么让变量 j 增 1；否则循环结束，就确定了插入的位置，即变量 j 的值代表的位置。然后，将 a 中从 j 位置以及该位置后面的所有字符平行后移一位，将 ch 的值放在该位置。最后，输出插入字符后的数组 a。

程序代码如下：

```
#include "stdio.h"
main()
{   char ch,a[80]="abbcddeffghhjkklmnxxyyzz";      /*数组a中的字符按从小到大的顺序排列*/
    int i,j=0,k;
    ch=getchar();
    while(ch>=a[j] && a[j]!='\0')
       j++;                                        /*找到插入的位置,ch应该插在a[j]处*/
    for(i=strlen(a);i>=j;i--)
       a[i+1]=a[i];                                /*a[j]以及它后面的数组元素后移一位*/
    a[j]=ch;
    puts(a);
    return 0;
}
```

例 5.21　将 1000 种商品的编号、名称、产地、数量等信息存储在数组中。从键盘输入一个编号，查找并输出具有该编号的商品的信息。

【分析】　可用 3 个二维 char 型数组存放商品的编号、名称、产地，用 1 个一维 int 型数组存放商品的数量。每个二维数组的第 $k(k=0,1,2,\cdots,999)$ 行存放第 k 种商品的编号、名称、产地，一维数组的第 $k(k=0,1,2,\cdots,999)$ 个元素存放第 k 种商品的数量。输入被查找的编号后，将该编号与存放商品编号数组中的编号对照，确定是否找到。

程序代码如下：

```
#include<stdio.h>
#include<string.h>
#define N 1000
int main()
{   char number[N][10],name[N][20],place[N][30],find[10];
    int amount[N],k,p,mark=0;
    for(k=0;k<N;k++)                              /*输入每种商品的信息*/
       {  printf("请输入第%d种商品的编号:",k+1);   gets(number[k]);
          printf("请输入第%d种商品的名称:",k+1);   gets(name[k]);
          printf("请输入第%d种商品的产地:",k+1);   gets(place[k]);
          printf("请输入第%d种商品的数量:",k+1);   scanf("%d",&amount[k]);
       }
    printf("输入被查找的商品的编号:");   gets(find);
    for(k=0;k<N;k++)
       if(strcmp(find,number[k])==0)
          { p=k;   mark=1;   break;}
    if(mark==1)   printf("%s,%s,%s,%d\n",number[p],name[p],place[p],amount[p]);
    else   printf("没有%s这个编号!",find);
    return 0;
}
```

例 5.22 输入一行英文句子（小于 100 个字符，两个单词之间用若干个空格隔开），英文句子前面无空格且句子全部由英文字符组成。请统计英文句子中有多少个单词。

【分析】 将英文句子存放数组中。若句子长度为 0，则包含 0 个单词；若句子长度大于 0，则至少有一个单词。可以从前向后逐个字符判断，若在一个空格后连接一个字符，则表示又出现了一个单词。对于符合“在一个空格后连接一个字符”的情况，让单词个数加 1，直到句子结束。

程序代码如下：

```
#include<stdio.h>
#include<string.h>
int main( )
{
    char st[100];   int i,num;
    printf("请输入一个英文句子:\n");   gets(st);
    if(strlen(st)==0)
        printf("输入的是空句子,包含 0 个单词。\n");
    else
    {
        num=1;
        for(i=1; st[i]!='\0'; i++)
            if(st[i]==32 && st[i+1]!=32)          /*空格的十进制 ASCII 值为 32*/
                num++;                            /*单词个数加 1*/
        printf("输入的句子中包含%d 个单词。\n", num);
    }
    return 0;
}
```

执行程序，若输入如下字符：

```
The students are doing an experiment↙
```

则程序的输出如下：

```
输入的句子中包含 6 个单词。
```

执行程序，若直接按回车键或输入几个空格后按回车键（即输入的句子是空的），则程序的输出如下：

```
输入的是空句子,包含 0 个单词。
```

5.4 习　题

1. 阅读程序，写出运行结果。

（1）
```
#include<stdio. h>
int main()
{   int i,j,a[5]={22,45,17,25,18},b[7]={17,13,45,25,22,18,45};
```

```
    for(i=0;i<5;i++)
        for(j=0;j<7;j++)
            if(a[i]==b[j])printf("%d,",a[i]);
    printf("\n");
}
```

（2）
```
#include<stdio.h>
int main()
{   int a[4][4]={10,11,12,13,20,21,22,23,30,31,32,33,40,41,42,43},i,j,s1,s2=0;
    for(i=0;i<4;i++)
        {   s1=0;
            for(j=0;j<4;j++)   s1=s1+a[i][j];
            printf("%d,",s1);
            s2=s2+s1;
        }
    printf("%d\n",s2);
}
```

（3）
```
#include<stdio.h>
int main()
{   int a[3][3]={1,2,3,4,5,6,7,8,9},b[3][3],i,j;
    for(i=0;i<=1;i++)
        {for(j=0;j<=2;j++)   printf("%5d",a[i][j]);
          printf("\n");
        }
    for(i=0;i<=1;i++)
        for(j=0;j<=2;j++)   b[j][i]=a[i][j];
    for(i=0;i<=2;i++)
        {for(j=0;j<=1;j++)   printf("%5d",b[i][j]);
          printf("\n");
        }
}
```

（4）
```
#include<stdio.h>
int main()
{   int a[3][4]={1,2,3,4,5,6,7,8,9,10,11,12},sum=0,i,j;
    for(i=0;i<3;i++)
        {for(j=0;j<4;j++)   printf("%3d",a[i][j]);
         printf("\n");
        }
    for(i=0;i<3;i++)   sum=sum+a[i][i];
    printf("sum=%3d",sum);
}
```

（5）
```
#include<stdio.h>
int main()
{   char a[6]={'A','B','C','D','E','F'};   int i,j;
    for(i=0;i<6;i++)
        {for(j=0;j<=i;j++)   printf("%3c",a[i]);
```

```
        printf("\n");
    }
}
```

（6）
```
#include<stdio.h>
int main()
{   int i;char s[4][5]={{"abcd"},{"asde"},{"trbc"},{"bsde"}};
    for(i=0;i<4;i++)  puts(s[i]);
    for(i=0;i<4;i++)
        if(strcmp(s[i],"abcd")>0)  strcpy(s[i],"1234");
    for(i=0;i<4;i++)  printf("%s",s[i]);
    printf("\n");
    return 0;
}
```

2. 编写程序。

（1）一维整型数组中存放了互不相同的 10 个数。从键盘输入一个整数，输出与该数相同的数组元素的下标；若无与该数相同的数组元素，则输出“NO”。

（2）输入一维实型数组的 10 个元素值，输出低于平均值的数组元素值，统计低于平均值的元素个数。

（3）求出一维实型数组元素中的最大值，将最大值与第一个数组元素的值交换。

（4）求一维数组 a 的 10 个元素的平均值，然后找出与平均值相差最小的数组元素。

（5）将两个长度相同的整型一维数组中的对应元素的值相加后输出。

（6）对 10 个实数按从小到大的顺序排序（要求用冒泡法）。

（7）从键盘输入一个数存放到变量 b 中，将一维数组 a 中与 b 相同的数都删除。被删除的数组元素的位置由后面数组元素依次向前移一位来填补。

（8）求 5 行 6 列的整型矩阵中的偶数元素之和。

（9）求出并输出 7 行 8 列的二维实型数组的每一行的 8 个元素之和。

（10）将一个二维数组的第一行与最后一行的对应位置元素值互换存放后输出。

（11）输入一行英语句子（小于 80 个字符）存放在数组中，将句子中的空格用 '#' 替换，输出替换后的英语句子。

（12）判断某个单词在一个英语句子中是否出现。

（13）输入 10 个字符串（每个字符串不超过 80 个字符）存放在二维数组中，查找最长的字符串并输出。

（14）输入若干个国家的英语名字，将它们按字母顺序从大到小排列，然后输出。

（15）将 1000 件商品的编号（编号 8 位，由英语字母和数字字符组成）存放在数组中，输出编号中包含字母 'B' 和数字 '3' 的所有编号。

扫描二维码获取习题参考答案

第 6 章 函数

C 程序由函数组成，函数是构成程序的基本单位，合理使用函数可以使程序结构清晰、层次分明。本章介绍函数的相关知识。

6.1 函数概述

对于一个较大的问题，在进行程序设计时，设计人员会先把较大的问题划分为若干个小问题，再将每个小问题作为一个程序模块来设计。每个程序模块可用于实现一个特定的功能，通常把每个程序模块称作一个子程序。在 C 语言中，子程序的功能是由函数来完成的。一个 C 程序可以由一个主函数和若干个其他函数构成。主函数可以调用其他函数，其他函数可以互相调用（但其他函数不能调用主函数），同一个函数可以被一个或多个函数调用任意次。通常，将一些常用的功能模块编写成函数，放在函数库中供编程时选用。在程序设计时，善于使用函数可以减少重复编写程序段的工作量。

例 6.1 数组中按从大到小的顺序存储了 10 个人的体重，调用函数完成以下任务：

（1）计算这 10 个人的平均体重。

（2）从键盘输入一个体重值，输出该体重值在这 10 个体重值中的排名。

【分析】 可编写 2 个函数，一个函数计算平均体重，另一个函数根据输入的体重值输出该体重值在 10 个体重中的排名。主函数分别调用这 2 个函数。

程序代码如下：

```
#include<stdio.h>
#define N 10
float weight[N]={80,79,78,69,68,66,65,60,57,56};
void fun1()
```

```
{   int i;   float sum=0;
    for(i=0;i<N;i++)   sum=sum+ weight[i];
    printf("10 个人的平均体重为:%f\n",sum/N);
    return;
}
int fun2(float w)
{   int i,k=-1;
    for(i=0;i<N;i++)
      if(w== weight[i])k=i+1;
    return k;
}
int main()
{   int n;   float t;
    fun1();
    printf("请输入一个体重值:");   scanf("%f",&t);
    n=fun2(t);
    if(n>0)   printf("该体重值在%d 个体重值中的排名为第%d。",N,n);
    else   printf("不存在此体重值!");
    return 0;
}
```

在该程序中，函数 fun1 用于实现计算平均体重；函数 fun2 用于查找给定体重值在 10 个体重值中的位置（即排名），若给定体重值在数组中不存在，则返回值为-1。

在 C 语言中，从函数定义的角度看，函数可以分为以下两种：

（1）标准函数，即库函数。它由 C 编译系统提供，用户不必自己定义即可直接使用。例如，printf、scanf、getchar、putchar、sqrt、fabs 等函数都是标准函数。

（2）用户自定义函数。它是由用户自己编写的函数，以解决用户的专门需要。例 6.1 中的函数 fun1 和 fun2 就是用户自定义函数。

6.2 函数的定义

按照参数的有无，可以将函数分为两种，一种是无参函数，另一种是有参函数。

1. 无参函数

无参函数的定义格式如下：

```
类型标识符 函数名()          /*函数的首部*/
{
  声明部分                  /*函数体*/
  执行部分
}
```

类型标识符用于说明函数返回值的类型，也称为函数的类型。若省略类型标识符，则默认返回值的类型为 int 型。若函数无返回值，也可以指定函数的类型为 void。

例 6.1 中的 fun1 函数就是无参函数。

2. 有参函数

有参函数的定义格式如下：

```
类型标识符 函数名(形参列表)  /* 函数的首部 */
{
  声明部分                    /* 函数体 */
  执行部分
}
```

例 6.1 中的 fun2 函数就是有参函数。

例 6.2 编写一个函数，根据传递给参数 n（正整数）的值，计算 1+2+3+…+n。

【分析】 将 n 作为参数，设计一个循环，以 n 为循环的终值，进行累加求和。

程序代码如下：

```
unsigned total(unsigned n)
{  unsigned i,sum=0;
     for(i=1;i<=n;i++)
         sum=sum+i;
     return(sum);
}
```

该程序定义了有参函数 total，参数为 n。return 语句用于返回函数值 sum。

关于函数的定义，需要说明以下几点：

(1) 函数名必须符合标识符的规则。

(2) 一个函数名用来唯一标识一个函数，在同一程序中函数不能重名。

(3) 无参函数的形参列表是空的，但函数名后面的小括号“()”不能省略。

(4) 对于有参函数，需要说明每个形参的类型，且对每个形参的类型都要单独说明。形参可以是变量名、数组名、指针变量名等。若形参列表中有两个或两个以上形参，则形参之间用逗号分隔。

(5) 大括号内的部分称为函数体。函数体由声明部分和执行部分构成。声明部分对函数内所使用变量的类型和被调用的函数进行定义和声明。执行部分是实现函数功能的语句序列。

(6) 当函数体为空时，称此函数为空函数。空函数什么工作也不做。

(7) 函数定义时，在旧版的 C 语言中，函数首部中的形参列表仅包含形参，对形参的类型另起一行来说明；而在新版的 C 语言中，函数首部中的形参列表包含形参的类型和形参名。

例如，新版的函数定义“unsigned total(unsigned n)”在旧版中定义如下：

```
unsigned total(n)
unsigned n;
```

6.3 函数的参数和返回值

6.3.1 形式参数和实际参数

在定义函数时，函数首部的参数称为形式参数，简称“形参”。形参在该函数未被调用之前是没有确定取值的，只是形式上的参数。

当调用函数时，在主调函数的调用语句中的参数称为实际参数，简称“实参”。实参可以是变量、常量或表达式，实参有确定的取值，是实实在在的参数。

定义函数时，形参不占内存。只有发生调用时，形参才被分配内存单元，接受实参传来的数据。定义函数时，必须定义形参的类型。

形参与实参要求在个数上相等，并且对应的形参和实参的类型也要相同。形参和实参可以同名，形参是所在函数内部的变量。即使形参和实参同名，也是两个不同的变量，占用不同的内存单元。

例 6.3 在数组中存储若干个英文字符（可以重复）。请编写一个函数，对于给定的一个英文字符，统计该英文字符在数组中出现的次数并输出。主函数可以多次调用该函数，实现多次统计输出。

【分析】 编写函数 fun 负责接收主函数传递的字符，并进行统计。主函数负责输入一个字符并传递给函数 fun，以及循环调用函数 fun。

程序代码如下：

```
#include<stdio.h>
void fun(char ch)                                    /*定义函数,ch为形参*/
{   char st[30]={'A','D','e','B','a','b','C','d','E','f','C','z','x','y','A','u','C',
'w','h','A','t','k','g'};
    int k,n=0;
    for(k=0;st[k]!='\0';k++)
        if(st[k]==ch)n++;
    printf("英文字符%d出现了%d次。\n",ch,n);
    return;
}
int main()
{   char ch;  int yn=0;
    while(yn==0)
      { printf("请输入一个英文字符:");
        scanf("%c",&ch);
        fun(ch);                                     /*调用函数fun,ch为实参*/
        printf("如果继续统计其他英文字符出现的次数,请输入0,否则请输入1:");
        scanf("%d",&yn);
```

```
    }
    printf("统计结束");
    return 0;
}
```

该程序由主函数 main 和自定义函数 fun 组成。fun 函数有一个 char 型的形参 ch；fun 函数的功能是根据形参的值，在数组中统计该参数出现的次数。主函数可以多次调用 fun 函数。

6.3.2 函数的返回值

如果要返回调用函数的值，则需要使用 return 语句。return 语句返回的数据称为返回值。返回值的类型由定义函数时的函数类型决定。

return 语句的格式有以下两种形式：

```
return 表达式;
return(表达式);
```

return 后面的表达式的值就是函数的返回值。变量或常量是表达式的特殊情况。如果不需要函数返回任何数据，则可以指定函数的类型为 void，当然就可以不存在上面的表达式了。

例 6.4 输出 300 到 500 之间的所有素数。要求：调用函数判断一个数是否为素数，根据函数的返回值判断该数是否为素数，返回值是 1 则是素数，返回值是 0 则不是素数。

【分析】 可以编写函数 prime 用于判断参数 p 是否为素数，形参 p 接收 main 函数传来的实参 n 的值。若 prime 函数返回 0 则 n 不是素数，若返回 1 则 n 是素数。主函数调用 prime 函数，使用循环将 300 到 500 之间的数轮流传递给函数 prime。

程序代码如下：

```
#include<stdio.h>
#include<math.h>
int prime(int p)                    /*定义函数*/
{   int m,k,flag=1;
    k=sqrt(p);
    for(m=2;m<=k;m++)
      if(p%m==0)
         {flag=0;break;}
    return(flag);                   /*返回 flag 的值(1 或 0)*/
}
int main()
{   int n;
    for(n=301;n<=499;n++)       /*300 和 500 是偶数,所以从 301 到 499 逐个检验即可*/
      if(prime(n)==1)          /*调用函数 prime 判断 n 是否为素数*/
         printf("%5d",n);
    printf("\n");
    return 0;
}
```

例 6.5 已知数列的通项公式为 $a_n=2n^2-5n+4$，求这个数列前 10 项的平均值。

【分析】 可以编写一个函数 fnum，根据传来的参数 n 的值，按照公式 $a_n=2n^2-5n+4$ 计算数列的每一项。主函数循环 10 次，每次调用函数 fnum，将 fnum 返回值累加。

程序代码如下：

```
#include<stdio.h>
int fnum(int n)                    /* 函数定义 */
{   int an;
    an=2*n*n-5*n+4;
    return(an);                    /* 返回数列的第 n 项值 */
}
int main()
{   int k,sum=0;
    for(k=1;k<=10;k++)
        sum=sum+fnum(k);           /* 循环调用 fnum 函数 10 次,求数列前 10 项的和 */
    printf("\n 平均值为:%f ",sum/10.0);
    return 0;
}
```

6.4 函数的调用

6.4.1 函数调用的一般形式

函数调用的一般形式有以下两种：

```
函数名();
函数名(实参列表);
```

调用无参函数时，小括号不能省略。

若实参列表包含多个实参，则将各参数之间用逗号隔开。实参与形参的个数应相等，类型应一致。实参与形参应按顺序一一对应，实参传递数据给形参。

6.4.2 函数调用的方式

按函数在程序中出现的位置，函数调用的方式可分为以下 3 种。

（1）函数语句。把函数调用作为一个语句，如例 6.3 中的函数调用语句“fun(ch);”，这时无须函数返回值，只是要求函数完成一定的操作。

（2）函数表达式。函数调用出现在表达式中，如例 6.5 中的“sum=sum+fnum(k);”，函数调用“fnum(k)”出现在表达式中，这时要求函数返回一个值参加表达式的运算。

(3) 函数的参数。函数调用作为另一个函数的实参。

函数调用作为另一个函数的参数，实质上也是函数表达式形式的一种。例如，语句“putchar(getchar());”。

例 6.6 分析下面的程序，指出每个函数的功能。

程序代码如下：

```
#include<stdio.h>
float aver(float m,float n)                              /*函数定义*/
{    float k;
     k=(m+n)/2;
     return(k);
}
int main()
{    float x1,x2,x3,x4,number;
     scanf("%f,%f,%f,%f",&x1,&x2,&x3,&x4);
     number=aver(aver(x1,x2),aver(x3,x4));               /*函数调用*/
     printf("average is:%f",number);
     return 0;
}
```

【分析】 该程序由两个函数组成，即主函数 main 和自定义函数 aver，自定义函数 aver 计算两个参数的平均值并返回，主函数 main 三次调用 aver，计算 4 个数的平均值。在主函数 main 调用 aver 时，采用了函数调用(aver(x1,x2)和 aver(x3,x4)) 作为参数的形式。

6.4.3 函数调用的说明

1. 函数调用需要具备的条件

需要具备的条件如下：

(1) 被调用函数必须是已经存在的函数（库函数或用户自定义函数）。

(2) 若调用库函数，一般在文件开头使用#include 命令将库函数所在文件包含。

(3) 若被调用的是用户自定义的函数，而且该函数与调用它的函数在同一个文件中，一般还应该在调用它的函数中或主函数之前对被调用的函数进行声明。

在 C 语言中，函数的声明称为函数原型，使用函数的原型是 ANSI C 的一个重要特点，它的作用是在程序的编译阶段对调用函数的合法性进行全面检查。

函数声明的一般形式如下：

```
类型标识符 被调用函数的函数名(参数类型 1,参数类型 2,…);
类型标识符 被调用函数的函数名(参数类型 1 参数名 1,参数类型 2 参数名 2,…);
```

这两种函数声明的形式均可。前一种声明形式为基本形式；后一种声明形式加上了参数名，这样便于阅读程序。

若被调用的函数的定义出现在调用它的函数之前，或函数返回值为整型或字符型，则可以不必声明。例如，可以把例 6.6 的程序改写为如下形式：

```
#include<stdio.h>
float aver(float m,float n);                    /*函数声明*/
int main()
{   float x1,x2,x3,x4,number;
    scanf("%f,%f,%f,%f",&x1,&x2,&x3,&x4);
    number=aver(aver(x1,x2),aver(x3,x4));       /*函数调用*/
    printf("average is:%f",number);
    return 0;
}
float aver(float m,float n)                      /*定义函数*/
{   float k;
    k=(m+n)/2;
    return(k);
}
```

注意：函数声明语句“float aver(float m,float n);”不能去掉，否则编译时会显示出错信息。

2. 函数调用的过程

函数调用的过程如下：

（1）传递参数值。调用有参函数时，首先计算各个实参表达式的值，并为所有形参分配内存单元，然后按顺序把实参的值传递给对应的形参。

（2）进入函数的声明部分。执行声明部分，为函数体内的局部变量分配内存单元。

（3）进入函数的执行部分。将函数执行部分的语句按流程顺序执行，实现函数的功能。按顺序执行函数的语句，当遇到 return 语句或最外层的“}”时，释放形参和本函数体内定义的局部变量所占用的内存空间，返回到调用本函数的上级函数。

6.5 函数的嵌套和递归调用

6.5.1 函数的嵌套调用

在 C 语言中，函数间无从属关系，各函数的定义是平行的、独立的。虽然不允许嵌套定义函数（即在一个函数的内部定义另一个函数），但可以嵌套调用，即在调用一个函数的过程中，被调用的函数可以调用另一个函数。

如图 6.1 所示为函数的两层嵌套调用的示意图。其中，带箭头的实线段为程序执行的方向和函数调用的流程示意；带箭头的虚线段为被调函数的返回的流程示意。

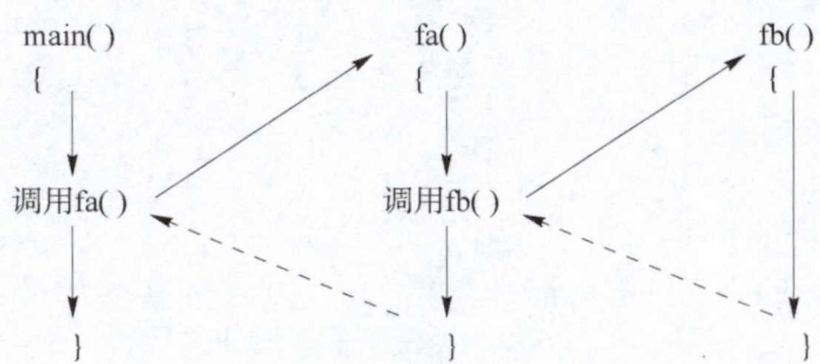

图 6.1　函数的两层嵌套调用示意图

图 6.1 所示的嵌套调用执行过程：从 main 函数开始执行程序，当遇到调用 fa 函数的语句，就跳转到函数 fa 去执行；在执行函数 fa 的过程中，当遇到调用 fb 函数的语句，就跳转到函数 fb 去执行；在执行函数 fb 的过程中，当遇到 return 语句或该函数的最外层“}”，就返回函数 fa，从调用函数 fb 语句的下一条语句继续执行 fa；在执行函数 fa 时，当遇到 return 语句或该函数的外层“}”，就返回 main 函数，从调用 fa 函数语句的下一条语句继续向下执行；最后，遇到 main 函数的外层“}”时，程序运行结束。

例 6.7　编写一个帮助小学生练习两位整数加法（或减法）的程序。由计算机随机自动出题，小学生输入答案后，计算机显示“回答正确”或“回答错误”。

【分析】　可以编写产生随机整数的函数、练习加法（或减法）的函数、主函数，让主函数调用练习加法（或减法）的函数，让练习加法（或减法）的函数调用产生随机整数的函数。

程序代码如下：

```
#include<stdio.h>
int numb()                          /* 函数 numb 随机产生一个正的两位整数 */
{    int n;
     mark1:n=rand();                /* rand()值是 0 到 32767 之间的随机整数 */
     if(n>=100 || n<10)
         goto mark1;
     return n;
}
void add()                          /* 函数 add 练习加法 */
{    int a,b,c,x=1;
     while(x==1)
     {a=numb();b=numb();
      printf("%d+%d=",a,b);
      scanf("%d",&c);
      if(a+b==c)   printf("回答正确！ \n");
      else   printf("回答错误！ \n");
      printf("若想继续练习加法,请输入 1;若想停止练习加法,请输入 0。\n");
      scanf("%d",&x);
     }
   return;
}
```

```
void sub()                                /* 函数 sub 练习减法 */
{
    int a,b,c,h,x=1;
    while(x==1)
    {
        a=numb();  b=numb();
        if (a<b) {h=a; a=b; b=h;};        /* 在 a 中存放大的数,在 b 中存放小的数 */
        printf("% d-% d=",a,b);
        scanf("% d",&c);
        if (a-b==c)  printf("回答正确！ \n");
        else  printf("回答错误！ \n");
        printf("若想继续练习减法请输入 1,若想停止练习减法请输入 0。\n");
        scanf("% d",&x);
    }
    return;
}
main()
{   int d;
    srand(time(NULL));                    /* 设置随机数种子为当前时间 */
    while(1)
       {  printf("练习加法请输入 1,练习减法请输入 2,结束练习请输入 3。\n");
          scanf("% d", &d);
          if(d==1)  add();
          else if(d==2)  sub();
          else if(d==3)
            { printf("练习结束了,再见! \n");     break;  }
          else  printf("输入错误！ 请重新输入。\n");
       }
}
```

在该程序中，主函数 main 调用了函数 add 和 sub，函数 add 和 sub 调用了函数 numb。

6.5.2 函数的递归调用

函数的递归调用是指在调用函数的过程中，直接或间接地调用函数自身。

函数的递归调用如图 6.2 所示。从图中可以看出，这两种调用都无休止地调用自身，这是不合理的。合理的递归调用应该是有限次的调用，当满足一定条件时，就结束递归调用。因此，在递归算法中必须有递归终结条件，就是使函数递归调用趋于终结的条件。

从程序设计的角度来考虑，递归算法包括递归公式和递归终结条件。

递归过程可以表示为如下形式：

```
if(递归终结条件) return (终结条件下的值);
else return (递归公式);
```

从数学的角度考虑，递归算法就是构造递归函数。递归函数必须包括递归公式和递归终结条件（终结值）。

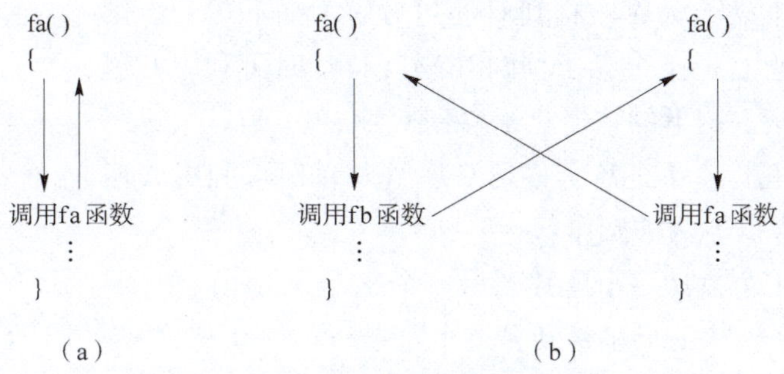

图 6.2　函数的递归调用

(a) 直接递归；(b) 间接递归

例 6.8　斐波那契数列的递归函数形式如下，请采用递归调用的方法求数列的前 20 项。

$$f(n)=\begin{cases}1, & n=1,2\\ f(n-1)+f(n-2), & n>2\end{cases}$$

【分析】　根据该递归公式，编写一个函数 fibonacci，用于计算数列的每一项。主函数循环 20 次调用函数 fibonacci 即可。

程序代码如下：

```
#include<stdio. h>
long fibonacci(int n)                              /* 定义函数 fibonacci */
{if((n==1)||(n==2))
     return 1;
   else   return(fibonacci(n-1)+fibonacci(n-2));
}
int main()
{    int i;
     for(i=1;i<=20;i++)
        {printf("% 10ld",fibonacci(i));              /* 调用函数 fibonacci */
         if(i% 5==0)   printf("\n");
        }
     return 0;
}
```

例 6.9　古典数学问题：汉诺塔（Hanoi）。在古代一个梵塔内有 A、B、C 三个座，A 座上放有 64 个中间带孔的盘子，盘子的大小不同，大盘在下，小盘在上。将这 64 个盘子从 A 座移到 C 座。移动规则：每次只允许移动一个盘子，移动过程中保持大盘在下、小盘在上；移动过程中可以利用 B 座。

图 6.3 是此问题的示意图。请编程输出移动的步骤。

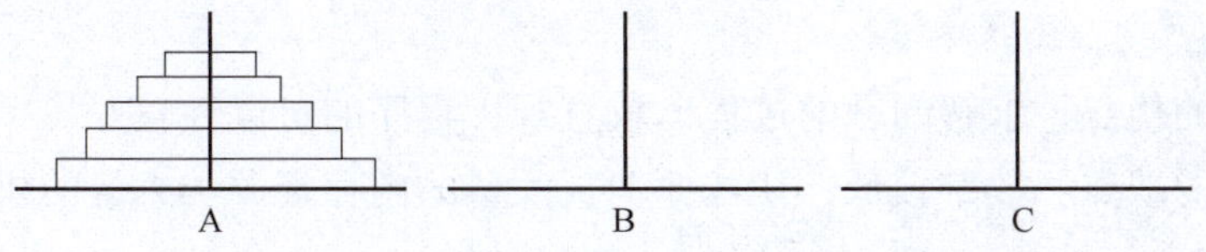

图 6.3　汉诺塔（Hanoi）问题示意图

【分析】 将 n 个盘子从 A 座移到 C 座可分解为如下 3 个步骤：

第 1 步，将 A 座上 $n-1$ 个盘子移到 B 座（移动时可利用 C 座）；

第 2 步，将 A 座上剩下的一个盘子移到 C 座；

第 3 步，将 B 座上 $n-1$ 个盘子移到 C 座（移动时可利用 A 座）。

上面的步骤包含以下两类操作：

第 1 类，将 $n-1$ 个盘从一个座移到另一个座上（$n>1$）；

第 2 类，将 1 个盘从一个座移到另一个座上。

可以编写两个函数来分别实现这两类操作，用 hanoi 函数实现第 1 类操作，用 move 函数实现第 2 类操作。

程序代码如下：

```
#include<stdio. h>
void move(char c1,char c2)
{printf("% c-->% c\n",c1,c2);
}
void hanoi(int n,char one,char two,char three)
{    if(n==1)    move(one,three);
     else
         {hanoi(n-1,one,three,two);          /* 将 one 座上 n-1 个盘子移到 two 座 */
          move(one,three);                   /* 将 one 座上 1 个盘子移到 three 座 */
          hanoi(n-1,two,one,three);          /* 将 two 座上 n-1 个盘子移到 three 座 */
         }
  }
main()
{    int m;   scanf("% d",&m);
     hanoi(m,'A','B','C');
}
```

运行上面的程序，若输入“3”（即 3 个盘子），则程序输出结果如下：

```
A-->C
A-->B
C-->B
A-->C
B-->A
B-->C
A-->C
```

用递归方法的优点：求解问题的过程比较直观，程序的可读性较好。

用递归方法的缺点：效率较低，往往要消耗大量的内存资源和大量的机器时间。

6.6　数组作为函数的参数

一个数组元素可以像普通的单个变量一样作为函数的实参，其用法与普通的单个变量相同，但要注意函数的相应形参与数组元素类型一致。

函数的实参和形参可以是数组名（学习指针内容之后，形参或实参可以是指针变量），当实参和形参是数组名时，实参数组与形参数组的类型要严格一致。

例 6.10　若 int 型数组元素的值是偶数，则将其乘以 2；若数组元素的值是奇数，则将其乘以 3。请输出作了乘以 2 或乘以 3 处理之后的所有数组元素的值。

【分析】　根据题目要求，可以编写一个函数 dispose，用数组名作形参，负责处理数组元素。主函数 main 调用函数 dispose，用数组名作实参。

程序代码如下：

```
#include<stdio.h>
void dispose(int b[ ],int n);                          /*函数声明*/
int main()
{   int i,a[10]={1,2,3,4,5,6,7,8,9,10};
    for(i=0;i<10;i++)   printf("%4d",a[i]);           /*输出处理之前的数组元素值*/
    printf("\n");
    dispose(a,10);                                     /*调用函数 dispose,数组名 a 为实参 */
    for(i=0;i<10;i++)   printf("%4d",a[i]);           /*输出处理之后的数组元素值*/
    return 0;
}
void dispose(int b[ ],int n)                           /*函数 dispose 定义*/
{   int i;
    for(i=0;i<n;i++)
      if(b[i]%2==0)   b[i]=2*b[i];
      else   b[i]=3*b[i];
    return;
}
```

程序的运行结果如下：

```
1   2   3   4   5   6   7   8   9   10
3   4   9   8   15  12  21  16  27  20
```

数组名作函数参数的说明：

（1）用数组名作函数参数，要求实参数组与形参数组的类型一致。例如，例 6.10 程序中的 a、b 都为整型数组。

（2）形参数组可以不指定大小，形参数组名后面跟一个空的方括号即可。例如，在例 6.10 中函数 dispose 的形参数组 b 就未指定大小。

（3）数组名作函数参数时，把实参数组的起始地址传给形参数组，即两个数组就共同占用一段内存单元。

在例 6.10 中，调用 dispose 函数前后的情况如图 6.4 所示。

a[0]	a[1]	a[2]	a[3]	a[4]	a[5]	a[6]	a[7]	a[8]	a[9]
1	2	3	4	5	6	7	8	9	10
b[0]	b[1]	b[2]	b[3]	b[4]	b[5]	b[6]	b[7]	b[8]	b[9]

（a）

a[0]	a[1]	a[2]	a[3]	a[4]	a[5]	a[6]	a[7]	a[8]	a[9]
3	4	9	8	15	12	21	16	27	20
b[0]	b[1]	b[2]	b[3]	b[4]	b[5]	b[6]	b[7]	b[8]	b[9]

（b）

图 6.4　数组在参数调用前后的情况

（a）调用前；（b）调用后

从图 6.4 可以看出，由于两个数组的起始地址相同，即占用同一段内存单元，因此当形参数组中各元素的值发生变化时，实参数组元素的值也发生相同的变化。

例 6.11　将某销售公司 100 个员工的销售额存放在数组中，计算平均销售额，输出大于平均销售额的员工的销售额。

【分析】　可以编写一个函数 average，用数组名作形参，负责计算平均销售额。主函数 main 调用函数 average，用数组名作实参，根据返回值，使用循环来输出大于平均销售额的员工的销售额。

程序代码如下：

```
#include<stdio.h>
#define N 100
float average(float a[ ],int n)                    /*定义函数 average,计算平均销售额*/
{   int i;float sum=0;
    for(i=0;i<n;i++)  sum=sum+a[i];
    return(sum/n);
}
int main()
{   float sale [N],aver;  int i;
    printf("Please input sale:\n");
    for(i=0;i<N;i++)
      scanf("%f",&sale [i]);
    aver=average(sale,N);                          /*调用函数 average,数组名 sale 为实参*/
    printf("average sale is%f\n",aver);
    for(i=0;i<N;i++)
      if(sale[i]>aver)  printf("%f\n",sale[i]);
    return 0;
}
```

6.7　局部变量和全局变量

在程序运行过程中，其值可以被改变的量被称为变量。编译系统为变量分配内存单元，用于存放程序运行过程中的输入数据、中间结果和最终结果等。变量要先定义后使用，定义时指明变量的数据类型，编译系统根据变量的数据类型来为变量分配内存单元。

变量包含两个属性，一个是变量的作用域，另一个是变量的存储类别。本节介绍变量的作用域。变量的作用域是指变量的合法使用范围，变量只能在其作用域内被使用。按作用域划分，变量可分为局部变量、全局变量。

6.7.1 局部变量

局部变量是指在一个函数内部定义的变量，局部变量也称为内部变量。局部变量的作用域在定义该变量的函数（或复合语句）的内部，在该作用域之外，局部变量是不可见的。也就是说，在函数（或复合语句）内定义的局部变量不能被其他函数（或复合语句）引用。

局部变量的生存期从该变量被定义开始，直到函数（或复合语句）结束。自动类型变量、寄存器类型变量、内部静态类别变量都是局部变量；函数的形参也属于局部变量，因为函数形参的作用范围只是在该函数体内。

局部变量的优点是有助于实现信息隐蔽。在不同的函数中可以定义同名的局部变量，也不会相互影响。这样，当多人合作编写程序时，在每个人编写的函数中，可以使用同名的局部变量。

6.7.2 全局变量

全局变量是在函数以外的任意位置定义的变量，全局变量也称为外部变量。全局变量的作用域从定义它的位置开始，直至它所在的源程序文件结束。如果不在作用范围内，要想使用该全局变量，则可以采用声明的方式来拓展变量的作用范围。

可以使用全局变量作为函数之间传递数据的桥梁，在全局变量作用域内，任何函数都能引用该全局变量，所以可以让全局变量在函数之间传递数据。

但是，由于在全局变量作用域内的任何函数都可以对全局变量进行修改，而这个修改可能影响其他引用这个变量的函数，因此全局变量的使用不当就可能会导致程序错误。

全局变量的主要缺点是造成函数的通用性降低。从结构化程序设计的角度来看，一个函数应该完成一项单一的功能，若使用全局变量，就会增加函数之间的依赖性，增强函数间的耦合，所以在一般情况下，应尽量避免使用全局变量。

全局变量与局部变量可以同名，此时在局部变量的作用域内，同名的全局变量被屏蔽，局部变量有效。

例 6.12　分析下面程序中的全局变量和局部变量。

程序代码如下：

```
#include<stdio.h>
int sum=0;   float aver=0;                                /*定义全局变量*/
float func()                                              /*定义函数*/
{    int k,sum=0,x[10]={0,1,2,3,4,5,6,7,8,9};            /*定义局部变量*/
     for(k=0;k<10;k++)
         sum=sum+x[k];
```

```
    printf("%d\n",sum);                            /*输出局部变量 sum 的值 45*/
    aver=aver+sum;                                 /*为全局变量 aver 赋值 45*/
    return 0;
}
int main()
{   int k,y[10]={0,10,20,30,40,50,60,70,80,90};   /*定义局部变量*/
    func();                                        /*调用函数 func */
    for(k=0;k<10;k++)
        sum=sum+y[k];                              /*为全局变量 sum 赋值 450*/
    printf("%d\n",sum);                            /*输出全局变量 sum 的值 450*/
    aver=aver+sum;                                 /*为全局变量 aver 赋值 495*/
    aver=aver/20;
    printf("%f\n",aver);                           /*输出全局变量 aver 的值 24.75*/
    return 0;
}
```

【分析】 该程序中定义了两个全局变量 sum 和 aver，这两个全局变量的作用域为整个源程序。在函数 func 内定义了局部变量 k、sum 和数组 x。函数 func 内的局部变量 sum 与全局变量 sum 同名，全局变量 sum 在函数 func 内被屏蔽、不起作用，局部变量 sum 在函数 func 内部有效。全局变量 aver 在函数 func 内有效，因为没有与 aver 同名的局部变量。

main 函数内的变量 k 和数组 y 也是局部变量。程序从 main 函数开始执行，调用函数 func，在函数 func 内计算数组 x 各元素的和，并存储在局部变量 sum 中，然后输出局部变量 sum 的值；再计算全局变量 aver 的值，然后结束函数 func 的运行，释放局部变量 k、sum 和数组 x。回到 main 函数后，利用 for 循环计算数组 y 的和，将其存储在全局变量 sum 中并输出，最后计算全局变量 aver 的值并输出。

6.8 变量的存储类别

6.8.1 静态存储变量和动态存储变量

若从变量值存在的时间（即生存期）的角度来划分变量，可以将变量分为静态存储变量、动态存储变量。静态存储变量是指在程序运行期间分配固定的存储空间的变量；动态存储变量是指在程序运行期间根据需要进行动态分配存储空间的变量。

C 程序运行时占用的内存空间分为 3 部分，即程序区、静态存储区、动态存储区，如图 6.5 所示。

程序区	静态存储区	动态存储区

图 6.5 内存空间的划分

程序运行期间的数据分别存放在静态存储区和动态存储区中。静态存储区用于存放程序运行期间所需占用固定存储单元的变量，如全局变量和静态类别的局部变量。动态存储区存放不需要长期占用内存单元的那些变量。当程序运行进入定义变量的函数（或复合语句）时，才为变量分配动态存储空间；当离开函数（或复合语句）时，便释放所占用的内存空间。在程序执行过程中，这种分配和释放是动态的，如果在一个程序中两次调用同一函数，那么每次分配给此函数中的局部变量的存储空间地址可能不相同。

动态类别的变量分为两种，即自动类型变量和寄存器变量，分别用说明符 auto 和 register 来定义与声明。

6.8.2 局部变量的存储

局部变量的存储类别是指局部变量在内存中的存储方式，局部变量可存放于内存的动态存储区、寄存器或内存的静态存储区中。

1. 自动存储类型变量

自动存储类型变量的存储单元被分配在内存的动态存储区中。自动存储类型变量的声明形式如下：

```
auto 类型 变量名;
```

自动存储类型是系统默认的类型。因此，在函数内部，下面两种定义方式等效：

```
int a;          float b;          char c;
auto int a;     auto float b;     auto char c;
```

函数（或复合语句）内不作特别声明的变量、函数的形参，都是自动存储类型的，它们只有在系统执行函数（或复合语句）时才被分配内存单元，在该函数（或复合语句）运行期间一直存在，在函数（或复合语句）运行结束时，自动释放这些内存单元。

自动存储类型变量的作用域和生存期是一致的，在其生存期内都是有效的、可见的。

函数内部的自动存储类型变量在每次调用函数时，系统都会在内存的动态存储区为它们重新分配内存单元，在该函数被多次调用的过程中，函数内的某个自动存储类型变量的存储位置不固定。

2. 寄存器存储类型变量

寄存器存储类型变量的存储单元被分配在寄存器中。这种变量的声明形式如下：

```
register 类型 变量名;
```

例如：

```
register int n;
```

寄存器存储类型变量的作用域、生存期与自动存储类型变量相同。

由于寄存器的存取速度比内存的存取速度快，因此通常将频繁使用的变量放在寄存器中（如循环体中涉及的内部变量），以提高程序的执行速度。

由于计算机中寄存器的个数有限，寄存器的数据位数也有限，因此定义寄存器存储类型变量的个数不能太多，并且只有整型变量和字符型变量可以定义为寄存器存储类型变量。

通常，寄存器存储类型变量的定义是不必要的，如今优化的编译系统能够识别频繁使用的变量，并能够在不需要编程声明的情况下，就把这些变量存放在寄存器中。

3. 静态存储类型变量

静态存储类型变量所需的存储单元被分配在内存空间的静态存储区中。静态存储类型变量的声明形式如下：

```
static 类型 变量名;
```

静态存储类型变量在编译时被分配内存、赋初值，并且只被赋初值一次。对未赋值的静态存储类型变量，系统自动为其赋值为 0（字符型为'\0'）。

在整个程序运行期间，静态存储类型变量占用静态存储区的固定的内存单元，即使它所在的函数调用结束，也不释放该存储单元，其值会继续保留。因此，下次调用该函数时，静态存储类型变量仍使用原来的存储单元，仍使用原来存储单元中的值。利用静态存储类型变量的这个特点，可以编写需要在被调用结束后仍保存局部变量值的函数。

静态存储类型的局部变量的作用域仍然是定义该变量的函数（或复合语句）内部。

虽然静态存储类型变量在整个程序运行期间都是存在的，但是在它的作用域外，它是不可见的，即它不能被其他函数引用。

例 6.13 已知数列的通项公式为 $a_n=n^2$。请输出该数列的前 10 项，然后计算并输出该数列的前 n 项和（n 的取值分别是 1、2、3、4、5、6、7、8、9、10）。

【分析】 可以循环 10 次，每次输出 n^2，即可输出数列的前 10 项。对于数列的前 n 项，$n=1$ 时，为前 1 项的和，输出 1^2；$n=2$ 时，为前 2 项的和，输出 1^2+2^2；$n=3$ 时，为前 3 项的和，输出 $1^2+2^2+3^2$；照此类推，$n=10$ 时，为前 10 项的和，输出 $1^2+2^2+3^2+\cdots+10^2$。可以使用静态局部变量来计算前 n 项的和。

程序代码如下：

```
#define M 10
#include<stdio.h>
int st(int n)
{    static int t=0;                    /*定义静态存储类型局部变量 t*/
     t=t+n*n;
     return(t);
}
int main()
{    int k;
     for(k=1;k<=M;k++)                  /*输出数列的前 10 项*/
         printf("%5d",k*k);
     printf("\n");
     for(k=1;k<=M;k++)
         printf("%5d ",st(k));          /*输出前 k 项的和*/
     printf("\n");
     return 0;
}
```

运行程序，程序输出如下：

```
1    4    9    16   25   36   49   64   81   100
1    5    14   30   55   91   140  204  285  385
```

【分析】 在该程序中，函数 st 中的静态存储类型变量 t 在静态区被分配存储单元，并初始化为 0。函数 main 调用了函数 st M 次，变量 t 的值在每次调用之后不释放，当下一次调用函数 st 时，执行“t=t+n * n;”，用 t 的原值与 n * n 相加。

程序从函数 main 开始运行。在函数 main 中，第 1 次，输出 st(1)，值为 1，即 1^2；第 2 次，输出 s(2)，值为 5，即 1^2+2^2；第 3 次，输出 s(3)，值为 14，即 $1^2+2^2+3^2$；……；第 10 次，输出 s(10)，值为 385，即 $1^2+2^2+3^2+\cdots+10^2$。每次输出的值，也就是调用函数 st 返回 t 的值，由两部分相加，一个是 t 原来的值，另一个是 n * n 的值。例如，第 10 次输出的 385 由 285+10 * 10 组成，其中 285 是 t 原来的值，10 * 10 是 n * n（n 为 10）的值。

6.8.3 全局变量的存储

1. 全局变量的定义

全局变量存放在内存的静态存储区中。全局变量的生存期是整个程序的运行期。全局变量分为程序级全局变量、文件级全局变量。程序级全局变量又称为全局存储类型的全局变量；文件级全局变量又称为静态存储类型的全局变量。

1）程序级全局变量

程序级全局变量在定义时不加任何存储类型的声明。程序级全局变量的作用域是整个程序。一个 C 程序可以包含多个文件，程序级全局变量是在程序的某个文件中定义的。当程序级全局变量在程序的某个文件中定义后，若要在程序的其他文件中使用它，只需用说明符 extern 声明，就可以在其他文件中使用。

2）文件级全局变量

定义时用说明符 static 进行声明的全局变量是文件级全局变量。文件级全局变量的作用域是它所在的程序文件。虽然它在程序的运行期间一直存在，但它不能被程序中的其他文件所使用。用 static 声明的全局变量是为了限制它的作用域，达到信息隐蔽的目的。

2. 全局变量的声明

全局变量的声明与定义含义不同。全局变量的定义只有一次，但声明可以有多次。声明全局变量采用 extern 说明符。对全局变量的声明既可以在函数的内部，也可以在函数的外部。全局变量应该在使用前声明，全局变量声明的一般形式如下：

```
extern 类型 变量名;
```

例如：

```
extern float x;
```

在全局变量的作用域内（即从定义位置开始到文件的结束），可以省略对全局变量的声明，直接使用。但是，在下面两种情况下，必须通过声明来扩展全局变量的作用域。

（1）在同一个文件中，全局变量定义在后，但使用在前。在这种情况下，在使用该变量前需要对其进行声明。程序代码示例如下：

```
#include<stdio. h>
int main()
{   int a,b,c;
    extern int d;                    /* 全局变量声明 */
    d=b * b-4 * a * c;
    printf("% d",d);
    return 0;
}
int d;                               /* 全局变量定义 */
```

（2）程序由多个文件组成，多个文件要用到同一个全局变量。这时，可以在某个文件中定义该变量，而在其他文件中用 extern 对该全局变量进行声明。程序代码示例如下：

```
/* 下面代码包含在文件 file1. c 中 */
#include<stdio. h>
int y=0;                         /* 定义全局变量 y */
int main()
{   f1();
    printf("% d\n ",y);
    return 0;
}
/* 下面代码包含在文件 file2. c 中 */
extern int y;                    /* 声明全局变量 y */
int f1()
{   int x;
    scanf("% d",&x);
    y=8 * x * x-7 * x+6;
}
```

该程序由两个程序文件 file1. c 和 file2. c 组成，在 file1. c 中定义了全局变量 y，在 file2. c 中对 file1. c 中定义的全局变量 y 进行了声明。程序运行时，file1. c 中的 main 函数调用 file2. c 中的 f1 函数，f1 函数按照“y=8 * x * x-7 * x+6;”计算 y，由 main 函数输出 y 值。在该程序中，file1. c 和 file2. c 的代码都很短，真实的文件代码不会这样短，该示例只是为了说明全局变量的声明。

6.9 内部函数和外部函数

一个 C 程序可以包含多个源程序文件，每个文件包含多个函数。函数之间存在着调用关系。根据函数能否被其他源程序文件中的函数调用，可以将函数分为两类：内部函数；外部函数。

1. 内部函数

只能被本源程序文件中的函数调用的函数是内部函数，内部函数也称为静态函数，内部函数不能被其他源程序文件中的函数调用。内部函数的定义格式如下：

```
static 数据类型 函数名(形式参数表列)
{
    说明部分;
    执行部分;
}
```

2. 外部函数

可以被程序中的其他源程序文件中的函数调用的函数是外部函数。外部函数的定义格式如下：

```
[extern] 数据类型 函数名(形式参数表列)
{
    说明部分;
    执行部分;
}
```

如果省略 extern，则系统默认为外部函数。外部函数是 C 语言默认的函数类型，即在函数首部没有添加“extern”和“static”的函数都是外部函数。外部函数可以被其他源程序文件中的函数所调用。

分析下面的程序：

```
/* 文件 file1.c 包含下面的代码 */
#include<stdio.h>
int main()
{   extern int f2(int x,int y);                  /* 外部函数声明 */
    int a,b;
    scanf("%d,%d",&a,&b);
    f1(a,b);                                     /* 此语句错误。因 f1 是内部函数,不能被调用 */
    f2(a,b);                                     /* f2 是外部函数,可以被调用 */
    printf("end\n");
    return 0;
}
/* 文件 file2.c 包含下面 2 个函数 f1 和 f2 */
static int f1(int x,int y)                       /* 声明内部函数 */
{   int z;
    if(x>y)   z=x+y;
    else   z=x*y;
    printf("%d\n",z);
}
extern int f2(int x,int y)                       /* 声明外部函数 */
```

```
{   int z;
    if(x>y)  z=x;
    else   z=y;
    printf("%d\n ",z);
}
```

该程序包含两个程序文件，即 file1. c 和 file2. c。file2. c 中的函数 f1 是一个内部函数，所以它不能被其他程序文件中的函数调用。file2. c 中的函数 f2 是一个外部函数，可以被其他程序文件中的函数调用。

注意：如果要调用其他程序文件中定义的函数，则必须先对其进行声明。声明格式如下：

```
extern 外部函数原型;
```

存储类型为 static 类型的函数只能被其所在的源程序文件中的函数调用，其他源程序文件中的函数则不能调用它。如果在其他源程序文件中声明（或调用）已定义为 static 存储类型的函数，则会发生错误。

当需要限定函数的作用域时，可以使用内部函数。也就是说，可以将函数定义为内部函数，使它只能在本程序文件中使用。在不同的程序文件中，可以定义同名的内部函数，相互不会干扰。这样便于程序编写，即使函数重名也没问题。

6.10 程序设计举例

例 6.14 某工厂有 100 名员工生产同一种产品。编程使用一维数组完成以下各项任务：

（1）输入每名员工生产的年产量，存放在数组中。

（2）计算并输出 100 名员工的平均年产量。

（3）计算并输出 100 名员工的最高年产量和最低年产量。

（4）输入一名员工的年产量，在存放年产量的数组中查找该年产量，查到后输出。

【分析】 可以定义一个包含 100 个元素的数组，用于存放每名员工的年产量；可以编写 4 个函数来分别完成这 4 项任务。主函数调用这 4 个函数。

程序代码如下：

```
#include<stdio.h>
#define N 100
int prod[N];
void fun1()                 /*函数 fun1,输入年产量分别存放在数组中*/
{   int n;
    for(n=0;n<N;n++)
        scanf("%d",&prod[n]);
    return;
}
void fun2()                 /*函数 fun2,计算并输出平均年产量*/
```

```
{    int n;   float aver=0;
     for(n=0;n<N;n++)
         aver=aver+prod[n];
     aver=aver/N;
     printf("平均年产量=%f",aver);
     return;
}
void fun3()                  /*函数fun3,计算并输出员工的最高年产量和最低年产量*/
{    int n,max,min;
     max=min=prod[0];
     for(n=1;n<N;n++)
         { if(prod[n]<min)   min=prod[n];
           if(prod[n]>max)   max=prod[n];
         }
     printf("员工的最高年产量为%d,最低年产量为%d。\n",   max,min);
     return;
}
void fun4()                  /*函数fun4,查找给定的年产量,查到后输出*/
{    int n,data,flag=0;
     printf("输入被查找的一个年产量:");   scanf("%d",&data);
     for(n=0;n<N;n++)
         if(prod[n]== data)
             {printf("找到了,它是第%d个。\n",n+1);   flag=1;}
     if(flag==0)
         printf("找不到。\n");
     return;
}
main()
{    int d;
     while(1)
     {printf("————————员工的年产量计算并输出————————\n");
      printf("————————————1.输入年产量存放在数组中————————\n");
      printf("————————————2.计算并输出平均年产量————————\n");
      printf("————————————3.计算并输出最高和最低年产量——————\n");
      printf("————————————4.查找给定的年产量——————————\n");
      printf("————————————5.结束计算—————————————\n");
      printf("————————请选择,输入1或2或3或4或5————————:");
      scanf("%d",&d);
      if(d==1)          fun 1();
      else if(d==2)   fun 2();
      else if(d==3)   fun3();
      else if(d==4)   fun4();
      else if(d==5)
```

```
            {printf("————年产量计算并输出结束。————\n");
             break;
            }
          else printf("————输入错误！请重新输入！———— \n");
      }
  }
```

例 6.15 编写一个帮助学生练习平面解析几何中关于直线 $y=kx+b$ 知识的程序。学生使用该程序练习下面两类问题：

（1）计算机随机给出一个点的坐标（x,y）和直线方程（形式为 $y=kx+b$）（x、y、k 和 b 都是非零整数），让学生判断该点是否在直线方程上。

（2）计算机随机给出一个点的坐标（x,y）和斜率 k（x、y 和 k 都是非零整数），让学生求出过该点且斜率为 k 的直线方程 $y=kx+b$ 在 y 轴上的截距 b。

让计算机出的练习题显示在屏幕上，学生从键盘输入答案，计算机根据答案输出“回答正确”或“回答错误”。学生可以自由选择练习解决某一类问题，对练习题的数量不限制。

【分析】 编写 2 个函数 fun1 和 fun2，分别用于练习这两个问题；再编写一个函数 numb，随机产生一个不超过两位的非零整数。主函数分别调用 fun1 或 fun2，fun1 和 fun2 分别调用 numb。在主函数中实现自由选择。

程序代码如下：

```
#include<stdio.h>
int numb()                              /* 函数 numb 随机产生一个不超过两位的非零整数 */
     /* 假设点的坐标和直线 y=kx+b 中的常数是不超过两位的非零整数 */
{    int n;
     mark1:n=rand()-16383;          /* rand()值是 0 到 32767 之间的随机整数 */
     if((n==0)||(n>=100)||(n<=-100))   goto mark1;
     return n;
}
void fun1()                              /*  函数 fun1 判断已知点是否在已知直线方程上 */
{    int k,b,x,y,pd=1;   char ch;
     while(pd==1)
       {   x=numb();   y=numb();  /* 随机产生点的坐标 x,y */
           k=numb();   b=numb();  /* 随机产生直线方程 y=kx+b */
           printf("已知点的坐标为:(%d,%d)\n",x,y);
           if(b>0)   printf("已知直线方程为:y= %d x+%d\n",k,b);
           else printf("已知直线方程为:y= %d x %d\n",k,b);
           printf("该点是否在该直线上？若是,请输入 y 或 Y;否则,请输入 n 或 N。请回答:");
           scanf("%c",&ch);
           if((y==kx+b)&&(ch=='y'  || ch=='Y'))   printf("回答正确！ \n");
           if((y!=kx+b)&&(ch=='n'  || ch=='N'))   printf("回答正确！ \n");
           if((y==kx+b)&&(ch=='n'  || ch=='N'))   printf("回答错误！ \n");
           if((y!=kx+b)&&(ch=='y'  || ch=='Y'))   printf("回答错误！ \n");
```

```
        printf("若想停止练习,请输入 0;若继续练习,请输入 1。\n");
        scanf("% d", &pd);
      }
    return;
    }
    void fun2()                          /* 函数 fun2 给定点的坐标和斜率,求直线在 y 轴上的截距 */
    {   int x,y,k,b,pd=1;
        while(pd==1)
        {  x=numb();      y=numb();/* 随机产生点的坐标 x,y */
           k=numb();                     /* 随机产生直线方程 y=kx+b 的斜率 k */
           printf("给定点(x,y)=(% d,% d)\n",x,y);
           printf("给定斜率 k =% d\n",k);
           printf("请计算并输入直线方程 y=kx+b 截距 b 的值:");
           scanf("% d", &b);
           if (y==kx+b)                  /* 判断 b 的值是否符合公式 y=kx+b */
               printf("回答正确! \n");
           else   printf("回答错误! \n");
           printf("若想停止练习,请输入 0;若继续练习,请输入 1。\n");
           scanf("% d", &pd);
      }
    return;
}
main()
{   int d;
    srand(time(NULL));                   /* 设置随机数种子为当前时间 */
    while(1)
    {  printf("————————中学生练习解析几何中直线 y=kx+b 知识——————————\n");
       printf("————————————1.判断已知点是否在已知直线方程上——————————\n");
       printf("————————————2.给定点和斜率,求直线在 y 轴上的截距 b——————\n");
       printf("————————————3.结束练习——————————————————————————\n");
       printf("————————————请选择输入 1 或 2 或 3——————————————:");
       scanf("% d", &d);
       if(d==1)fun1();
       else if(d==2)fun2();
       else if(d==3)
          {printf("————————————本次练习结束了,再见! ——————————— \n");
           break;
          }
       else printf("————————————输入错误! 请重新输入! ———————————\n");
    }
}
```

【分析】 该程序由主函数 main 以及自定义函数 numb、fun1、fun2 组成。numb 函数随机产生一个不超过两位的非零整数。fun1 函数的功能：判断已知点是否在已知直线方程上。fun2 函数的功能：给定点和斜率，求直线在 y 轴上的截距。main 分别调用 fun1 函数或 fun2 函数，fun1 函数和 fun2 函数分别调用 numb 函数。

例 6.16 某班级有 *N* 个学生，请编写程序完成下面的任务。

（1）输入每个学生的学号，以及某一门课程的平时成绩、期中成绩、期末成绩。

（2）计算并输出每个学生的总评成绩，总评成绩按以下公式计算：

$$总评成绩=平时成绩\times 0.2+期中成绩\times 0.3+期末成绩\times 0.5$$

（3）计算并输出所有学生总评成绩的平均分。

（4）根据输入的学生学号，查找并输出该学生的各项成绩。

【分析】 可以定义二维数组（*N* 行 4 列）存放每个学生的平时成绩、期中成绩、期末成绩、总评成绩，定义二维数组（*N* 行 10 列，假设学号有 10 个字符）存放每个学生的学号。编写 4 个函数分别完成上面的 4 项任务，编写主函数负责调用这 4 个函数。

程序代码如下：

```
#include<stdio.h>
#include<string.h>
#define N 50                    /*假设班级学生数 N 为 50*/
float score[N][4];              /* score 存储每个学生的平时成绩、期中成绩、期末成绩和总评成绩*/
char number[N][10];             /* number 存储每个学生学号*/
void inputdata()                /*本函数输入学生的学号、成绩,存放在数组中*/
{   int i;
    for(i=0;i<N;i++)
      {printf("\n 请输入第%d 个学生的学号:",i+1);
       gets(number[i]);
       printf("请按顺序输入该学生的平时成绩、期中成绩、期末成绩(如 98,85,96):");
       scanf("%f,%f,%f",&score[i][0],&score[i][1],&score[i][2]);
      }
    printf("\n 输入结束!");
    return;
}
void calculdata()               /*本函数计算并输出每个学生的总评成绩*/
{   int i;
    for(i=0;i<N;i++)            /*score[i][3]中存放总评成绩*/
      score[i][3]= 0.2*score[i][0]+ 0.3*score[i][1]+ 0.5*score[i][2];
    printf("\n 每个学生总评成绩如下:\n");
    for(i=0;i<N;i++)
      printf("%s:%f\n",number[i],score[i][3]);
    return;
}
void averdata()                 /*本函数计算输出所有学生总评成绩的平均分*/
{   int i;  float aver=0;       /* aver 存储所有学生总评成绩的平均分*/
    for(i=0;i<N;i++)
```

```
        aver=aver+score[i][3];
    aver=aver/N;
    printf("\n 所有学生总评成绩的平均分是:%f",aver);
    return;
}
void querydata()                         /* 本函数是根据学号查找并输出学生各项成绩 */
{   char lookname[10];   int i,mark=0;
    printf("\n 请输入被查找的学号:");
    gets(lookname);
    for(i=0;i<N;i++)                     /* 根据输入的学号,在数组中查找 */
        if(strcmp(number[i],lookname)==0)
          { puts(number[i]);
            printf("平时成绩,期中成绩,期末成绩,总评成绩\n");
            printf("%f,%f,%f,%f\n",score[i][0],score[i][1],score[i][2],score[i][3]);
            mark=1;                      /* mark 是标志变量,若查找成功,则 mark 为 1 */
          }
     if(mark==0)  printf("没有找到! \n");
     return;
}
int main()
{   int select;
    while(1)
    {  printf("请选择下面的某项任务:\n");
       printf("(1)输入每个学生的学号、平时成绩、期中成绩、期末成绩。\n");
       printf("(2)计算并输出每个学生的总评成绩。\n");
       printf("(3)计算并输出所有学生总评成绩的平均分。\n");
       printf("(4)根据输入的学生学号,查找并输出该学生的各项成绩。\n");
       printf("(5)结束程序运行。\n");
       printf("请输入你的选择(1 或 2 或 3 或 4 或 5):");
       scanf("%d",&select);
       if(select==5)  break;
       switch(select)
          {case 1:inputdata();break;   /* 调用函数输入学生学号和成绩 */
           case 2:calculdata();break;  /* 调用函数计算并输出总评成绩 */
           case 3:averdata();break;    /* 调用函数计算并输出总评成绩的平均分 */
           case 4:querydata();break;   /* 调用函数根据学号查找并输出学生成绩 */
          }
     }
   printf("\n 程序运行结束,再见。\n ");
   return 0;
}
```

本程序由主函数 main 和 4 个自定义函数组成。其中，函数 inputdata 的功能是用于输入并存储学生的学号、平时成绩、期中成绩、期末成绩；函数 calculdata 的功能是计算并输出每个学生的总评成绩；函数 averdata 的功能是计算并输出所有学生总评成绩的平均分；函数 querydata 的功能是按输入的学号查找学生，并输出该学生的各项成绩。

在本程序中，数组 score 和 number 是全局变量，各函数都可以使用它们。

6.11 习　　题

1. 阅读程序，写出运行结果。

(1)
```
#include<stdio.h>
int fun(int n)   /* 函数定义 */
  {   int m;   m=3*n*n-2;
      return(m);
  }
int main()
  {   int k;
      for(k=1;k<=10;k++)   printf("%5d",fun(k));
      return 0;
  }
```

(2)
```
#define M 10
#include<stdio.h>
int st(int n)
{   static int t=0;              /* 定义静态存储类型内部变量 t */
    t=t+2*n+3;
    return(t);
}
int main()
{   int n;
    for(n=1;n<=M;n++)      printf("%5d",2*n+3);
    printf("\n");
    for(n=1;n<=M;n++)      printf("%5d",st(n));
    printf("\n");
    return 0;
}
```

(3)
```
#include<stdio.h>
fun(int x[ ],int k)
{   int n;
    for(n=0;n<k;n++)x[n]=2*x[n];
    return;
}
int main()
```

```
{   int n,a[10]={10,20,30,40,50,60,70,80,90,100};
    for(n=0;n<10;n++)     printf("%5d",a[n]);
    printf("\n");
    fun(a,10);
    for(n=0;n<10;n++)     printf("%5d",a[n]);
    printf("\n");
    return 0;
}
```

(4)
```
#include<stdio.h>
int sum=0;
fun(int x[ ],int k)
{   int n;
    for(n=0;n<k;n++)sum=sum+x[n];
    printf("%5d",sum);
    return;
}
int main()
{   int n,a[10]={30,70,10,40,50,60,20,80,100,90};   float aver;
    fun(a,10);   aver=sum/10;
    for(n=0;n<10;n++)   if(a[n]>aver)   printf("%5d",a[n]);
    printf("\n");
    return 0;
}
```

(5)
```
#include<stdio.h>
int tw(int a,int w[ ],int m)
{   int k,cnt=0;
    for(k=0;k<m;k++)
    if(w[k]==a)
    cnt++;
    return(cnt);
}
main()
{   int a,total,b[20]={3,6,7,2,9,4,2,6,7,1,8,5,4,9,2,4,9,3,7,0};
    scanf("%d",&a);total=tw(a,b,20);
    printf("%d\n",total);
}
```

运行程序，从键盘输入“7”。

(6)
```
#include<stdio.h>
void swap(int x,int y)
    {   int t;
        t=x;x=y;y=t;
    }
int main()
```

```
{   int a=5,b=8;
    printf("%d,%d,\t",a,b);
    swap(a,b);
    printf("%d,%d\n",a,b);
return 0;
}
```

2. 编写程序。

（1）定义一维数组 a 为全局变量，编写一个函数 fun。fun 的功能：计算数组 a 的所有元素的平均值，并用 return 返回该平均值。主函数调用函数 fun，在主函数中输出小于该平均值的所有数组元素。

（2）编写一个函数 fun，fun 中的一维数组中存放了 100 个整数。fun 的功能：根据形参接收的整数值，输出该数组中大于形参值的所有数组元素值。在主函数中，输入实参的值，调用函数 fun。

（3）编写一个函数 fun，将数组名作为形参。fun 的功能：将该形参数组的每个元素变为原值的 3 倍。在主函数中定义一个数组，并从键盘为该数组元素赋值，将该数组作为实参传递给 fun，在主函数中输出调用函数 fun 前后该数组元素的值。

（4）编写一个函数 fun，功能是判定主函数传递给形参的值是否为素数，如果是就返回 1，否则返回 0。在主函数中调用函数 fun 十次，每次输入一个整数作为实参，根据调用 fun 的返回值来判断该实参是否为素数。

（5）编写一个函数 fun，功能是统计一串字符中英文字符、数字字符和其他字符的个数，然后输出英文字符、数字字符和其他字符的个数；fun 的形参是字符型一维数组。主函数负责从键盘输入一串字符并存放数组中，然后调用函数 fun。

（6）编写一个函数 fun，有两个 int 型形参 x 和 y，功能是判断坐标为（x,y）的点在圆内、在圆上、还是在圆外。圆的方程为 $x^2+y^2=81$。主函数可以多次调用函数 fun，每次调用传递给函数 fun 一对 x 和 y 的值。

（7）编写一个函数 fun1，功能是产生一个正的三位数的随机数；再编写一个函数 fun2，功能是使用冒泡排序法将数组元素按从大到小排序；主函数首先调用函数 fun1，产生 100 个随机数存放在数组中，然后主函数调用函数 fun2，将这 100 个随机数从大到小排序后输出。

（8）编写一个函数 fun，功能是用梯形法计算一元多项式 $f(x)=x^2+4$ 在区间（a,b）上的定积分（$0<a<b$），区间端点 a 和 b 作为 fun 的形参。主函数可以多次调用函数 fun 计算定积分，每次调用时从键盘输入区间端点 a 和 b，将其作为实参。

扫描二维码获取习题参考答案

第 7 章

编译预处理

C 语言与其他高级语言的一个重要区别就是可以使用预处理命令、具有预处理的功能。为了与一般的 C 语句区别，这些命令都以符号 # 开头。C 语言提供的预处理功能主要有 3 种：宏定义、文件包含和条件编译。

在对程序进行通常的编译之前，必须对程序中这些特殊的命令进行“预处理”，即根据预处理命令对程序作相应的处理。经过预处理后，程序就不再包括预处理命令了。最后，由编译程序对预处理后的源程序进行通常的编译处理，得到可供执行的目标代码。

7.1 宏 定 义

宏定义包括不带参数和带参数两种格式。

7.1.1 不带参数的宏定义

不带参数的宏定义的一般格式如下：

```
#define 标识符 字符串
```

其含义是用指定的宏名（即标识符）来代表其后的字符串。例如：

```
#define N 1000
#define E 2.71828
#define GS "%d,%d,%d,%d \n"
```

以上宏定义的作用分别是：用标识符 N 代表字符串 1000；用标识符 E 代表字符串 2.71828；用标识符 GS 代表字符串“%d,%d,%d,%d \n”。

在编译预处理时，将程序中在该命令以后出现的所有 N 用 1000 代替、E 用 2.71828 代替、GS 用“%d,%d,%d,%d \n”代替。这样，用一个简单的名字代替一个长的字符串，可以减小用户重复编程的工作量，而且不容易出错。

在定义时所用的标识符称为宏名，如示例中的 N、E 和 GS 都是宏名。宏名通常用大写字母表示。在预编译时，将宏名替换成字符串的过程称为宏展开。定义宏与定义变量的含义不同，宏定义只是作字符替换，系统不为宏名分配内存空间。

例 7.1 从键盘输入若干个数，计算它们的和。为了提高程序的灵活性，可以使用宏来控制个数。

【分析】 本题使用宏来控制输入的数的个数，以实现灵活性。如果输入的数的个数变化，修改宏即可，程序的其他部分不用修改。

程序代码如下：

```
#include<stdio.h>
#define N 500      /*不妨设数的个数为 500*/
int main()
{  int i,n,sum=0;
   for(i=0;i<N;i++)
      {scanf("%d",&n);
       printf("%d   ",n);
       sum=sum+n;
      }
    printf("\n sum=%d\n",sum);
    return 0;
}
```

关于宏定义的几点说明：

（1）宏定义可以出现在程序的任何位置。一般写在函数的外面，位于文件的开头。

（2）宏名的有效范围是从定义处开始到本文件结束。但可以用#undef 命令终止宏定义的作用域。示例代码如下：

```
#define N 1000
int main()
{
…
#undef N
…
}
```

“#undef N”的作用使得 N 的作用范围在“#undef N”处终止。

（3）不要在宏定义的行末加分号。因为加分号后，程序会将分号也视为字符串的组成部分，宏展开后就可能出现错误。

（4）宏定义是用宏名代替一个字符串，凡在宏定义有效范围内的宏名都用该字符串代替。注意：在双引号内与宏名相同的字符串不认为是宏名，不进行替换。

例如：

```
# define PI 3. 14159
…
printf("PI");
```

执行该程序段将输出“PI”，而不输出“3. 14159”。

（5）可以引用前面已经定义过的宏名来定义新的宏。例如：

```
#define N 1000
#define M N+200
#define K 3 * N+4 * M+M/2
```

注意：该程序段中的 K 展开是 3×1000+4×1000+200+1000+200/2，而不是 3×1000+4×(1000+200)+(1000+200)/2，除非将第 3 行的定义改为“#define K 3 * N+4 * (M)+(M)/2”。

有时在定义宏时可特意增加括号，这样在宏展开时候不容易出错。

7.1.2 带参数的宏定义

带参数的宏定义的一般格式如下：

```
#define 标识符(形参表)  字符串
```

带参数的宏展开时，需要进行参数替换。将形参表中的形参用实参替换。例如：

```
#define PI 3. 14159
#define S(r) PI * r * r
```

其中,S(r)为带参数的宏。例如，在程序中使用 S(7)时，是用 7 代替宏定义中的形参 r，S(7)展开为 3. 14159 * 7 * 7。

关于带参数的宏定义，有以下几点说明：

（1）在使用带参数的宏定义时，宏名和括号之间不能有空格，否则系统会把括号、形参和字符串认为是一个字符串。例如：

```
#define H   (x,y) sqrt(x * y)
```

这种写法是错误的。系统会认为 H 是不带参的宏名（代表字符串“(x,y) sqrt(x * y)”）。

（2）带参数的宏可以有多个参数。例如，下面定义了一个用于计算圆柱体积的宏。

```
#define PI 3. 14159
#define V(r,h) PI * r * r * h
```

其中，参数 r 代表圆柱的半径，参数 h 代表圆柱的高。V(8,10)展开为 3. 14159 * 8 * 8 * 10。

（3）带参数的宏在展开时，按宏定义中指定的字符串，从左到右用实参置换形参，宏定义中的其他字符则保留。

例如，上面定义的 V(r,h)用实参（8 和 10）代替字符串中的形参（r 和 h），8 置换 r，10 置换 h，而 * 保留。

例 7.2 使用带参数的宏计算长方体的表面积。

【分析】 本题可以使用带 3 个参数的宏来计算长方体的表面积，这 3 个参数分别代表长方体的长、宽、高。

程序代码如下：

```
#include<stdio.h>
#define S(x,y,z) 2*(x*y+y*z+z*x)
int main()
{   float area,a,b,c;
    printf("请输入长方体的长、宽、高:");
    scanf("%f,%f,%f",&a,&b,&c);
    area= S(a,b,c);
    printf("表面积=%f\n",area);
    return 0;
}
```

S(a,b,c)展开为 2*(a*b+b*c+c*a)，因此程序实际执行的是下面的赋值语句：

```
area= 2*(a*b+b*c+c*a);
```

如果从键盘输入的长、宽、高是 2、3、4，则输出的表面积是 52。

如果将上面的 S(a,b,c)换成 S(2,3,1+3)，那么运行程序后的输出结果还是 52 吗？接下来，对此进行分析。

S(2,3,1+3)展开应该是 2*(2*3+3*1+3+1+3*2)，也就是说，用 1+3(不是用 1+3 的结果 4)代替形参 c，所以展开后的赋值语句是“area=2*(2*3+3*1+3+1+3*2);”，显然输出的结果不会是 52。原因在于：宏展开仅仅是替换。若将例 7.2 中的宏如下定义，就不会出错了。

```
#define S(x,y,z)   2*((x)*(y)+(y)*(z)+(z)*(x))
```

这样定义后，在用实参替换形参时，由于形参放在括号中，因此实参是常量、变量或表达式都可以，如上面的 S(2,3,1+3)就不会出错了。

以上介绍了用带参数的宏来计算长方体的表面积，这类问题显然也可以用函数来解决。带参数的宏和函数既有相类似的地方，又有许多不同点。

（1）宏展开只是替换；函数调用时，要先计算实参表达式的值，然后将值传递给形参，而不替换形参。

（2）宏名以及它的参数都不存在类型问题，展开时用指定的字符串替换即可；函数中的实参和形参都要定义类型。

（3）宏展开在编译时进行，不占用程序运行时间，在展开时不分配内存单元（即使带参数的宏也不分配内存单元）；函数调用是在程序运行时进行处理，占用程序运行时间，而且要为形参和函数中的局部变量分配临时内存单元。

（4）函数调用时，有从实参向形参传递数据的过程；使用带参数的宏没有传递数据的过程。

（5）宏展开后对源程序的长度有影响；函数调用对源程序的长度无影响。

7.2 “文件包含”处理

在前面章节中多次用到了#include 命令，这个命令用于实现“文件包含”，其作用是将一个源文件的全部内容包含进另一个源文件。被包含的文件可以是 C 语言源文件、库函数头文件等。

由于#include 命令通常放在文件的开头，所以这些被包含的文件通常被称为标题文件或头文件，这些文件常以“. h”（h 为 head 的首字母）为文件的扩展名。当然，也可以用其他文件扩展名，但无论用什么扩展名，这个被包含文件必须是文本文件。

C 集成环境为用户提供了许多库函数，每个库函数都有自己对应的头文件，若要使用一些库函数中定义的数据和变量，就必须在程序中使用 #include 命令将该库函数对应的头文件包含进来，否则，程序在编译时就会报错。

文件包含的使用格式有以下两种：

```
#include "文件名"
#include<文件名>
```

使用 "文件名" 格式时，预处理程序首先检索当前文件目录中是否有该文件，如果没有，再检索 C 编译系统指定的目录。使用<文件名>格式时，预处理程序直接检索 C 编译系统指定的目录。

使用 "文件名" 格式时，文件名前面可添加路径，如“#include "c:\vc++\include\math. h" ”。

常用的标准库头文件的扩展名都是 . h。例：

```
#include<stdio. h>        /*标准输入输出函数库文件*/
#include<string. h>       /*字符串函数库文件*/
#include<ctype. h>        /*字符函数库文件*/
#include<math. h>         /*数学函数库文件*/
```

使用“文件包含”命令，可以减少程序设计人员的工作量，提高编程效率。例如，可以将经常使用的数学公式或者一组固定的符号常量（如 PI=3. 1415926、E=2. 71828、G=9. 81、GD=0. 618 等）用宏定义命令组成一个文件，然后用#include 命令将该文件包含到正在编写的源文件中，源文件中的程序中就可以使用这些符号常量。又如，多名软件工程师共同协作开发大型软件时，可以将程序中共同的常量、函数原型、宏等定义在一个文件中，然后使用 #include 命令将该文件包含进来，这样可以方便编写工作且不易出错。

例 7.3 将下面的宏存放在一个文件中，文件名为 hong. h。

```
#define PI 3. 14159
#define S-CO(r,k)   PI*r*r+PI*r*k   /*计算圆锥表面积,r是底面圆半径,k是母线长*/
#define V-CO(r,h)   PI*r*r*h/3      /*计算圆锥体积,r是底面圆半径,h是圆锥高 */
#define S-CY(r,h)   2*PI*r*(r+h)    /*计算圆柱表面积,r是底面圆半径,h是圆柱高*/
#define V-CY(r,h)   PI*r*r*h        /*计算圆柱体积,r是底面圆半径,h是圆柱高*/
```

编写一个程序 myfi. c，包含文件 hong. h。myfi. c 的内容如下：

```
#include "stdio. h"
#include "math. h"
#include "hong. h"
int main()
{   float x,y,z;
    printf("请输入底面圆半径");   scanf("%f",&x);
```

```
    printf("请输入高");    scanf("%f",&y);
    printf("请输入母线长");    scanf("%f",&z);
    printf("圆锥表面积为%f\n",    S-CO(x,z));
    printf("圆锥体积为%f\n",    V-CO(x,y));
    printf("圆柱表面积为%f\n",    S-CY(x,y));
    printf("圆柱体积为%f\n",    V-CY(x,y));
    return 0;
}
```

【分析】 本题的文件 hong. h 定义了 4 个宏，分别计算圆锥表面积、圆锥体积、圆柱表面积、圆柱体积。程序 myfi. c 包含文件 hong. h，因此可以在 myfi. c 中使用这 4 个宏，从键盘输入实参的值，完成计算。

关于“文件包含”的 3 点说明：

（1）一个 #include 命令只能指定一个被包含文件。也就是说，如果要包含 n 个文件，就必须用 n 个#include 命令。

（2）假设 f1. c、f2. c、f3. c 是 3 个不同的文件，若在 f1. c 中有以下两行命令：

```
#include<f3.c>
#include<f2.c>
```

则在文件 f1. c 中可以用 f2. c 和 f3. c 的内容；在文件 f2. c 中可以用 f3. c 的内容，不必在文件 f2. c 中再使用“#include<f3. c>”命令。

（3）文件包含可以嵌套使用。若在 f1. c 中只有“#include<f2. c>”命令，而在 f1. c 中又要使用 f3. c 的内容，也可以让 f2. c 中出现“#include<f3. c>”命令。

例 7.4 已知文件 wj. txt 包含 2 个函数 fun1 和 fun2，wj. txt 的内容如下：

```
void fun1()              /* 本函数输出斐波那契数列的前 20 项 */
{    int n,fib[20]={1,1};
     for(n=2;n<20;n++)
       fib[n]= fib[n-1]+ fib[n-2];
     for(n=0;n<20;n++)
       printf("%8d",fib[n]);
     return;
}
void fun2()              /* 本函数输出大衍数列的前 20 项 */
{    int n,dy[20];
     for(n=0;n<20;n++)
        if(n%2==1)   dy[n]=(n*n-1)/2;
        else   dy[n]= n*n/2;
     for(n=0;n<20;n++)
       printf("%8d",dy[n]);
     return;
}
```

编写以下程序，以 myfile. c 为文件名保存，然后编译、连接并运行。

```
/* myfile.c 文件内容如下 */
#include<stdio.h>
#include"wj.txt"
int main()
{   printf("输出斐波那契数列的前 20 项");
    fun1();
    printf("输出大衍数列的前 20 项");
    fun2();
    return 0;
}
```

【分析】 本题程序的执行情况是：在编译 myfile.c 时，预处理过程中用 wj.txt 文件的文本替换 myfile.c 中的“#include "wj.txt"”。因此，执行该程序时，主函数调用函数 fun1 和 fun2，先输出斐波那契数列的前 20 项，再输出大衍数列的前 20 项。

斐波那契数列的第 1 项和第 2 项都是 1，从第 3 项开始，每 1 项都等于前两项之和。斐波那契数列的前 20 项是：1、1、2、3、5、8、13、21、34、55、89、144、233、377、610、987、1597、2584、4181、6765。

大衍数列的第 $n(n=1,2,3,\cdots)$ 项满足：若 n 是奇数，则该项等于$\frac{n^2-1}{2}$；若 n 是偶数，则该项等于$\frac{n^2}{2}$。大衍数列的前 20 项是：0、2、4、8、12、18、24、32、40、50、60、72、84、98、112、128、144、162、180、200。

7.3 条件编译

条件编译的含义是：在编译的时候，当满足某条件时就编译某一组语句，当条件不满足时则编译另一组语句，这样一个源程序在不同的编译条件下能够产生不同的目标代码文件。

条件编译命令的格式有以下 3 种。

1. # if 格式

```
# if 表达式
    程序段 1
# else
    程序段 2
# endif
```

作用：当 if 后面的表达式值为真（非 0）时，编译程序段 1；否则，编译程序段 2。这样根据给定的条件（即表达式），程序就可以执行不同的功能。

2. # ifdef 格式

```
# ifdef 标识符
   程序段 1
```

```
# else
   程序段 2
# endif
```

作用：若所指定的“标识符”已被#define 命令定义过，就编译程序段 1，否则编译程序段 2。其中，#else 部分可以没有，即可以是以下格式：

```
# ifdef 标识符
   程序段 1
# endif
```

3. #ifndef 格式

```
# ifndef 标识符
    程序段 1
# else
    程序段 2
# endif
```

作用：若所指定的“标识符”未被定义过，则编译程序段 1，否则编译程序段 2。

例 7.5 请设置条件编译，对于从键盘输入的 100 个整数，可以根据需要求其中偶数的和，或求其中奇数的和。

【分析】 根据要求，本题可以采用上面给出的条件编译的某种格式，例如采用格式 1。

程序代码如下：

```
#include<stdio. h>
#define FLAG 1
int main()
{    int num[100],n,s1=0,s2=0;
     for(n=0;n<100;n++)
        scanf("% d",&num[n]);
     # if FLAG
         for(n=0;n<100;n++)
            if(num[n]%2==0)   s1=s1+num[n];
        printf("% d",s1);
     # else
        for(n=0;n<100;n++)
           if(num[n]%2==1)   s2=s2+num[n];
          printf("% d",s2);
     # endif
     return 0;
}
```

由于 FLAG 为 1，所以该程序编译求偶数的和的那段代码，若 FLAG 为 0，则该程序编译求奇数的和的那段代码。需要注意的是，“# if 表达式”中的表达式是在编译阶段求值的，因此它必须是常量表达式或是利用 #define 语句定义的标识符，而不能是变量。

由于条件编译减少了被编译的语句，因此能减少目标程序的长度，缩短运行时间。

7.4 习　　题

1. 阅读下列程序，写出运行结果。

（1）运行程序，输入 10 个数：10,20,30,40,50,60,70,80,90,100。

```
#include<stdio.h>
#define M 10
int main()
{   int i,s=0,a[M];
    for(i=0;i<10;i++)   scanf("%d",&a[i]);
    for(i=0;i<10;i++)   s=s+a[i];
    printf("%d",s/10);
    return 0;
}
```

（2）
```
#include<stdio.h>
#define M 5
#define N M+2
#define K 2*N-4
int main()
{   int i,s=0;
    for(i=1;i<=K;i++)
     {printf("%4d",i);s=s+i;}
    printf("%4d\n",s);
    return 0;
}
```

（3）运行程序，输入“30”“60”。

```
#include<stdio.h>
#define MAX(x,y) (x)>(y)?(x):(y)
int main()
{   int a,b,m;
    scanf("%d,%d",&a,&b);      m=MAX(a,b);
    printf("%d",m);
    return 0;
}
```

（4）运行程序，输入“10”。

```
#include<stdio. h>
#define PI 3. 1415926
#define V(r) 4. 0/ 3 * PI * r * r * r
int main()
{    float a,t;   scanf("% f",&a);
     t=V(a);
         printf("% f\n",t);
         return 0;
        }
```

（5）运行下面的程序，输入“A”。

```
#include<stdio. h>
#define GS " % c,% d,% o,% x\n"
int main()
  {    char a;      a=getchar();
       printf(GS,a,a,a,a);
       return 0;
  }
```

（6）

```
#include<stdio. h>
#define PF1(n) n * n+2 * n
#define PF2(n) (n) * (n)+2 * (n)
int main()
{    int i=1,j=3;
     while(i<=3)
        {printf("% 5d ",PF1(i+j));
         printf("% 5d\n ",PF2(i+j));
         i++;
        }
     return 0;
}
```

（7）

```
#include<stdio. h>
#define M 3
#define N M+4
int main()
{    int i,j,s,a[M][2 * N]={1,2,3,4,5,6,7,8,9,10,11,12,13,14,15,16,17,18,19,20,
                           21,22,23,24,25,26,27,28,29,30};
       for(i =0;i<M;i++)
           { for(s=0,j=0;j<2 * N;j++)   s=s+a[i][j];
              printf("% d \n",s);
           }
       return 0;
}
```

2. 编写程序。

（1）分别用函数和带参数的宏编写：输入圆的半径，计算圆的周长和面积。

（2）分别用函数和带参数的宏编写：输入 4 个数，计算这 4 个数的平均值。

（3）分别用函数和带参数的宏编写：输入梯形的上底、下底和高，计算梯形的面积。

（4）分别用函数和带参数的宏编写：分别为整型变量 a、b、c 输入大于 0 的值，判断 a、b、c 能否构成三角形。

扫描二维码获取习题参考答案

第 8 章

指　　针

指针是 C 语言的特色之一，在 C 程序设计中，指针被广泛使用。使用指针，可以直接操作地址，可以使程序简洁、高效。本章主要介绍指针的概念、指针和数组的关系、指针与函数的关系等内容。

8.1　指针的基本概念

访问一个变量（访问是指取出其值或向它赋值）可以采用以下两种方式：

（1）直接访问：通过变量名访问，如通过变量名 n 直接访问变量 n。

（2）间接访问：通过指向变量 n 的指针变量 p 来访问变量 n。

在前面各章中，访问一个变量都是采用直接访问方式。例如，对于 int 型变量 n，可以使用“n=23;”或“scanf("%d",&n);”或“printf("%d",2 * n+3);”等直接方式访问变量 n。

本章介绍间接访问变量方式，即通过一个指针变量 p 来访问 int 型变量 n。

8.1.1　变量的地址

程序在执行过程中，所用到的数据都存于内存中。内存的基本单位是字节。为了方便访问内存，内存的每字节都有一个编号，这个编号就是内存的地址。

对于编写 C 程序时使用的每个变量，系统都要在内存中为其分配一定数量的内存单元。例如，定义 int 型变量 n 之后，系统在内存中要为 n 分配 4 字节的内存单元。

当一个变量占用多字节的内存单元时，以首地址来表示该变量的地址。如图 8.1 所示，int 型变量 n 占用内存 4 字节（假设地址编号分别为 3000、3001、3002、3003），则将首地址 3000 作为变量 n 的地址。

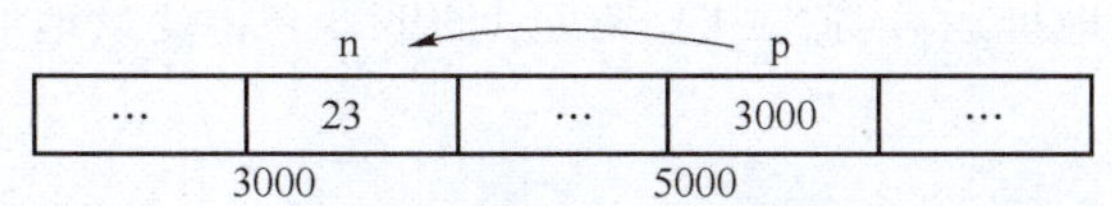

图 8.1 地址与指针变量

为变量 n 赋值就是将数据存入 n 对应的内存单元。如图 8.1 所示，执行“n=23;”后，这 4 字节中存放的是整型数据 23。使用变量 n 时，按照变量 n 所占用的内存单元的地址 3000，从该地址 3000 所对应的内存单元（4 字节）中取出变量 n 的值 23。

在程序执行过程中，由于是通过变量的地址来找到存储变量值的内存单元从而取得变量的值，因此将变量的地址又称为变量的指针。

如图 8.1 所示，变量 p 占用内存 5000~5003 这 4 个字节，并在这 4 个字节中存放变量 n 的地址，即变量 p 存放了地址 3000。这种存放另一个变量地址的变量称为指针变量。当 p 中存储的是变量 n 的地址（即变量 n 的指针）时，称指针变量 p 指向 int 型变量 n。

8.1.2 指针变量的定义

指针变量是一个特殊的变量，用于存放其他变量的地址，即指针变量的值是另一个变量的地址。

在使用指针变量前，需要对其进行定义。指针变量定义的一般格式如下：

```
类型标识符 *标识符;
```

其中，“类型标识符”表示该指针变量所指向的变量的类型；“标识符”是指针变量名；标识符前面的符号 * 表示定义指针变量。例如：

```
int *p1;          /*定义指针变量p1,p1指向int型变量*/
float *p2;        /*定义指针变量p2,p2指向float型变量*/
char *p3;         /*定义指针变量p3,p3指向char型变量*/
```

在定义指针变量的同时，也可以对其进行初始化。例如：

```
int n;
int *p=&n;
```

在进行初始化之后，指针变量 p 中存储了变量 n 的地址。

注意：变量 n 的定义应位于指针变量 p 的定义之前。

定义指针变量时，应该注意以下问题：

（1）在定义格式中，标识符前的 * 只是一个符号，表示其后的变量是一个指针变量。

（2）指针变量的类型必须与其指向的变量类型一致，否则会出错。

例如，以下定义是错误的：

```
float x;
char *p1=&x;
```

8.1.3 指针变量的引用

在引用指针变量进行间接访问时，会经常使用运算符 & 和运算符 *。

（1）运算符 & 是取地址运算符，用于取变量的地址，将变量地址存放于指针变量中。例如：

```
int n, *p1;
p1=&n;
```

表示取变量 n 的地址赋给指针变量 p1。

（2）运算符 * 是指针运算符，用于访问指针变量所指向的变量。

例如：

```
int n, *p1;
p1=&n;
*p1=36;
```

其中，*p1 与 n 等价，可用间接方式访问 n，即用 *p1 代表 n。语句“*p1=36;”与“n=36;”等价。

执行下面的代码后，指针变量 p1 指向变量 n。

```
int n=36;
int *p1;
p1=&n;
```

这时，可以用以下两种方式访问变量 n：

直接访问：如“printf("%d",n);”，输出“36”。

通过指针变量间接访问：如“printf("%d",*p1);”，输出“36”。

例 8.1 分析指针变量的引用情况。

程序代码如下：

```
#include<stdio.h>
int main()
{   int m=30,n=60,*p;
    p=&m;                                   /*p 指向 m*/
    printf("%d,%d\n",m,*p);                 /*m 与 *p 等价*/
    *p=230;
    printf("%d,%d\n",m,*p);
    p=&n;                                   /*p 指向 n*/
    *p=780;
    printf("%d,%d\n",n,*p);                 /*n 与 *p 等价*/
    return 0;
}
```

程序运行结果：

```
30,30
230,230
780,780
```

【分析】 执行语句“p=&m;”后，*p 与 m 等价，所以语句“printf("%d,%d\n",m,*p);”输出了两个 30。执行语句“*p=230;”后，m 也是 230，所以执行语句“printf("%d,%d\n", m, * p);”之后，输出了两个 230。执行语句“p=&n;”之后，* p 与 n 等价，接着执行语句“* p=780;”，n 的值也是 780，然后执行“printf("%d,%d\n",n, * p);”，输出了两个 780。

由此可知，同一个指针变量可先后指向不同的变量，如 p 先后指向 m 与 n。

例 8.2 分析下列程序的运行情况。

程序代码如下：

```
#include<stdio.h>
int main()
{   int count=1000, * p1;              /* 定义指向 int 型数据的指针变量 p1 */
    float e=3.14, * p2;                /* 定义指向 float 型数据的指针变量 p2 */
    char charact ='#', * p3;           /* 定义指向 char 型数据的指针变量 p3 */
    p1=&count;                         /* p1 指向变量 count */
    p2=&e;                             /* p2 指向变量 e */
    p3=&charact;                       /* p3 指向变量 charact */
    printf("count=%d, * p1=%d\n",count, * p1);
    printf("e=%4.2f, * p2=%4.2f\n",e, * p2);
    printf("charact=%c, * p3=%c\n",charact, * p3);
    return 0;
}
```

程序运行结果：

```
count=1000, * p1=1000
e=3.14, * p2=3.14
charact=#, * p3=#
```

【分析】 执行语句“p1=&count;”后，count 和 * p1 等价。执行语句“p2=&e;”后，e 和 * p2 等价。执行语句“p3=&charact;”后，charact 和 * p3 等价。

例 8.3 使用指针变量编写：交换两个变量的值。

程序代码如下：

```
#include<stdio.h>
int main()
{   int a,b,c, * p1, * p2;
    p1=&a;
    p2=&b;                                  /* p1 指向 a,p2 指向 b */
    printf("输入整型变量 a 和 b 的值:");
    scanf("%d,%d",p1,p2);                   /* 直接方式为“scanf("%d,%d",&a,&b);” */
    printf("交换前 a 和 b 的值分别是:");
    printf("%d,%d \n", * p1, * p2);         /* 直接方式为“printf("%d,%d \n",a,b);” */
    c= * p1;
    * p1= * p2;
    * p2=c;                                 /* 直接方式为“c=a;a=b;b=c;” */
    printf("交换后 a 和 b 的值分别是:");
    printf("%d,%d \n", * p1, * p2);
    return 0;
}
```

程序运行情况如下（假设为 a 和 b 分别输入“5”和“8”）：

```
输入整型变量 a 和 b 的值:5,8↙
交换前 a 和 b 的值分别是:5,8
交换后 a 和 b 的值分别是:8,5
```

【分析】 定义“int a,b,c,*p1,*p2;”后，可以执行语句“p1=&a;p2=&b;”，使得 a 与*p1 等价，b 与*p2 等价，然后可以采用间接方式“scanf("%d,%d",p1,p2);”为 a 和 b 赋值，用语句“c=*p1;*p1=*p2;*p2=c;”来交换 a 和 b 的值，用语句“printf("%d,%d \n",*p1,*p2);”输出交换前后 a 和 b 的值。

8.2 指针与一维数组

数组和指针变量关系密切，在程序中经常用指针变量来处理一维数组。数组名代表该数组所占内存单元的首地址。当一个指针变量指向数组后，对数组元素的访问既可以使用数组下标，又可以使用指针变量。用下标访问数组元素时，程序清晰；用指针变量访问数组元素时，程序的效率高。

8.2.1 指向一维数组的指针变量

当定义一个一维数组 a 后，系统为数组 a 的所有元素分配固定的内存空间，数组名 a 本身就代表了该数组所占用的固定的内存空间的首地址，这个首地址是一个地址常量，即数组名 a 代表一个地址常量。

一维数组每个元素的地址都可以通过数组名 a 加下标值来取得。a（即 a+0）代表数组元素 a[0]的地址，a+1 代表数组元素 a[1]的地址，a+2 代表数组元素 a[2]的地址，……，a+i 代表数组元素 a[i]的地址。*(a+0)的值即 a[0]的值，*(a+1)的值即 a[1]的值，*(a+2)的值即 a[2]的值，……，*(a+i)的值即 a[i]的值。

如果定义一个指针变量，使其指向一个一维数组的首地址，或指向某个数组元素的地址，则称该指针变量为指向一维数组的指针变量。

在 8.1 节已经介绍了定义指向普通变量的指针变量，指向数组的指针变量的定义与指向普通变量的指针变量的定义方法相同。例如：

```
int a[10],*p;
```

完成该定义之后，可以使用以下两种语句中的一种将指针变量 p 指向数组的首地址：

```
p=a;
p=&a[0];
```

指针变量也可以存放其他数组元素的地址，指向数组的其他元素。例如：

```
int *p1;
int a[10]={11,22,33,44,55,66,77,88,99,100};
p1=&a[0];   printf("%5d ",*p1);
p1=&a[3];   printf("%5d ",*p1);
p1=&a[9];   printf("%5d ",*p1);
```

执行该程序段之后，指针 p1 先后指向 a[0]、a[3]、a[9]。每次输出 * p1，即输出了数组元素 a[0]、a[3]、a[9]的值 11、44、100。

对于上面所写 &a[i] 的表示形式，由于数组元素访问运算符[ ]的优先级更高，所以这里不必写成 &(a[i])的形式。

8.2.2 通过指针引用一维数组元素

数组在定义和初始化后，就可以通过数组的下标来引用数组元素，这已在介绍数组知识时做了详细介绍。此外，还可以通过数组名来引用数组元素。若定义了指向数组的指针变量，则可以通过指针变量来引用数组元素。

例如，通过数组的下标来引用数组元素：

```
int a[10]={1,2,3,4,5,6,7,8,9,10};
for(i=0;i<10;i++)   printf("%5d",a[i]);
```

也可以通过数组名来访问数组元素。例如：*(a+0)(即 *(a))与 a[0]等价，*(a+1)与 a[1]等价，*(a+2)与 a[2]等价，……，*(a+i)与 a[i]等价。注意：使用数组名时，不能用 a++的方式，因为 a 是地址常量，而常量是不能用 a++重新赋值的。

例如，通过数组名来引用数组元素：

```
int a[10] = {1,2,3,4,5,6,7,8,9,10};
for(i=0;i<10;i++)   printf("%5d",*(a+i));
```

如果定义了指针变量 p(如 int *p;)，并使 p 指向数组 a 的首地址（即 p=a)，则可以用指针变量来访问数组元素，*(p+0)（即 *(p)）与 a[0]等价，*(p+1)与 a[1]等价，*(p+2)与 a[2]等价，……，*(p+i)与 a[i]等价。

例如，通过指针变量来引用数组元素，输出数组 a 的 10 个元素值：

```
int a[10] = {1,2,3,4,5,6,7,8,9,10};
int *p;   p=a;
for(i=0;i<10;i++)   printf("%5d",*(p+i));
```

如图 8.2 所示。p 指向数组的第一个元素 a[0]，则 p+1 指向数组元素 a[1]，p+2 指向数组元素 a[2]，照此类推，p+i 指向数组元素 a[i]。由于 *(p+i)与 a[i]等价，因此可以使用 *(p+i)来访问元素 a[i]。

p+i 等价于 a+i，都表示元素 a[i]的地址。

指向数组的指针变量 p 也可以带下标，如 p[i]，它与 *(p+i)等价，表示元素 a[i]。

综上所述，在指针变量 p 指向数组 a 时，可以得到表示数组元素 a[i]的 4 种方式：a[i]、*(a+i)、*(p+i)、p[i]。此外，还可以得到表示数组元素 a[i]地址的 4 种方式：&a[i]、a+i、p+i、&p[i]。

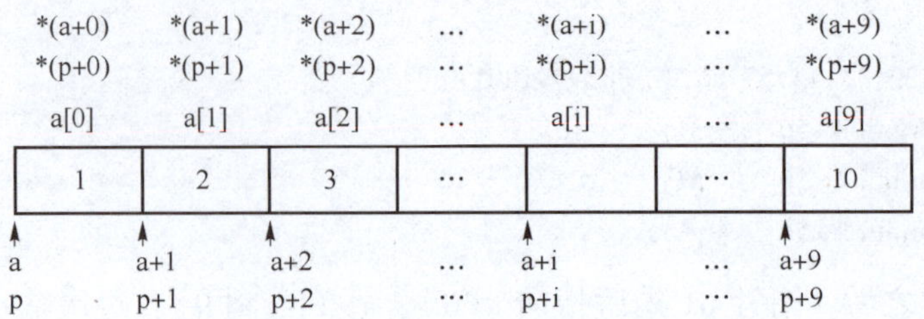

图 8.2　通过指针引用数组元素

在使用指向数组的指针变量时，应注意如何理解指针变量 p+1。对于 Visual C++和C-Free等系统来说，如果数组元素是 short 型，则 p+1 所表示的地址是 p 的地址值加 2 字节；如果数组元素是 int 型或 long 型或 float 型，则 p+1 所表示的地址是 p 的地址值加 4 字节；如果数组元素是 double 型，则 p+1 所表示的地址是 p 的地址值加 8 字节；如果数组元素是 char 型，则 p+1 所表示的地址是 p 的地址值加 1 字节。其他系统不一定如此（如 Turbo C），编程时需要参考其他系统的说明书来理解 p+1。

当指针变量 p 中存储的是数组 a 的首地址（p=a）时，执行 p++后，p 中存储的是数组元素 a[1] 的地址，再次执行 p++后，p 中存储的是数组元素 a[2] 的地址，照此类推。

如果数组元素是 short 型，则执行 p++后，p 中存储的地址是 p 中原来存储的地址值加 2 字节；如果数组元素是 int 型或 long 型或 float 型，则执行 p++后，p 中存储的地址是 p 中原来存储的地址值加 4 字节；如果数组元素是 double 型，则执行 p++后，p 中存储的地址是 p 中原来存储的地址值加 8 字节；如果数组元素是 char 型，则执行 p++后，p 中存储的地址是 p 中原来存储的地址值加 1 字节。

假设 p 中存储的是元素 a[i](i>1) 的地址，根据以上所述，读者可以思考如何理解 p-1、p--。

例 8.4　使用指向数组的指针变量，计算数组元素的平均值。

【分析】　定义数组和指针变量后，让指针变量指向数组，循环求和。

程序代码如下：

```
#include<stdio.h>
int main()
{    int a[10], *p,k;    float aver=0;
     p=a;
     for(k=0;k<10;k++)
        {scanf("%d",p+k);              /* p+k 等价于 &a[k] */
         aver=aver+*(p+k);             /* *(p+k)等价于 a[k] */
        }
     aver=aver/10;
     for(k=0;k<10;k++)
        printf("%d ",*(p+k));          /* *(p+k)等价于 a[k] */
     printf("\n 平均值=%f \n",aver);
     return 0;
}
```

在该程序运行过程中，指针变量 p 的值不变化。也可以让指针变量 p 的值变化，按顺序分别指向每个数组元素，见例 8.5。

例 8.5 分析程序中的指针变量的使用情况。

程序代码如下：

```
#include<stdio.h>
int main()
{   int a[10], *p=a,i;   float aver=0;
    for(i=0;i<10;i++,p++)           /*执行p++后,p指向数组的下一个元素*/
        {  scanf("%d",p);           /* p等价于&a[i],本语句输入p当前所指向的数组元素值*/
           aver=aver+*p;            /* *p等价于a[i]*/
        }
    aver=aver/10;
    p=a;                            /*使p重新指向数组的第一个元素*/
    for(i=0;i<10;i++,p++)
        printf("%d  ",*p);          /*a[i]等价于*p*/
    printf("\n平均值=%d \n",aver);
    return 0;
}
```

【分析】 在第一个 for 循环中输入数组元素的值，指针变量 p 存放当前所指向的数组元素的地址（即 &a[i]），循环每次执行 p++后，指针变量 p 指向数组的下一个元素。第一个 for 结束时，变量 aver 中存放 10 个数组元素之和。使用第二个 for 循环输出数组元素的值（即 *p，*p 与 a[i]等价）之前，一定要让指针变量 p 重新指向数组的第一个元素（即执行语句“p=a;”），否则会出错。

通过例 8.4 和例 8.5 可以看出：使用指针变量 p 引用数组元素时，既可以用 p+i 方式，也可以用 p++方式。用 p+i 方式时，p 的值不变（p 中存放数组首地址）。用 p++方式时，p 的初值是数组首地址（a[0]的地址），后续按顺序取其他数组元素的地址。这两种方式都可以按顺序访问数组的每个元素。

8.2.3 指针使用的几个细节

在使用指针时，应注意以下细节。

（1）指针初始化。

在定义指针变量时，可以用合法的指针值对它进行初始化。例如：

```
int n, *p = &n;
```

（2）空指针。

空指针是一个特殊的值，也是唯一一个对任何指针类型都合法的值。一个指针变量具有空值，表示它当时没有被赋予有意义的地址，处于闲置状态。

空指针值用 0 表示。将空值赋予一个指针变量，说明该指针变量不再是一个不确定的值，而是一个有效的值。

为了提高程序的可读性，C 语言标准库定义了一个与 0 等价的符号常量 NULL，当 p 是一个指针变量时，在程序中可以写成以下两种形式：

```
p= NULL;
p = 0;
```

这两种写法都是将指针 p 置为空指针值，前一种写法使读程序的人容易意识到这里是一个指针赋值。采用前一种写法时，必须通过 #include 包含相应的标准头文件。

（3）如果指针变量 p 指向数组 a 的元素 a[i]（即 p=& a[i]），则需要注意以下几点：

➢ *(p--)相当于 a[i--]，先取 *p，再使 p 减 1。

➢ *(++p)相当于 a[++i]，先使 p 加 1，再取 *p。

➢ *(--p)相当于 a[--i]，先使 p 减 1，再取 *p。

（4）如果指针变量 p 指向数组 a 的首地址（即 p=a），则需要注意以下几点：

➢ 执行 p++（或 p+= 1）后，p 指向数组的下一个元素。

➢ *p++相当于 *(p++)。因为 * 和++的优先级相同，++是右结合运算符。

➢ *(p++)与 *(++p)的作用不同。*(p++)为先取 *p，再使 p 加 1；*(++p)为先使 p 加 1，再取 *p。

➢ (*p)++表示 p 指向的数组元素值加 1。

（5）如果两个指针变量 p、q 指向同一个数组，那么可以对两个指针变量进行比较。若 q>p，则 q 所指的数组元素位于 p 所指的数组元素之后；若 q<p，则 q 所指的数组元素位于 p 所指的数组元素之前。若两个指针指向不同的数组，则对它们的比较没有意义。

（6）当两个指针变量指向同一数组时，可以求它们的差，得到的结果是对应的两个数组元素的下标之差（可能是负整数）。例如，对于指针变量 p 和 q，执行语句“n=p-q;”，整型变量 n 中存储的是一个带符号整数。当 p、q 指向不同数组时，它们的差没有意义。

8.3 指针与字符串

在介绍数组知识时，介绍了用字符数组来处理字符串，其实也可以用字符型指针变量来处理字符串。字符串在内存中的起始地址称为字符串的指针，可以定义一个字符型指针变量来指向一个字符串。

8.3.1 使用指针处理字符串

在本章之前处理字符串时，使用字符数组。学习了本章知识后，可以使用指针变量来处理字符串。

下面的程序是使用第 5 章中介绍的字符数组来输出一个字符串。

```
#include<stdio.h>
int main()
{    char str[ ] = "We do something by computer. ";
     printf("%s\n",str);
     return 0;
}
```

程序运行结果如下：

```
We do something by computer.
```

下面的程序是使用字符型指针变量来输出一个字符串：

```
#include<stdio.h>
int main()
{    char *pstr =" We do something by computer. ";
     printf("%s\n",pstr);
     return 0;
}
```

在该程序中，pstr 是一个字符型指针变量，在上面初始化 pstr 的语句“char *pstr = " We do something by computer. ";”等价于以下两条语句：

```
char *pstr;
pstr = " We do something by computer. ";
```

这两条语句首先定义指针变量 pstr，然后将字符串常量的首地址赋给指针变量 pstr。注意：不要理解为将字符串常量赋值给了指针变量 pstr。例如，写成下面的形式是错误的：

```
*pstr =" We do something by computer. ";
```

由此可知，既可以使用字符型数组处理字符串，又可以使用字符型指针变量处理字符串。

字符型数组与字符型指针变量两者的概念不同，字符型数组可以存放字符串的每个具体的字符值，而字符型指针变量是存放字符串的首地址（也可以存放字符串中某个字符的地址）。

对于字符型数组与字符型指针变量，都可以使用%s 格式控制符进行整体输入输出。

例 8.6 分析下面程序中使用字符型指针变量的情况。

程序代码如下：

```
#include<stdio.h>
int main()
{    char *pc,str[30]={" We expect you to be with us. "};   /*单词之间只有一个空格*/
     int n=0;
     pc=&str[0];
     while(*pc!= '\0')
        { if(*pc==32)
             n++;                                            /*空格的 ASCII 码值为 32*/
          pc++;
```

```
    }
    printf("n=%d\n",n);
    return 0;
}
```

程序运行结果如下：

```
n=6
```

【分析】 循环前，字符型指针变量 pc 指向数组 str 中存放的字符串的第一个字符，即存放字符 'W' 的地址，循环的条件是“ *pc!= '\0' ”，循环依次处理数组 str 中存放的每个字符，并统计该字符串中空格的个数。

8.3.2 字符型指针变量作函数参数

从一个函数将一个字符串传递到另一个函数，可以用字符数组名或字符型指针变量作为参数。共有以下 4 种情况：

（1）字符型数组名作实参和形参。

（2）字符型指针变量作实参，字符型数组名作形参。

（3）字符型指针变量作实参和形参。

（4）字符型数组名作实参，字符型指针变量作形参。

例 8.7 以字符型数组名作实参和形参，在被调函数中统计字符个数。

【分析】 可以定义函数 tongji 完成字符统计，在主函数中使用语句“sum=tongji(a);”调用函数 tongji，用字符型数组名 a 作实参。被调函数的形参是字符型数组名 str。在被调函数中完成字符统计之后，用 return 语句返回统计值。

程序代码如下：

```
#include<stdio.h>
int tongji(char str[ ])
{   int n=0,;
    while(str[n] != '\0')
        n++;
    return n;
}
int main()
{   char a[40] = "You are reading a book";
    int sum;
    printf("%s\n ",a);
    sum= tongji(a);
    printf("%d\n",sum);
    return 0;
}
```

例 8.8 以字符型指针变量作实参、数组名作形参，在被调函数中分别统计字符串中的英文字符的个数、数字字符的个数以及其他字符的个数。

【分析】　可以定义函数 jisuan 完成统计个数工作，主函数使用语句“jisuan(p);”调用函数 jisuan，实参可以是字符型指针变量 p。被调函数 jisuan 的形参是字符型数组名 str。在函数 jisuan 中完成统计个数工作，然后输出统计结果。

程序代码如下：

```
#include<stdio.h>
void jisuan(char str[ ])
{   int n=0,i=0,j=0,k=0;
    while(str[n] != '\0')
      {if(('a'<=str[n] && str[n]<='z')||('A'<=str[n] && str[n]<='Z'))  i++;
        else if('0'<=str[n] && str[n]<='9')  j++;
        else k++;
        n++;
      }
    printf("%d,%d,%d\n",i,j,k);
    return;
}
int main()
{   char *p,a[40];  p=a;
    scanf("%s",p);
    printf("%s\n",p);
    jisuan(p);
    return 0;
}
```

例 8.9　以字符型指针变量作实参和形参，完成字符串的连接。

【分析】　可以定义函数 link 完成字符串的连接，主函数中的语句“link(p1,p2);”的作用是调用函数 link，其实参可以是字符型指针变量 p1 和 p2。被调函数 link 的形参是字符型指针变量 str1 和 str2。在函数 link 中完成字符串的连接，调用函数 link 后，输出连接后的结果。

程序代码如下：

```
#include<stdio.h>
void link(char *str1,char *str2)
{   int i=0,j=0;
    while(*(str1+i)!='\0')  i++;
    while(*(str2+j)!='\0')  /*将 str2 指向的字符串接在 str1 指向的字符串的后面*/
        {*(str1+i)=*(str2+j);
          j++;  i++;
        }
     *(str1+i)='\0';
    printf("%s\n%s\n",str1,str2);
    return;
}
```

```
int main()
{   char  * p1, * p2;
    p1 = "We do something  ";
    p2 = "by computer. ";
    printf("%s\n%s\n",p1,p2);
    link(p1,p2);
    printf("%s\n%s\n",p1,p2);
    return 0;
}
```

例 8.10 以字符数组名作实参、字符型指针变量作形参，将字符串中的空格用字符 # 替换。

【分析】 可以定义函数 replace 完成替换工作，主函数中使用语句“replace(a);”调用函数 replace，实参是字符数组名 a。被调函数 replace 的形参是字符型指针变量 str。在函数 replace 中完成字符的替换后，输出替换后的字符串。

程序代码如下：

```
#include<stdio.h>
#include<string.h>
void replace(char  * str)
{   int i=0;
    while( * (str+i)!= '\0' )
      {if( * (str+i)==32)            /* 空格的 ASCII 码值为 32 */
          * (str+i)= '#' ;
        i++;
      }
    puts(str);                       /* 输出替换后的字符串:We#do#something#by#computer. */
    return;
}
    int main()
     {   int i;   char a[20];
         gets(a);                  /* 例如输入:We do something by computer. */
         puts(a);   replace(a);
         for(i=0;a[i]!= '\0' ;i++)   printf("%c",a[i]);      /* 输出替换后的字符串 */
         printf("\n");
         return 0;
     }
```

8.3.3 字符指针变量与字符数组的区别

虽然字符型指针变量和字符型数组都能实现字符串的存储和处理，但二者有区别。

（1）存储内容不同。

字符型指针变量中可以存储字符串的首地址（或者字符串中某个字符的地址），而字符型数组中存储的是字符串本身（数组的每个元素存放一个字符）。

（2）赋值方式不同。

可以采用下面的赋值语句，为字符型指针变量赋值。

```
char *pc;
pc=" We are reading a book ";
```

对于字符型数组，虽然定义时可以初始化，但不能用赋值语句进行整体赋值。例如，下面的用法是错误的。

```
char str[30];
str=" We are reading a book";/*错误用法*/
```

（3）指针变量的值可以改变，字符型指针变量的值也可以改变；而数组被定义之后，系统为数组分配固定的存储单元，数组名代表数组的起始地址，是一个常量，常量是不能被改变的。

例如，下面的用法是允许的，语句“a=a+3;”改变 a 的值，执行后输出“are reading a book”。

```
char *a =" We are reading a book ";
a=a+3;puts(a);
```

然而，在下面语句中，语句“a=a+3;”是错误的。因为 a 代表数组的起始地址，a 是一个常量。

```
char a[30]=" We are reading a book ";
a=a+3;puts(a);
```

8.4 指针与二维数组

通过前面的学习可以看到，指针变量可以存放一维数组的地址，指向一维数组。同样，指针变量可以存放二维数组的地址，指向二维数组；指针变量可以存放多维数组的地址，指向多维数组。指向二维数组或多维数组的指针更复杂一些。

8.4.1 二维数组的指针

二维数组的元素在内存中按行的顺序存放。可以将二维数组看成由几个一维数组作为元素组成的一维数组。例如：

```
int a[3][4]={{1,2,3,4},{5,6,7,8},{9,10,11,12}};
```

其定义的数组 a 由 12（即 3×4）个数组元素构成，这 12 个数组元素按行的顺序存放，如图 8.3 所示。可以将 a 看作一维数组，它由 3 个数组元素（a[0]、a[1]、a[2]）组成（每个元素都是一个一维数组）。a[0]、a[1]、a[2]都是一维数组名。

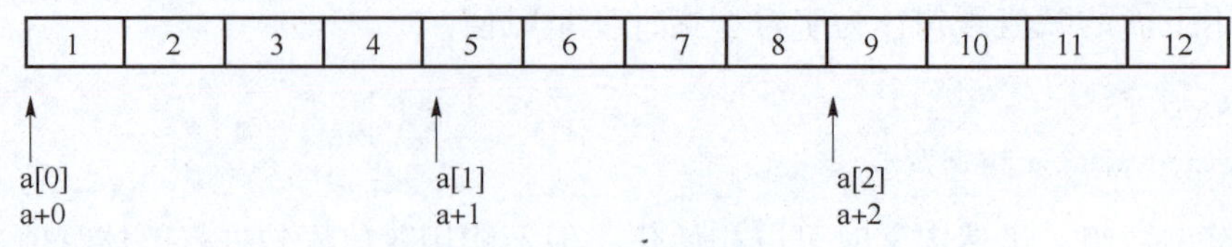

图 8.3　二维数组的地址

可以将二维数组的地址（或指针）分为两种：一种用来表示真实的数组元素的地址，称为元素地址，也就是元素的指针；另一种用来表示数组的每一行的地址，称为行地址，也就是行指针。

二维数组 a 中的元素 a[i][j]的地址(或指针)可以用 &a[i][j]来表示。

由于可将二维数组看作由几个一维数组作为元素组成的一个一维数组（就是将二维数组的每一行看作一个一维数组），可以将 a[i]看作一维数组名。由一维数组与指针的关系可知：元素 a[i][j]的地址（或指针）可以用 a[i]+j 来表示。

数组名代表数组的首地址，二维数组名 a 是一个行地址。

a+0、a+1、a+2 分别是二维数组 a 中下标为 0、1、2 行的首地址，就是以 a[0]、a[1]、a[2]为一维数组名的行地址，即 a(a+0)是一维数组 a[0]的首地址，a+1 是一维数组 a[1]的首地址，a+2 是一维数组 a[2]的首地址，如图 8.3 所示。

如果 x 是一维数组名，x[i]为 x 数组中的一个元素，那么 x[i]等价于 *(x+i)。

同样，将二维数组 a 看成一维数组，a 是数组名，a[i]为 a 数组的一个元素，那么 a[i]等价于 *(a+i)。

所以，二维数组 a 中的元素 a[i][j]的地址(或指针)既可以用 a[i]+j 来表示，也可以用 *(a+i)+j 来表示。

综上所述，二维数组 a 中元素 a[i][j]的地址（或指针）可以有以下几种表示形式：

```
&a[i][j],a[i]+j, *(a+i)+j
```

与之对应，数组元素 a[i][j]可以表示成以下几种形式：

```
a[i][j], *(a[i]+j), *(*(a+i)+j)
```

8.4.2　行指针变量

可以将二维数组的每行看成一个元素，从而将一个二维数组看成一个一维数组，这个特殊的一维数组的每个元素实际上是原来二维数组的一行，即二维数组的每一行是一个一维数组，这个一维数组的首地址就是二维数组的某一行的首地址。

为了存放“行地址”，引入行指针变量的概念，用行指针变量存放二维数组中某一行的首地址。

行指针变量的定义格式如下：

```
类型标识符 (*行指针变量名)[数组长度];
```

例如，定义行指针变量 p：

```
int (*p)[4];
```

在使用上面格式定义行指针变量时，格式“（*行指针变量名）”中的小括号不能省略，否则成了指针数组（指针数组的内容在8.5节介绍）。

定义行指针变量“int (*p)[4];”之后，p就是指向一维数组的行指针变量，（*p）代表p所指向的一个一维数组（该数组含有4个元素）。

例如，在下面的代码中，p为指向含有4个元素的一维数组的行指针变量；a为3行4列的二维数组，即每行是含有4个元素的一维数组。

```
int (*p)[4];
int a[3][4]={{1,2,3,4},{5,6,7,8},{9,10,11,12}};
p=a;
```

二维数组名是一个地址常量，语句“p=a;”的作用是将数组a的首地址赋给p，使行指针变量p指向该二维数组的首行（将每行看成一个一维数组，二维数组的首行是数组名为a[0]的一维数组，p现在指向数组名为a[0]的一维数组）。

可以通过行指针变量表示二维数组的首地址、行地址、元素地址、元素等。假设行指针变量p指向二维数组a的第i行，即p=a[i]（或p=a+i），则有以下几个事实。

（1）p：等价于a+i，指向第i行的首地址。

（2）p+1：等价于a+i+1，指向第i+1行的首地址。

（3）p++：p向后移动一行，等价于a+i+1。

（4）*p：第i行的第0个元素的地址，等价于*(a+i)或a[i]。

（5）*p+j：第i行中的第j列元素的地址，等价于*(a+i)+j、a[i]+j、&a[i][j]。

（6）*(*p+j)：第i行第j列元素的值，等价于*(*(a+i)+j)、*(a[i]+j)、a[i][j]。

例8.11　使用行指针变量输出二维数组中某一行的所有元素的值。

【分析】　定义数组x和指针变量p后，使用“p=x;”让p指向数组的第一行，然后给定行数值row，通过循环变量n，输出该行的每个元素的值*(*(p+row)+n)。

程序代码如下：

```
#include<stdio.h>
 int main()
  {   float x[3][5]={{1,2,3,4,5},{6,7,8,9,10},{11,12,13,14,15}};
      float (*p)[5];                          /*定义行指针变量p*/
      int n,row;
      p=x;
      printf("请输入行数(0,1,2)= ");scanf("%d",&row);
      for(n=0;n<5;n++)
        printf("x[%d][%d] = %d,",row,n,*(*(p+row)+n));
      return 0;
}
```

程序运行结果：

```
请输入行数(0,1,2)= 1↙
x[1][0]=6,x[1][1] = 7,x[1][2]=8,x[1][3]=9,x[1][4]=10,
```

若不使用行指针变量，则输出某一行的所有元素值时，可以直接使用数组名 x，将程序中的 *(*(p+row)+n)改为 *(*(x+row)+n)，也可以输出第 row 行的所有数组元素值。

8.4.3 二维数组的指针作函数参数

一维数组的指针可以作为函数的参数，同样，二维数组的指针也可以作为函数的参数。

例 8.12 某销售公司有 100 名销售员，从键盘输入每名销售员某年的 12 个月的销售额。根据给定的销售员编号（设编号分别为 0、1、2、3、4、…、99），计算该销售员 12 个月的销售额平均值，输出该销售员 12 个月的销售额以及平均值。

【分析】 将 100 名销售员 12 个月的销售额存放在二维数组 sell[100][12]中。编写 1 个函数 fun 完成计算和输出任务，定义行指针变量 p(int (*p)[12];)作为函数 fun 的形参，让 p 指向二维数组 sell[100][12]的首地址。主函数调用 fun（数组名 sell 作实参）。

程序代码如下：

```
#include<stdio.h>
#define N 100
void fun(int(*p)[12],int n)
{   int i,sum=0;
    for(i=0;i<12;i++)                     /*计算某销售员12个月的销售额的总和*/
      sum=sum+*(*(p+n)+i);
    printf("该销售员每个月的销售额为\n",);
    for(i=0;i<12;i++)
      printf("  %d,",*(*(p+n)+i);         /*输出某销售员12个月的销售额*/
    printf("\n该销售员12个月的销售额平均值为%f\n ",sum/12.0);
}
int main()
{   int i,j,k,sell[N][12];               /* 数组每行存放一名销售员12个月的销售额*/
    printf("输入每名销售员12个月的销售额\n");
    for(i=0;i<N;i++)
      for(j=0;j<12;j++)
        scanf("%d",&sell[i][j]);
    printf("输入需要计算销售额平均值并输出销售额的销售员编号(0,1,2,3,…,99):");
    scanf("%d",&k);
    fun(sell,k);
    return 0;
}
```

数组名 sell 传递给行指针变量 p，p 指向二维数组的首地址，k 传递给 n，*(p+n)是第 n 行的首地址，*(p+n)+i 是该行的第 i 列（i=0,1,2,…,12）的元素地址。

8.5 指针数组与多级指针

8.5.1 指针数组

指针数组是一个特殊的数组，它的每个数组元素都是一个指针变量。

指针数组的定义格式如下：

```
类型标识符 *数组名[数组长度]
```

例如：

```
int *p[5];
```

上面定义了指针数组 p，数组 p 有 5 个元素，即 p[0]、p[1]、p[2]、p[3]、p[4]，这 5 个元素都是指向整型的指针变量。

指针数组与 8.4 节介绍的行指针变量的定义格式接近，注意勿混淆。语句“int (*p)[5];”定义的是一个行指针变量 p，p 指向具有 5 个元素的一维数组，p 可以存储二维数组的某一行的首地址。

例如，下面的语句定义并初始化了一个指针数组 p：

```
int x[5]={1,2,3,4,5};
int *p[5]={&x[0],&x[1],&x[2],&x[3],&x[4]};
```

上面初始化指针数组 p 之后，等价于执行了以下语句：

```
p[0]=&x[0];  p[1]=&x[1];  p[2]=&x[2];  p[3]=&x[3];  p[4]=&x[4];
```

指针数组 p 与数组 x 之间的关系如图 8.4 所示。也可以用指针数组来处理多个字符串，如下定义并初始化了一个指针数组：

```
char *course[6]={"Mathematics","English","Chinese","Computer","Physics","Chemistry"};
```

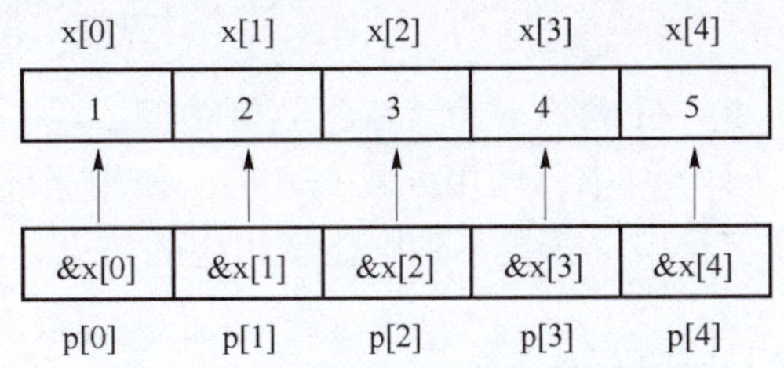

图 8.4 指针数组 p 与数组 x 的关系

如图 8.5 所示，定义了指针数组 course，并初始化了它的 6 个字符型指针变量，course 的每个元素指向一个字符串常量的首地址。可以使用下面的循环语句输出每个字符串：

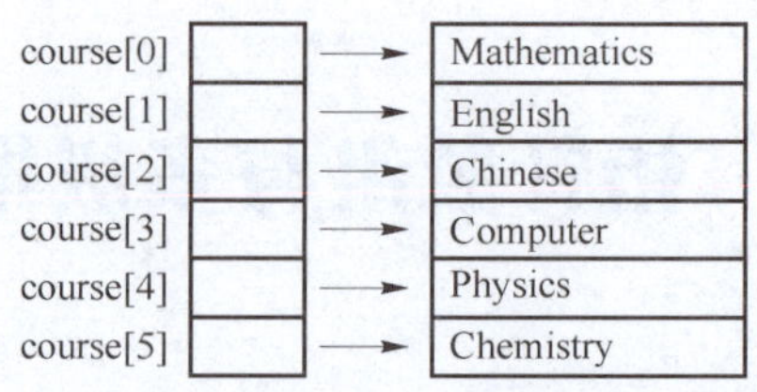

图 8.5　用指针数组处理多个字符串

```
for(n=0;n<6;n++)
    printf("%s\n",course[n]);
```

例 8.13　使用指针数组，在图 8.5 所示的字符串中查找给定的字符串，然后输出查找结果。

【分析】　可以编写一个函数 find 完成查找，在主函数中输入被查找的字符串，将该字符串的首地址传递给函数 find。在函数 find 中作循环对比，找到后输出。

程序代码如下：

```
#include<stdio.h>
#include<string.h>
void find(char *p);                    /*函数声明*/
int main()
{    char cour[20];
     printf("Please input a character string:");
     gets(cour);
     find(cour);                       /*调用函数查找 */
     return 0;
}
void find(char *p)                     /*查找函数 find*/
{    char *course[6] ={" Mathematics"," English","Chinese","Computer","Physics","Chemistry"};
     int i,b=0;
     for(i=0;i<6;i++)                  /*循环查找字符串*/
      if(strcmp(p,course[i])== 0)
         {printf("The string %s was found. ",course[i]);   b=1;}
     if(b==0)
      printf("The string %s was not found. ",p);
}
```

该程序中定义的 course 是一个含有 6 个元素的指针数组，course 的每个元素都存放一个字符串的首地址，即指向一个字符串。调用函数 find 后，使用循环查找，在循环中使用了标志变量 b，若找到则输出该字符串，若找不到则显示相应的信息。

8.5.2　多级指针的概念

前面各节介绍的指针变量都是直接存放数据对象的指针（即数据对象的地址），这些指针变量被称为一级指针。

可以定义二级指针变量，二级指针变量不直接指向数据对象，而是指向一级指针变量，即二级指针变量存放的是一个一级指针变量的地址。类似地，可以定义三级指针变量，三级指针变量所存放的是一个二级指针变量的地址，三级指针变量指向二级指针变量。可依此类推定义多级指针。

二级指针变量的定义如下：

```
类型标识符 ＊＊指针变量名；
```

定义格式中，指针变量名前面有“＊＊”，表示该指针变量是一个二级指针变量。

下面的语句定义并初始化了一个二级指针变量 p2，p2 指向一个一级指针变量 p1，而一级指针变量 p1 指向变量 str。多级指针的指向关系如图 8.6 所示。

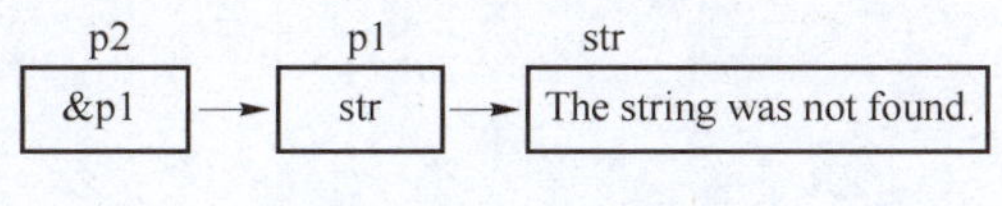

图 8.6　多级指针示例

```
char **p2, *p1,str[30]={" The string was not found. "};
p1=str;   p2=&p1;
```

例 8.14　分析下面使用字符型二级指针变量输出字符串的程序。

程序代码如下：

```
#include<stdio.h>
#include<string.h>
int main()
{    char *course[6] ={" Mathematics"," English","Chinese","Computer","Physics","Chemistry"};
     char **p;int n;
     p=course;          /* 或者 p=&course[0] */
     for(n=0;n<6;n++,p++)
         printf("%s,%s\n",course[n], *p);
}
```

【分析】　程序中 p 是字符型二级指针变量。循环前，p 指向指针数组 course 的首地址，即 p 中存放 course[0]的地址，p 指向 course[0]。循环中，每次执行 p++可以使 p 指向数组 course 的下一个元素，＊p 即 p 所指向的元素 course[n]，所以每次循环使用%s 输出 course[n]和＊p，输出的是两个相同的字符串。

8.6　指针与函数

指针与函数的关系主要包含以下 3 方面的内容：

(1) 指针变量可以作为函数的参数。

(2) 指针变量可以指向一个函数。

(3) 调用一个函数可以返回指针类型的值。

8.6.1 指针变量作为函数的参数

指针变量作函数的参数时，可以在函数之间传送地址值。指针变量作为函数的参数时，也需要进行类型说明。若形参和实参都是指针变量，则它们指向同一个地址。

例 8.15 分析下面程序的运行情况。

程序代码如下：

```
#include<stdio.h>
void exchange(int *p1,int *p2)  /*本函数交换指针变量p1和p2所指向的变量的值*/
{    int bridge;
     bridge=*p1;
     *p1=*p2;
     *p2=bridge;
}
int main()
{    int m=8,n=5;
     int *pm=&m,*pn=&n;
     printf("交换前：");
     printf("m=%d,n=%d\n",m,n);
     exchange(pm,pn);            /*调用函数exchange,实参pm和pn分别存放m、n的地址*/
     printf("交换后：");
     printf("m=%d,n=%d\n",m,n);
     return 0;
}
```

程序的运行结果：

```
交换前：m=8,n=5
交换后：m=5,n=8
```

【分析】 在程序中，函数 exchange 的两个形参都是指针变量，该函数实现了交换实参变量 m 和 n 的值。主函数调用函数 exchange 时的两个实参也都是指针变量。在主函数调用函数 exchange 之前，指针 pm 指向变量 m，pn 指向变量 n，程序输出“交换前：m=8,n=5”。在主函数调用函数 exchange 时，pm 和 pn 中存放的地址传给了 p1 和 p2。在函数 exchange中，交换了 p1 和 p2 所指向的变量的值，因为 p1 指向 m、p2 指向 n，所以交换了 m 和 n 的值。调用函数 exchange 之后，回到主函数中，因为 m 和 n 的值已经被交换了，所以输出了“交换后：m=5,n=8”。

8.6.2 函数的指针

函数的指针指的是一个函数在编译时被分配的入口地址，这个地址被称为该函数的指针。可以用一个指针变量存放函数的指针，从而让该指针变量指向一个函数。然后，可以通过指针变量调用该函数。指向函数的指针变量与前面介绍的指针变量不同。

1. 指向函数的指针变量

指向函数的指针变量的定义格式如下：

```
函数类型 (*指针变量)(形参列表);
```

指向函数的指针变量的定义举例如下：

```
int (*pf)();      /* pf为指向int型函数的指针变量*/
```

注意： 在定义格式中，“(*指针变量)”中的括号不能省略，因为后面介绍的“返回指针值的函数”在定义时不需要加括号，两者容易混淆。

为指向函数的指针变量赋值的方式如下：

```
指向函数的指针变量=[&]函数名;
```

函数名代表该函数的入口地址。从上面格式看出：可以省略函数名前的符号 &，直接用函数名给指向函数的指针变量赋值。但是，函数名后不能带括号和参数。例如：

```
int fun(int x,int y);
{   int z;
    if(x>y)z=x;
    else z=y;
    return z;
}
int main()
{   int x,y;  int (*pf)(int x,int y);
    pf=fun;
    ……
}
```

在上面语句中，语句“int (*pf)(int x,int y);”定义了指向函数的指针变量 pf，语句“pf=fun;”表示将函数 fun 在内存中的入口地址赋值给指向函数的指针变量 pf，从而使 pf 指向 fun。

指向函数的指针变量的调用格式如下：

```
(*函数指针变量)(实参列表);
```

若使用指向函数的指针调用上面的 fun 函数，则调用语句如下：

```
z=(*pf)(5,8);        (等效于"z=fun(5,8);",即(*pf)与fun等价)
```

注意： 对于指向函数的指针变量 p，类似 p+i、p++、p--等运算没有意义。

2. 通过函数指针变量来调用函数

例 8.16　分析下面程序中的指针变量的使用情况。

程序代码如下：

```
#include<stdio.h>
int fun(char tring[ ])          /*函数fun统计字符数组tring中英文字母的个数*/
{   int z=0,k;
    for(k=0;tring[k]!='\0';k++)
```

```
        if('a'<= tring[k] && tring[k]<= 'z' || 'A'<= tring[k] && tring[k]<= 'Z')
            z++;
    return(z);
}
int main()
{   int (*pf)(char tring[ ]);   /*定义pf为函数指针变量,指向有1个数组为参数的函数*/
    char tring[80];   int n;
    pf=fun;                     /*pf指向函数fun*/
    scanf("%s",tring);          /*从键盘输入一串字符(小于80个)存放在数组tring中*/
    n=(*pf)(tring);             /*调用函数fun,在"pf = fun;"前提下,(*pf)等价于fun*/
    printf("%d",n);
    return 0;
}
```

【分析】 在程序中，函数fun的作用是统计字符数组中英文字母的个数。主函数中定义了指向函数的指针变量pf，使用语句“pf=fun;”让pf指向函数fun，这样，(*pf)等价于fun，使用语句“n=(*pf)(tring);”相当于使用“n=fun(tring);”调用了fun。

3. 函数指针作函数的参数

在例8.16中，通过使用语句“pf=fun;”让指向函数的指针变量pf指向函数fun，用语句“n=(*pf)(tring);”代替“n=fun(tring);”，从而实现间接访问。指向函数的指针变量还有一个重要的应用，就是将它用作参数。这时需要函数名作实参。

例8.17 已知切比雪夫多项式定义如下：

$$\begin{cases} x, & n=1 \\ 2x^2-1, & n=2 \\ 4x^3-3x, & n=3 \\ 8x^4-8x^2+1, & n=4 \end{cases}$$

请输入n（正整数）和x（实数），计算切比雪夫多项式的值。

下面用指向函数的指针变量作为函数的参数来完成运算。

程序代码如下：

```
#include<stdio.h>
   float f1(float x)                /*定义函数f1 */
     {   float f;
         f=x;
         return f;
     }
   float f2(float x)                /*定义函数f2 */
     {   float f;
         f=2*x*x-1;
         return f;
     }
   float f3(float x)                /*定义函数f3 */
     {   float f;
```

```
            f=4*x*x*x-3*x;
            return f;
        }
    float f4(float x)                      /* 定义函数 f4 */
        {   float f;
            f=8*x*x*x*x-8*x*x+1;
            return f;
        }
void cheby(float (*f)(float))              /* 定义函数 cheby */
    {   float x,result;
        printf("input x:");
        scanf("%f",&x);
        result=(*f)(x);                    /* 调用 cheby 时,f 指向哪个函数,(*f)(x)就是调用哪个函数 */
        printf("result=%f",result);
    }
 int main()
 {   int n;
     printf("input n:");
     scanf("%d",&n);
     if(n==1)  cheby(f1);                  /* f1 的入口地址传给函数 cheby 的形参 f */
     if(n==2)  cheby(f2);                  /* f2 的入口地址传给函数 cheby 的形参 f */
     if(n==3)  cheby(f3);                  /* f3 的入口地址传给函数 cheby 的形参 f */
     if(n==4)  cheby(f4);                  /* f4 的入口地址传给函数 cheby 的形参 f */
     return 0;
 }
```

【分析】 该程序在 main 函数中调用函数 cheby，传递给函数 cheby 的实参可以是函数名 f1 或 f2 或 f3 或 f4，将函数 f1 或 f2 或 f3 或 f4 的入口地址传递给函数 cheby 的形参 f。函数 cheby 的形参 f 是指向函数的指针变量，f 接受实参传来的函数 f1 或 f2 或 f3 或 f4 的入口地址之后，执行语句"result=(*f)(x);"，调用函数 f1 或 f2 或 f3 或 f4 完成计算。

8.6.3 返回指针值的函数

调用一个有返回值的函数，可以返回一个 int 型或 float 型或 char 型的值。实际上，调用一个有返回值的函数也可以返回一个指针类型的值，即返回一个地址。

返回指针类型值的函数（简称"指针函数"）的定义格式如下：

```
函数类型 *函数名(形参表列)
```

例如，下面例题中的返回指针类型值的函数"int *find(int n)"。

例 8.18 从键盘输入一个正整数，使用返回指针值的函数实现：在存放正整数的数组中查找该正整数第一次出现的位置（用内存地址值表示）。若找到了，则显示该数和地址值；若找不到，则显示该数在数组中不存在。

【分析】 可以定义函数 find 用来返回指向 int 型的指针值。对于要查找的一个正整数 k，在主函数中执行语句“p=find(k);”（p是指针变量）。若调用函数find查找成功，则执行语句“return pa;”，返回要查找的k的地址；若查找不成功，则执行则“return NULL;”返回空指针。

程序代码如下：

```
#include<stdio.h>
int * find(int n);                /* 函数声明,该函数 find 返回指针值 */
int main()
{   int k, * p;
    printf("请输入要查找的一个正整数:");   scanf("%d",&k);
    p=find(k);
    if(p==NULL)   printf("%d 在数组中不存在。\n",k);
    else
      printf("在数组中,正整数%d 第一次出现的地址是:%d。\n",k,p);
    return 0;
}
int * find(int n)                 /* 定义返回指针值的函数 find */
 {   int a[20]={12,24,33,47,18,67,57,84,96,10,13,47,33,64,15,76,17,88,33,20};
     int i, * pa;   pa=a;
     for(i=0;i<20;i++,pa++)
       if( * pa==n) return pa; /* 返回查找到的正整数的地址 */
     return NULL;               /* 若循环结束没有找到,则返回空指针 */
   }
```

运行程序时，若输入“33”，则显示如下：

```
请输入要查找的一个正整数:33↙
在数组中,正整数 33 第一次出现的地址是:1244388。
```

运行程序时，若输入“123”，则显示如下：

```
请输入要查找的一个正整数:123↙
123 在数组中不存在。
```

注意：上面查找33时，显示地址是1244388，这只是某一次运行程序显示的地址值，下次运行程序就可能不是1244388。原因在于，地址是动态分配的，本次运行程序时数组元素占用的地址一般不会与下次相同。

8.7 main 函数的参数

8.7.1 main 函数参数的概念

在前面编写的所有程序中，main函数都没有参数，即函数名称main后面的括号内是空的。实际上，在某些情况下，main函数可以有参数。

虽然启动一个程序有不同的方法，但基本方式是在操作系统命令状态下由键盘输入一个命令。操作系统根据命令名去查找相应的程序代码文件，把它装入内存并令其开始执行。“命令行”就是为启动一个程序而在操作系统状态下输入的表示命令的字符行。

目前常用的操作系统都采用图形用户界面，在要求执行程序时，一般不是通过“命令行”的形式发出命令，而是通过单击图标或菜单项等。但实际的“命令行”仍然存在，它们存在于图标或菜单的定义中。

在要求执行一个命令时，所提供的命令行中往往不仅是命令名，可能还需要提供另外的信息。例如，在 DOS 系统里用 copy 命令将文件 memo. doc 的内容复制到当前目录中的文件 letter. doc 中，要输入如下命令：

```
copy memo. doc letter. doc
```

这就是一个“命令行”。其中，copy 是“复制”命令，文件名 memo. doc 和 letter. doc 是命令的附加信息。

本节要介绍的 main 函数参数，就是“命令行”中的字符串。

C 语言把命令行中的字符看成由空格分隔的若干个字符串，每个字符串是一个命令行参数。第 1 个字符串是命令名，它是编号为 0 的参数（如上面示例中的 copy），后面的字符串，依次是编号为 1，2，…的参数（如上面示例中的 memo. doc 和 letter. doc）。在程序中可以接受和处理每个命令行参数。

对于上面示例中执行“复制”命令的字符串，这个字符串对应的命令行中共有 3 个参数。字符串 copy 是命令名，它是编号为 0 的命令行参数；memo. doc 是编号为 1 的命令行参数；letter. doc 是编号为 2 的命令行参数。

C 程序通过 main 函数的参数获取命令行参数信息。main 函数有两个参数，它的原型如下：

```
[返回类型] main(int argc,char *argv[]);
```

main 函数的两个参数常用 argc、argv 作为名字。这两个参数也可以用其他名字，使用 argc 和 argv 只是习惯，但即使这两个参数用任何其他名字，它们的类型也是确定的。

当将一个 C 程序调入内存准备执行时，main 函数的参数 argc 和 argv 被自动给定初值。argc 的值是命令行中的参数的个数；argv 是一个字符型指针数组，这个数组里共有 argc+1 个字符型指针变量，其中的前 argc 个指针变量分别存储命令行参数的各字符串首地址，最后是一个空指针，表示数组结束。

可以使用系统自动给定的参数 argc 和 argv 的初值，编写程序，对“命令行”中的各个字符串进行操作。

8.7.2 main 函数参数的处理

假设有下面的命令行：

```
command parameter-one parameter-two parameter-three
```

当程序执行主函数 main 时，参数 argc 和 argv 的存储情况如图 8.7 所示，主函数 main 的 int 型参数 argc 的值为 4、指针参数 argv 是一个包含 5 个元素的字符型指针数组。argv 的前 4 个指针数组元素分别存储该命令行中的 4 个字

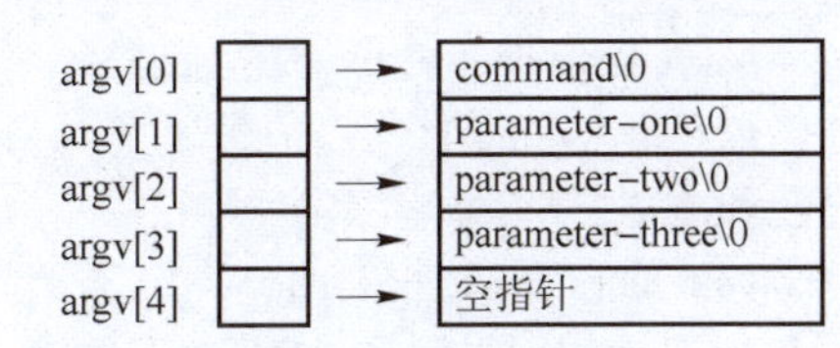

图 8.7 命令行参数的存储情况

符串的首地址，最后一个指针数组元素存储空指针。这些都是在 main 函数执行前自动建立的。这样，在 main 函数中就可以通过 argc 和 argv 来使用命令行的各个参数了。也就是说，由 argc 可以得到命令行参数的个数，由 argv 可以找到各个命令行参数字符串。

下面是使用命令行参数的简单例子，大家可通过例子来学习命令行参数的基本使用方法。

例 8.19 根据给定的如下命令行参数，将除去第一个参数之外的其他参数存放到二维字符型数组中，每行存放一个命令行参数字符串，然后输出存放在二维数组中的字符串。

```
store grape apple banana pear peach
```

【分析】 可以定义数组 fruits，用于存放命令行参数字符串。然后，使用循环，将 5 个命令行参数字符串复制到数组 fruits 中。循环条件可以设为“argv[i]!=NULL”，原因是字符型指针数组 argv 的最后一个元素中存放的是空指针 NULL。由于要复制字符串，因此还需要使用第 5 章介绍的函数 strcpy。

程序代码如下：

```
#include<stdio.h>
#include<string.h>
#define N 5
int main(int argc,char *argv[ ])
{   int i;   char fruits[N][20];              /*字符数组 fruits 存放命令行参数字符串*/
    for(i=1;argv[i]!=NULL;i++)             /*指针数组 argv 的最后一个元素中存放空指针 NULL*/
       strcpy(fruits[i-1],argv[i]);         /*将 argv 指向的每个命令行参数字符串复制到 fruits 中*/
    for(i=0;i<N;i++)
       printf("%s\n",fruits[i]);
    return 0;
}
```

将该程序的源文件名命名为 store.c，编译后得到的可执行文件是 store.exe。执行上面给定的命令行，程序会输出如下信息：

```
grape
apple
banana
pear
peach
```

例 8.20 在字符型二维数组 fruits 中存放了 5 个字符串:"grape","apple","banana","pear","peach"。使用命令行参数“replace banana hawthorn”，用 hawthorn 替换数组 fruits 中的 banana。

程序代码如下：

```
#include<stdio.h>
#include<string.h>
#define N 5
void fun(char str1[ ],char str2[ ])
{   int i;   char fruits[N][20]={"grape","apple","banana","pear","peach"};
```

```
    for(i=0;i<N;i++)
        if(strcmp(fruits[i],str1)==0)          /* 找到与 str1 相同的 fruits 的某一行 */
            strcpy(fruits[i],str2);            /* 用 str2 里的字符串替换 fruits 的那一行 */
    for(i=0;i<N;i++)
        printf("%s\n",  fruits[i]);            /* 输出替换后的 fruits 的每一行 */
    return;
}
int main(int argc,char *argv[ ])
{   char *p1,*p2;
    p1=argv[1];  p2=argv[2];
    fun(p1,p2);
    return 0;
}
```

将这个程序的源文件名命名为 replace. c，编译后得到的可执行文件是 replace. exe。执行下面命令，就可以将字符串“banana”用“hawthorn”替换。

```
replace banana hawthorn
```

执行后，输出如下信息：

```
grape
apple
hawthorn
pear
peach
```

对于上面的程序，执行程序，输入“replace banana hawthorn”命令行之后，参数 argc 值为 3，参数 argv 为包含 4 个元素的指针数组。argv[1]存放字符串“banana”的首地址，argv[2]存放字符串“hawthorn”的首地址，执行语句“p1=argv[1];p2=argv[2];”后，p1 和 p2 分别指向“banana”和“hawthorn”的首地址。主函数调用函数 fun 后，字符型数组 str1 和 str2 分别存放字符串“banana”和“hawthorn”。在函数 fun 中，在二维字符型数组 fruits 中找到字符串“banana”所在的行，然后用“hawthorn”替换。最后，输出替换后的字符型数组 fruits 的各行字符串。

8.8　程序设计举例

例 8.21　某蔬菜公司销售 N 种蔬菜，分 4 个季度统计每年的蔬菜销售量。输入每种蔬菜的编号，存放在数组 num[N][10]中（假设编号小于 10 个字符）；输入每种蔬菜 4 个季度的销售量（千克），存放在数组 sale[N][5]中（sale 的前 4 列存放各季度销售量，最后一列存放 4 个季度的销售总和）。编写程序完成下面的任务：

（1）输入每种蔬菜编号、每种蔬菜 4 个季度的销售量，分别存放在数组 num 和 sale 中。

（2）计算每种蔬菜 4 个季度的销售量总和，存放在数组 sale 的最后一列。

(3) 根据给定的蔬菜编号和季度数，找出与之对应的销售量。

(4) 根据给定的季度数，找出该季度销售量最大、最小的两种蔬菜。

【分析】 编写4个函数fun1、fun2、fun3、fun4，分别完成这4项任务，主函数分别调用这4个函数。定义数组num和sale，分别存放蔬菜编号、每种蔬菜的4个季度的销售量及销售总和。

程序代码如下：

```
#include<stdio.h>
#include<string.h>
#define N 60                        /*假设蔬菜品种为60*/
#define M 5
char num[N][10];                    /*存放每种蔬菜编号,每行放一个编号*/
float sale[N][M];                   /*每行可存放一种蔬菜的4个季度的销售量及销售总和*/
void fun1()                         /*功能是将每种蔬菜编号和4个季度的销售量存放在数组中*/
{    int i,k;
     float (*p)[5];                 /*定义行指针变量p,指向有5个元素的一维数组*/
     p= sale;                       /*让p指向sale的首地址,即指向sale的首行*/
     for(i=0;i<N;i++)               /*将每种蔬菜编号和销售量存放在num和sale数组的同一行*/
       { printf("请输入第%d种蔬菜的编号:",i+1);
         scanf("%s",num[i]);
         printf("请按顺序分别输入4个季度的销售量\n");
         for(k=0;k<4;k++)
             scanf("%f",*(p+i)+k);  /*相当于执行"scanf("%f",&sale[i][k]);"*/
       }
    return;
}
void fun2()                         /*功能是计算每种蔬菜4个季度的销售量总和*/
{    int i,k;
     char (*p)[10];                 /*定义行指针变量p,指向有10个元素的一维数组*/
     p=num;                         /*让p指向num的首地址,即指向num的首行*/
     for(i=0;i<N;i++)
       { sale[i][4]= 0;
         for(k=0;k<4;k++)
           sale[i][4]= sale[i][4]+ sale[i][k];
       }
     for(i=0;i<N;i++)               /*输出每种蔬菜编号和4个季度的销售量以及销售量总和*/
       { printf("%s    ",p+i);      /*相当于执行"printf("%s    ",num[i]);"*/
         for(k=0;k<5;k++)
             printf("%f    ",sale[i][k]);
         printf("\n");
       }
     return;
}
```

```
void fun3()                    /* 功能是根据给定的季度数,找出该季度销售量最大、最小的蔬菜 */
{    int qu,i,k1,k2;    float max,min;
     printf("请输入季度数(1 或 2 或 3 或 4):");
     scanf("%d",&qu);          /* 该季度销售量对应数组 sale 的第 qu-1 列的值 */
     max=sale[0][qu-1];        /* 假设 sale[0][qu-1]是最大值,暂时存放 max 中 */
     min= sale[0][qu-1];       /* 假设 sale[0][qu-1]是最小值,暂时存放 min 中 */
     for(i=1;i<N;i++)          /* 通过与第 qu-1 列的其他数组元素比较,找最大值、最小值 */
       {if(sale[i][qu-1]>max)
           {max= sale[i][qu-1];    k1=i;}
        if(sale[i][qu-1]<min)
           {min= sale[i][qu-1];    k2=i;}
       }
     printf("\n 在第%d 季度所有蔬菜销售量中,",qu);
     printf("\n 蔬菜编号%s 的销售量%f 千克最大;",num[k1],max);
     printf("\n 蔬菜编号%s 的销售量%f 千克最小。",num[k2],min);
     return;
}
void fun4()                    /* 功能是根据给定的蔬菜编号和季度数,找出与之对应的销售量 */
{    char *seek;int qu,i,j,k,n;;
     printf("请输入蔬菜编号:");
     scanf("%s",seek);
     for(i=0;i<N;i++)
        if(strcmp(seek,num[i])==0)
          k=i;                 /* k 值存放给定的蔬菜编号在数组 num 中的行下标值 */
     printf("请输入季度数(1 或 2 或 3 或 4):");
     scanf("%d",&qu);          /* sale 数组的第 k 行、第(qu-1)列位置的值就是要找的销售量 */
     printf("\n 编号为%s 的蔬菜在第%d 季度销售量为%f。\n",seek,qu,sale[k][qu-1]);
     return;
}
int main()
{    int select, *p;    p=&select;
     while(1)
      {printf("\n*******蔬菜公司 4 个季度销售量的计算统计和查找*******\n");
       printf("     1. 输入每种蔬菜编号和 4 个季度的销售量,存放在数组中。\n");
       printf("     2. 计算每种蔬菜 4 个季度的销售量总和。\n");
       printf("     3. 根据给定的季度数,找出该季度销售量最大、最小的蔬菜。\n");
       printf("     4. 根据给定的蔬菜编号和季度数,找出与之对应的销售量。\n");
       printf("     5. 结束程序运行。\n");
       printf("请选择(1,2,3,4,5):");
       mark:  scanf("%d",p);
       if(*p<1 || *p>5)
           { printf("\n 错误输入! 请重新输入:");
             goto mark;
```

```
        }
    if( * p==5)   break;
    switch( * p)
      {case 1:fun1();break;
       case 2:fun2();break;
       case 3:fun3();break;
       case 4:fun4();break;
      }
    }
    printf("程序运行结束,再见!");
    return 0;
}
```

在该程序中，数组 num 存放蔬菜编号，数组 sale 存放蔬菜 4 个季度的销售量及销售量总和。num 和 sale 的元素都是全局变量，各个函数都可以使用这两个数组。

运行程序，首先出现如下形式的菜单：

```
 ******* 蔬菜公司4个季度销售量的计算统计和查找 *******
        1. 输入每种蔬菜编号和4个季度的销售量,存放在数组中。
        2. 计算每种蔬菜4个季度的销售量总和。
        3. 根据给定的季度数,找出该季度销售量最大、最小的蔬菜。
        4. 根据给定的蔬菜编号和季度数,找出与之对应的销售量。
        5. 结束程序运行。
        请选择(1,2,3,4,5):
```

用户可选择 1~5 中的某个数，然后分别调用函数 fun1、fun2、fun3、fun4，或者结束运行。函数 fun1、fun2、fun3 和 fun4 分别完成本例题要求的某项任务。

8.9 习　　题

1. 阅读程序，写出运行结果。

（1）
```
#include<stdio.h>
int main()
{   int i,j,k, * p1, * p2;
      i=50;j=80;p1=&i;p2=&j;
      k= * p1; * p1= * p2; * p2=k;
      printf("i=%d,j=%d\n",i,j);
    return 0;
}
```

（2）
```
#include<stdio.h>
int main()
{   int i, * p,a[5]={1,2,3,4,5};
```

```
    p=a;
    for(i=0;i<5;i++,p++)    printf("%d  ",*p);
    }
```

（3）
```
#include<stdio.h>
int main()
{   char s[11]="abcdefghij",*p;
    p=&s[3];
    for(;*p != '\0';p++)    printf("%c  ",*(p));
    return 0;
}
```

（4）
```
#include<stdio.h>
int main()
{   int n,a[3][4]={1,2,3,4,5,6,7,8,9,10,11,12},(*p)[4];
    p=a+1;
    for(n=0;n<4;n++)   printf("%d,",*(*p+n));
    return 0;
}
```

（5）
```
#include<stdio.h>
int main()
{   int i,s=0,a[15]={1,2,3,4,5,6,7,8,9,10,11,12,13,14,15},*p;
    p=a;
    for(i=0;i<15;i++)
        {s=s+*p;   p++;}
    printf("%d\n",s);
    return 0;
}
```

（6）
```
#include<stdio.h>
#include<string.h>
int main()
{   char course[6][5]={"Math","Engl","Chin","Comp","Phys","Chem"};
    char *p[6];   int i;
     for(i=5;i>=0;i--)
         {p[i]= course+i;
          printf("%s,",p[i]);
         }
}
```

2. 编写程序（要求使用指针变量）。

（1）定义3个变量，存放从键盘输入的3个整数，定义1个指针变量p，使p指向存放最大数的变量。

（2）定义一维数组（存放从键盘输入的100个整数），定义1个指针变量p，使用p将数组中能被5整除的数求和。

（3）在主函数中定义有100个元素的int型一维数组，以指向数组的指针为参数，调用函数func将该数组从大到小排序（使用冒泡法）。

(4) 在主函数中定义有50个元素的char型一维数组，从键盘输入一个字符串存放在这个一维数组中，以指向数组的指针为参数，调用函数func。函数func的功能是：根据传递来的字符串的首地址，输出字符串中的大写英文字母。

(5) 定义实型二维数组（6行8列），从键盘给数组元素赋值，定义行指针变量指向数组首地址，根据从键盘输入的数组行的值，使用行指针变量，计算该行数组元素的总和。

(6) 编写一个函数func，使用指针变量做形参，在给定的一个字符串中查找某个英文字母，若找到则返回该英文字母第一次出现的位置，否则返回-1。主函数调用函数func。

(7) 编写一个函数max，主函数调用函数max。函数max的功能是：使用行指针变量找出二维数组（7行10列）中的最大数。

(8) 定义包含7个元素的char型一维指针数组，每个数组元素存放后面一个字符串的首地址：Monday、Tuesday、Wednesday、Thursday、Friday、Saturday、Sunday。若从键盘输入0~6中的某个数字，则显示对应星期日至星期六的英文单词；若输入其他数字，则程序运行结束。可反复多次输入0~6中的某个数字，以显示对应的英文单词。

(9) 从键盘输入一个全由英文字母构成的英文句子，单词之间用空格分隔。定义char型指针变量，处理英文句子，统计该英文句子中的单词个数。

(10) 用矩形法分别求函数 $y=\sin(x)$ 在[0,1]区间的定积分、$y=\cos(x)$ 在[-1,1]区间的定积分、$y=5x^2+6x+7$ 在[1,3]区间的定积分，要求编程时使用指向函数的指针变量。

扫描二维码获取习题参考答案

第 9 章 结构体与其他数据类型

在前面各章使用了整型、字符型、实型等基本数据类型，还使用了数组，数组是一种构造类型。本章将介绍新的类型——结构体类型、共用体类型和枚举类型。

9.1 结构体类型概念

为了管理信息资料（如图书馆的图书资料信息、公司的财务信息、学校的学生信息等），我们可以使用数据库管理系统，建立数据库并定义数据库中的表的结构，然后向表中输入若干条“记录”。在数据库的表文件中，表中的每条记录是由多项数据构成的一个集合。

为了表达此类问题，C 语言使用结构体类型。以描述公司每个员工的档案信息为例。每个员工有编号、姓名、性别、年龄、工资等数据，每项数据可能有不同的类型。例如，编号是无符号整型、姓名是字符型数组、性别是字符型、年龄是无符号整型、工资是实型等。

可以声明以下的结构体类型：

```
struct staff
{   unsigned number;
    char name[10];
    char sex;
    unsigned age;
    float salary;
};
```

其中，struct 是结构体的关键字；staff 是结构体的标识符，即结构体类型名；number、name[10]、sex、age、salary 等是结构体成员，这几个成员组成了成员列表。

结构体类型的声明格式如下：

```
struct 结构体名
{
  成员列表;
}
```

其中的每个成员都要进行类型说明。

按照以上格式声明结构体类型后，系统并不为各成员分配内存空间，只有在定义结构体类型变量时，系统才为每个结构体类型变量的成员分配内存。

在按照以上格式声明结构体类型时，允许使用声明过的结构体类型作为另一个结构体类型的成员。例如：

```
struct course
{     int mathematics;
      int english;
      int chinese;
};
struct student
{     unsigned number;
      char name[10];
      char sex;
      int grade;
      struct course score;
};
```

在上面声明的结构体类型 struct student 中，成员 score 的类型是 struct course，而 struct course 是在 struct student 之前声明的一个结构体类型。

9.2 结构体类型变量和数组

9.2.1 结构体类型变量

1. 结构体类型变量的定义

结构体类型变量的定义有 3 种方法。

（1）先声明结构体类型，后定义变量。格式如下：

```
struct 结构体名
{
   成员列表;
};
 struct 结构体名 结构体变量表;
```

例如：

```
struct staff
{   unsigned number;
    char name[10];
    char sex;
    unsigned age;
    float salary;
};
struct staff sta1,sta2;
```

（2）声明结构体类型的同时定义变量。格式如下：

```
struct 结构体名
{
   成员列表;
}结构体变量表;
```

例如：

```
struct staff
{   unsigned number;
    char name[10];
    char sex;
    unsigned age;
    float salary;
} sta1,sta2;
```

（3）直接定义变量。格式如下：

```
struct
{
  成员列表;
}结构体变量表;
```

例如：

```
struct
{   unsigned number;
    char name[10];
    char sex;
    unsigned age;
    float salary;
} sta1,sta2;
```

结构体类型变量被定义了之后，系统就会为其分配内存空间，内存空间的大小取决于结构体的成员类型。例如，对在前面所举的例子中 struct staff 类型的一个结构体变量所分配的内存空间进行计算：

4 字节(number)+10 字节(name)+1 字节(sex)+4 字节(age)+4 字节(salary)= 23 字节

从该计算可以看出，结构体类型 struct staff 的一个变量占据 23 字节。定义之后，该类型变量就占据连续的 23 字节的内存空间，即使没有为每个成员赋值，该类型变量也占据连续的 23 字节的内存空间。

2. 结构体类型变量的初始化

定义结构体类型变量时，可以指定变量各个成员的初始值。例如：

```
struct staff
{    unsigned number;
     char name[10];
     char sex;
     unsigned age;
     float salary;
}
struct staff sta1 = {32013,"wei youhua",' m' ,31,4500};
main()
   { …
   struct staff sta2 = {32016,"zhou wanzhi",' m' ,32,4700};
     …
   }
```

上述代码定义了变量 sta1、sta2 并初始化。其中，sta1 为全局变量，sta2 为局部变量。

3. 结构体类型成员的引用

结构体类型成员的引用形式如下：

```
结构体类型变量名.成员名
```

其中，“.”为成员运算符。例如：

```
scanf("% d ",&sta1. number);
scanf("% s",sta1. name);
scanf("% f",&sta1. salary);
printf("% d \n",stu1. number);
printf("% s\n",sta1. name);
printf("%f\n",sta1. salary);
```

结构体类型变量不能进行整体的输入和输出。例如，下面形式是错误的：

```
scanf("% d,% s,% c,% d,% f",&sta2);
printf("% d,% s,% c,% d,% f\n",sta2);
```

在引用结构体类型成员时，应注意以下几点：

（1）成员运算符“.”的优先级最高。

（2）可以像简单变量一样，对结构体类型成员进行各种运算操作。

（3）&sta1 表示结构体类型变量 sta1 所占的首地址，sta1 的成员 sex 的地址表示为 &sta1. sex，sta1 的成员 age 的地址表示为 &sta1. age。各成员的地址是不相同的。

（4）如果某个成员的类型是已经声明过的一个结构体类型，则要用多个成员运算符，

逐级找到最低一级的成员，各级成员按顺序用成员运算符“.”连接。只能对最低一级成员进行赋值或运算。例如：

```
struct course
{    int mathematics;
     int english;
     int chinese;
};
struct student
{    unsigned number;
     char name[10];
     char sex;
     int grade;
     struct course score;
 }sta1,sta2;
```

对于上面声明的结构体类型 struct student，可以用 sta1. name 引用 name 这个成员，而对于 score 这个成员，则必须用如下形式来引用最低一级成员：

```
sta1. score. mathematics
sta1. score. english
sta2. score. mathematics
sta2. score. chinese
```

例 9.1 编写程序，从键盘输入 2 位公司员工的编号、姓名、性别、年龄、工资，然后输出员工的编号、姓名、性别、年龄、工资，以及这 2 位员工的平均工资。

程序代码如下：

```
#include<stdio. h>
struct staff
{    unsigned number;
     char name[10];
     char sex;
     unsigned age;
     float salary;
};
int main()
{    struct staff sta1,sta2;    float aver;
     printf("请输入第 1 位员工的编号:");    scanf("% d",&sta1. number);
     printf("请输入第 1 位员工的姓名:");    scanf("% s",sta1. name);
     printf("请输入第 1 位员工的性别:");    scanf("% c",&sta1. sex);
     printf("请输入第 1 位员工的年龄:");    scanf("% d",&sta1. age);
     printf("请输入第 1 位员工的工资:");    scanf("% f",&sta1. salary);
     printf("请输入第 2 位员工的编号:");    scanf("% d",&sta2. number);
     printf("请输入第 2 位员工的姓名:");    scanf("% s",sta2. name);
     printf("请输入第 2 位员工的性别:");    scanf("% c",&sta2. sex);
     printf("请输入第 2 位员工的年龄:");    scanf("% d",&sta2. age);
     printf("请输入第 2 位员工的工资:");    scanf("% f",&sta2. salary);
```

```
    aver=(sta1.salary + sta2.salary)/2;
    printf("第 1 位员工的编号:%d\n ",sta1.number);
    printf("第 1 位员工的姓名:%s\n ",sta1.name);
    printf("第 1 位员工的性别:%c \n ",sta1.sex);
    printf("第 1 位员工的年龄:%d \n ",sta1.age);
    printf("第 1 位员工的工资:%f\n ",sta1.salary);
    printf("第 2 位员工的编号:%d \n ",sta2.number);
    printf("第 2 位员工的姓名:%s \n ",sta2.name);
    printf("第 2 位员工的性别:%c \n ",sta2.sex);
    printf("第 2 位员工的年龄:%d \n ",sta2.age);
    printf("第 2 位员工的工资:%f \n ",sta2.salary);
    printf("这 2 位员工的平均工资:%f \n ",aver);
    return 0;
}
```

9.2.2 结构体类型数组

1. 结构体类型数组的定义方法

结构体类型数组的每个数组元素都存储一组数据（所有各成员的数据），而普通数组的每个数组元素只存储一个数据。定义结构体类型数组的 3 种方法与定义结构体类型变量的 3 种方法相类似。

（1）先声明结构体类型，后定义数组。格式如下：

```
struct 结构体名
{
  成员列表;
};
struct 结构体名 结构体数组名;
```

例如：

```
struct staff
{   unsigned number;
    char name[10];
    char sex;
    unsigned age;
    float salary;
};
struct staff sta[100];
```

（2）声明结构体类型的同时定义数组。格式如下：

```
struct 结构体名
{
  成员列表;
}  结构体数组名;
```

例如：

```
struct staff
{     unsigned number;
      char name[10];
      char sex;
      unsigned age;
      float salary;
} sta[100];
```

（3）直接定义数组。格式如下：

```
struct
{
  成员列表;
}  结构体数组名;
```

例如：

```
struct
{     unsigned number;
      char name[10];
      char sex;
      unsigned age;
      float salary;
} sta[100];
```

2. 结构体类型数组成员的初始化

下面代码定义了数组 cou[5]，数组含有 5 个元素，每个数组元素都是 struct course 类型的变量，定义的同时对每个数组元素进行了初始化。表 9.1 给出了结构体类型数组 cou 的逻辑存储结构。

```
struct course
{     int mathematics;
      int english;
      int chinese;
}cou[5]={{97,87,90},{90,90,80},{80,80,90},{70,70,60},{60,70,70}};
```

表 9.1　数组 cou 的逻辑存储结构

数组元素	成员 mathematics	成员 english	成员 chinese
cou[0]	97	87	90
cou[1]	90	90	80
cou[2]	80	80	90
cou[3]	70	70	60
cou[4]	60	70	70

3. 结构体类型数组元素的引用

与前面各章引用数组元素一样，结构体类型数组也是通过数组名和下标来引用数组元素，结构体类型数组元素的引用与结构体类型变量的引用一样，也使用成员运算符“.”，逐级找到最低一级成员，对最低一级的成员进行赋值或运算。引用形式如下：

```
数组名[下标].成员名
```

可用如下形式来引用上面定义的数组 cou 的元素：

```
cou[0].mathematics =90;
cou[2].english =cou[1].english +10;
cou[4].chinese= cou[3].chinese-8;
scanf("%d",&cou[0].mathematics);
printf("mathematics =%d",cou[0].mathematics);
```

例 9.2 编写程序，从键盘输入 100 位员工的信息（编号、姓名、工资），然后输出这 100 位员工的信息，并输出这 100 位员工的平均工资。

程序代码如下：

```
#include<stdio.h>
#define N 100
struct staff
{    unsigned number;
     char name[10];
     float salary;
};
int main()
{    int i;   float aver;
     struct staff sala[N];
     for(i=0;i<N;i++)
       { printf("Please input number:");     scanf("%d",&sala[i].number);
         printf("Please input name:");       scanf("%s",sala[i].name);
         printf("Please input salary:");     scanf("%f",&sala[i].salary);
         aver=aver+ sala[i].salary;
       }
     aver=aver/ N;
     printf("Staff information is shown below:\n");
     for (i=0;i<N;i++)
        { printf("number=%d,",sala[i].number);
          printf("name =%s,",sala[i].name);
          printf("salary =%f\n",sala[i].salary);
        }
      printf(" Average value of salary is:%f\n",aver);
      return 0;
    }
```

9.3 指向结构体类型的指针

1. 指向结构体类型变量的指针

结构体类型变量所占内存空间是各成员所占内存空间的总和，结构体类型变量的地址是这些内存空间的首地址。可以定义指向结构体类型变量的指针变量，该指针变量中存放着结构体类型变量所占内存单元的首地址。

声明指向结构体类型变量的指针变量的格式如下：

```
结构体类型说明符 *指针变量名;
```

例如：

```
struct staff
{   unsigned number;
    char name[10];
    char sex;
    unsigned age;
};
struct staff sta1, *p;
```

这段代码定义了 struct staff 类型的结构体类型变量 sta1 和指向结构体类型变量的指针变量 p。

一个指向结构体类型变量的指针变量定义之后，C 编译程序为其分配了一个用于存放地址的空间，但该空间并没有具体的值，即该指针变量无具体的指向。因此必须将一个结构体类型变量的地址或结构体类型数组元素的地址存放到该空间，该指针变量才有确定的指向。

结构体类型变量的地址必须通过取地址符 & 取得。例如：

```
p=&sta1;
```

当引用结构体成员时，前面以圆点“.”作为连接符，如 sta1. name 或 sta1. sex。

因为，当执行语句“p=&sta1;”之后，(*p)与 sta1 等价，所以通过指向结构体类型的指针变量引用结构体类型成员可以表示为(*p).name 或(*p).sex。

与上面等价的另一种引用结构体类型成员方法是用箭头操作符“->”，如 p->name（等价于(*p). name）或 p->sex（等价于(*p).sex）。

关于指向结构体类型的指针变量的使用，应注意以下几点：

(1) 箭头运算符“->”由一个减号（-）和一个大于号（>）组成，且运算优先级最高。指向结构体类型的指针变量 p 中存储的是结构体类型变量的地址，p 指向结构体类型变量。

(2) 不能将(*p). name 写成“*p. name”。这是因为，“.”的优先级高于“*”。“(*p). name”的表达方式先作 *p 运算，而写成“*p. name”表示先作 p. name 运算。

(3) 如果要对指针变量 p 所指向的变量进行输入/输出，则可以用以下语句来实现：

```
scanf("%d%s%c%d",&(*p).number,(*p).name,&(*p).sex,&(*p).age);
printf("%d\n%s\n%c\n%d\n",(*p).number,(*p).name,(*p).sex,(*p).age);
```

或者用如下语句实现：

```
scanf("%d%s%c%d",&p->number,p->name,&p->sex,&p->age);
printf("%d,%s,%c,%d\n",p->number,p->name,p->sex,p->age);
```

2. 指向结构体类型数组的指针

可以将结构体类型数组的首地址赋给指向结构体类型的指针变量p，那么该指针变量p就指向结构体类型数组的第一个元素，在执行p++运算后，该指针变量p就指向结构体类型数组的下一个元素。因此，使用指向结构体类型的指针变量p，就可以操作结构体类型数组。例如：

```
int n;   struct stall s[100], *p;
n=0;   p=s;
while(n<100)
{   scanf("%d%s%c%d",&p->number,p->name,&p->sex,&p->age);
    n++;
    p++;
}
```

其中，p指向数组s的首地址，即s[0]的地址，执行语句“p++;”后，p指向数组s中的元素s[1]，循环100次，p每次指向数组s的一个元素的地址，每次输入数组元素的各成员值。

例9.3 使用指向结构体类型的指针变量完成统计身高和体重工作。从键盘输入某小学一年级200个学生的信息（学号、姓名、身高、体重），然后输出所有学生的信息以及身高和体重的平均值。

程序代码如下：

```
#include<stdio.h>
struct student
{     unsigned number;
      char name[20];
      int height;
      int weight;
};
int main()
{     int i=0;float averh=0,averw=0;
      struct student stu[200], *p=stu;
      while(i<200)
         {printf("Please input number:");      scanf("%d",& p->number);
          printf("Please input name:");        scanf("%s",p->name);
          printf("Please input height:");      scanf("%d",& p->height);
          printf("Please input weight:");      scanf("%d",& p->weight);
          averh=averh+ p->height;              /*计算身高的总和*/
          averw=averw+ p->weight;              /*计算体重的总和*/
```

```
            i++;    p++;
        }
    averh=averh/200;                          /* 计算平均值 */
    averw=averw/200;
    p=stu;i=0;
    while(i<200)                               /* 输出所有学生信息 */
      { printf("Number=%d,",p->number);
        printf("Name=%s,",p->name);
        printf("Height=%d,",p->height);
        printf("Weight=%d\n",p->weight);
        i++;    p++;
      }
    printf("Average Height =%f\n",averh);      /* 输出身高和体重的平均值 */
    printf("Average Weight=%f\n",averw);
    return 0;
}
```

9.4 位段结构

1. 位段结构的概念

位段结构是一种特殊的结构体类型，这种结构体类型中含有以位为单位定义存储长度的成员。采用这种结构可以节省存储空间，方便某些特定的操作。

2. 位段结构的定义

在位段结构中，位段的定义格式如下：

```
unsigned  <成员名>:<二进制位数>
```

在上面位段的定义格式中，“成员名”的命名与前面各章变量的命名规则相同，“二进制位数”是指该成员所占的二进制位数。

例如，下面的代码声明了一个包含 4 个位段结构的结构体类型 bitfield：

```
struct bitfield
{    unsigned a:3;   /* a 占 3 位 */
     unsigned b:1;   /* b 占 1 位 */
     unsigned c:2;   /* c 占 2 位 */
     unsigned d:2;   /* d 占 2 位 */
}
```

结构体类型 bitfield 各成员的存储结构如图 9.1 所示，成员 a 占二进制 3 位，成员 b 占二进制 1 位，成员 c 占二进制 2 位，成员 d 占二进制 2 位。

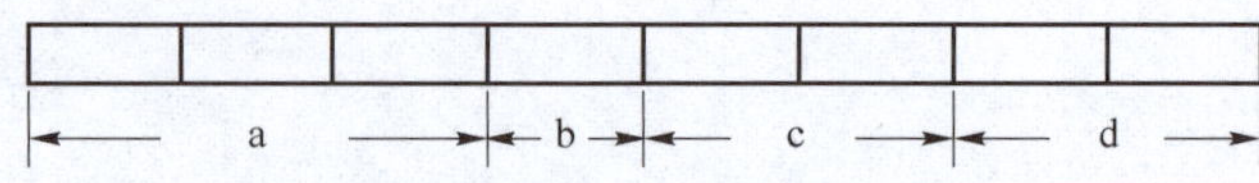

图 9.1　位段结构体的存储结构

如果需要跳过某些不用的位，则可以不指定这些位段的位段名，那么这些位段将无法引用。

例如：

```
struct bitfield
{    unsigned a:2;
     unsigned b:2;
     unsigned  :2;     /* 这 2 位是无名位段,不能引用 */
     unsigned d:2;
}
```

在这段代码中，成员 b 和 d 之间的 2 位是无名位段，因此不能引用。其存储结构如图 9.2 所示。

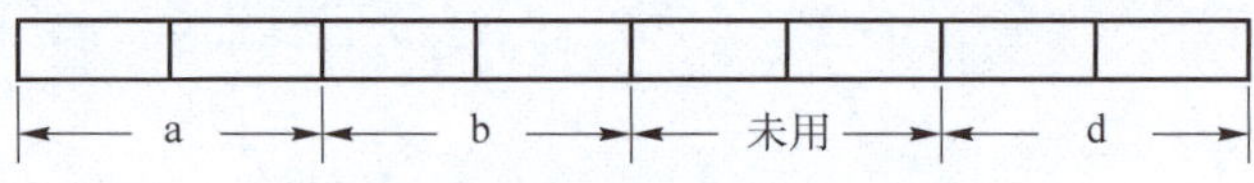

图 9.2　包含无名位段的存储结构

如果某一无名位段的位数为 0，则表示本字节余下的位不能使用，下一个位段所需占用的位要从下一字节开始取用。

例如：

```
struct bitfield
{    unsigned a:3;
     unsigned b:1;
     unsigned  :0;     /* 位数为 0 的无名位段 */
     unsigned d:2;
     unsigned e:2;
}
```

其存储结构如图 9.3 所示。

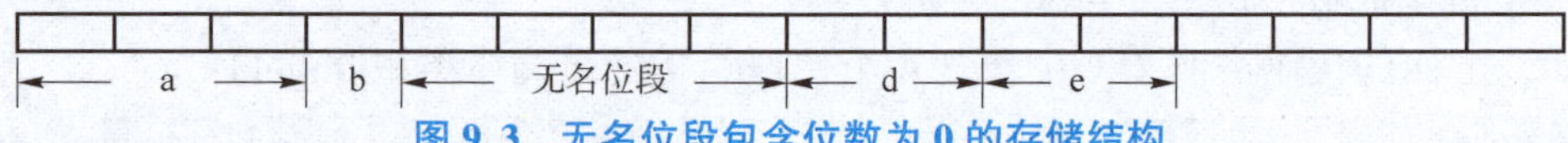

图 9.3　无名位段包含位数为 0 的存储结构

在一个结构体类型中，既可以包含位段成员，也可以包含非位段的普通结构体类型成员，形成一个混合的结构体类型。

例如：

```
struct bitfield
{    char s;            /* s 非位段,s 占 8 位,即占 1 字节空间 */
     unsigned a:3;      /* a 占 3 位 */
     unsigned b:1;      /* b 占 1 位 */
```

```
    unsigned c:2;              /*c 占 2 位 */
    unsigned d:2;              /*d 占 2 位*/
}
```

其中，成员 s 是非位段的普通结构体类型成员。其存储结构如图 9.4 所示。

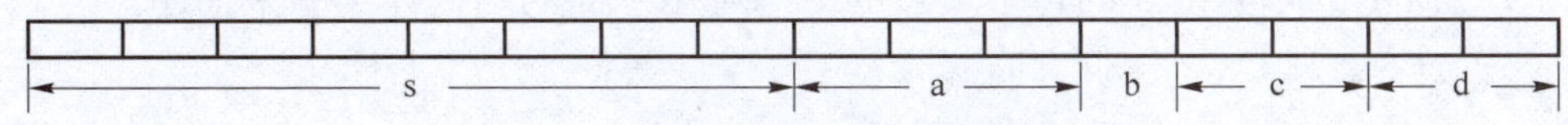

图 9.4 混合结构体类型的存储结构

3. 位段的引用

引用位段的方法与引用结构体类型变量中的成员相同。

例如，定义变量 bit：

```
struct bitfield
{   char s;
    unsigned a:3;
    unsigned b:1;
    unsigned c:2;
    unsigned d:2;
}
struct bitfield bit;
```

然后，可以用成员运算符“.”引用变量 bit 的各成员：bit. s、bit. a、bit. b、bit. c、bit. d。

在为每个位段成员赋值时，要注意每个位段成员能存储的最大值。例如，bit. a 的取值范围是 0~7，即最小值为 0、最大值为 7，若超过它的最大值，则只取其相应的低位，如果将 12（即二进制数 1100）赋给 bit. a，则其存储的实际值为低 3 位（100），即 4。

9.5 使用指针处理链表

链表是一种进行动态存储分配的结构，是一种常见且重要的数据结构，其应用非常广泛。

9.5.1 链表概述

链表是指将若干个称为节点的数据项按一定的规则连接起来的表。链表有单向链表、双向链表等形式。如图 9.5 所示是一个简单的单向链表的构造示意图。

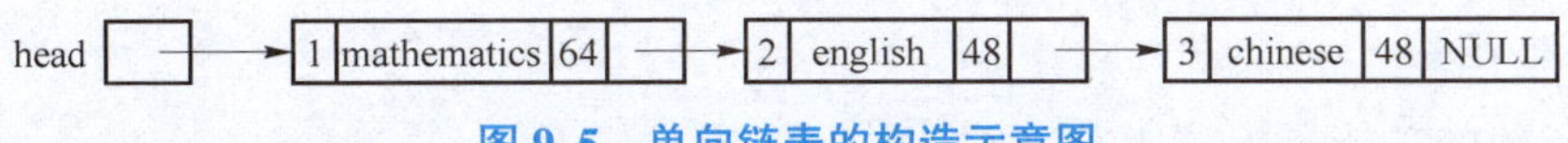

图 9.5 单向链表的构造示意图

链表由若干个节点构成，每一个节点存放一个结构体类型的数据。该结构体类型的成员分为两种，一种用来存放数据成员的值，另一种用来存放指针变量成员的值。

单向链表结构体类型中必须有一个成员，其类型为指向该结构体类型的指针变量，用来存放下一个节点的地址，其他数据成员可根据需要来设置。

单向链表有一个头指针（head），用来存放链表中第一个节点的地址。在最后一个节点中，存放地址的成员中存放着空指针（NULL），代表链表的表尾，标志链表的结束。

如图 9.5 所示的单向链表的每个节点的结构可用下面的结构体类型来描述：

```
struct course
{    int number;
     char name[7];
     int hour;
     struct course *next;  /*必须有此成员,用于存放下一个节点的地址*/
};
```

结构体类型中成员 next 为指向该结构体类型的指针变量，用于存放下一个节点的地址。

在定义了节点的结构之后，就可以定义指向该结构体类型的指针变量。

例如：

```
struct course *head, *p;
```

定义 head 和 p 之后，编译系统只为指针变量 head 和 p 分配了存储空间，而 head 和 p 并没有具体的指向。只有为 head 和 p 赋值之后，head 和 p 才有具体的指向。

从图 9.5 中可以看出，一个单向链表只有一个头指针，从头指针开始，利用节点的成员 next，可以访问链表中的每个节点。

例如，链表中第 1 个节点的各成员可表示为 head->number、head->name、head->hour、head->next。head->next 中存放了第 2 个节点的首地址。链表中第 2 个节点的各成员可表示为 head->next->number、head->next->name、head->next->hour、head->next->next。

例如，使用下面的语句，可输出每个节点的数据：

```
p=head;
while(p!=NULL)
{    printf("%d,%s,%d\n",p->number,p->name,p->hour);
     p=p->next;        /*让 p 指向下一个节点的首地址 */
}
```

9.5.2 内存分配和释放函数

操作链表时，需要动态地分配和释放节点。C 语言提供了相应的函数来申请和释放内存空间。在使用这些函数时，需要使用 #include 命令将 malloc. h 或 stdlib. h 包含进来。

1. malloc 函数

malloc 函数的功能是申请内存空间。其调用格式如下：

```
malloc(size)
```

可以使用 malloc 函数申请 size 字节大小的一块连续内存空间。如果函数调用成功，则返

回该连续内存空间的首地址；如果申请空间失败，就说明没有足够的空间可供分配，则返回空指针 NULL。

malloc 函数的返回值为 void 类型指针，在使用该函数时，需要将该返回值强制转换为所需的类型。例如，申请一个动态的 int 型所需的连续内存空间，可使用以下语句：

```
int *p;
p=(int *)malloc(sizeof(int));
```

申请 50 个动态的 int 型所需的连续内存空间，可用以下语句：

```
int *p;
p=(int *)malloc(50 * sizeof(int));
```

申请一个动态的链表节点所需的连续内存空间，可用以下语句：

```
struct course
{    int number;
     char name[7];
     int hour;
     struct course  * next;
};
struct course  * p;
p=(struct course  * )malloc(sizeof(struct course));
```

其中，函数 sizeof 用于计算某个类型（或变量）所占的字节数。例如，“sizeof(struct course)”用于为计算 struct course 结构类型所占的字节数；“malloc(sizeof(struct course))”的功能是分配一个 struct course 结构类型变量所占的内存空间；“struct course *”为强制类型转换，将 malloc 函数的返回值转换为指向 struct course 结构类型的指针。

calloc 函数也可以用于申请内存空间，其调用格式如下：

```
calloc(n,size)
```

使用 calloc 函数申请的连续空间是 n×size 字节，其功能与 malloc 函数基本相同。如果调用函数 calloc 成功，则返回该连续内存空间的首地址；如果申请空间失败，则返回空指针 NULL。

另外，如果已使用 malloc 函数或 calloc 函数分配了内存空间，要想改变其大小，则可以使用 realloc 函数重新分配内存空间。realloc 函数的调用格式如下：

```
struct course  * p;
p=(struct course  * )malloc(sizeof(struct course));
realloc(p,size)
```

其功能是将 p 指向的内存空间的大小变为 size 字节，p 的值不变。若分配失败，则返回空指针 NULL。

2. free 函数

对于用函数 malloc 或 calloc 申请的空间，在使用结束后必须用 free 函数释放，所以 free 与 malloc 或 calloc 经常配对使用。函数 free 的调用格式如下：

```
free(指针变量名)
```

free 函数的功能是释放“指针变量名”所指向的连续内存空间。释放之后，该连续内存空间才可以被其他变量所使用。例如：

```
int *p;
p=(int *)malloc(sizeof(int));
free(p);
```

9.5.3　单向链表的操作

1. 建立链表

建立单向链表需要不断地生成新节点、输入新节点的数据，并将新节点与已有节点连接。建立图 9.6 所示的单向链表，需要下面的结构体类型：

```
struct product
{    int number;
     char name[20];
     int count;
     struct product *next;
}
```

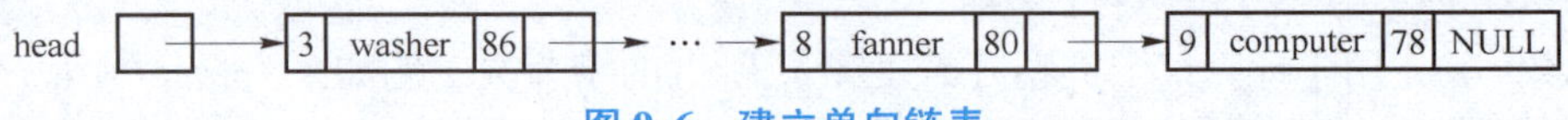

图 9.6　建立单向链表

如下的 createlist 函数可完成建立如图 9.6 所示的单向链表的任务：

```
struct product *createlist()                          /*函数 createlist 返回链表的首地址*/
{    char mark='y';
     struct product *head, *new, *p;
     head=(struct product *)malloc(sizeof(struct product));  /*为新节点申请内存空间*/
     if(head!=NULL)                                  /*若申请内存空间成功,输入第一个节点成员值*/
       { printf("请输入新节点的 number 成员值:");  scanf("%d",&head->number);
         printf("请输入新节点的 name 成员值:");  scanf("%s",head->name);
         printf("请输入新节点的 count 成员值:");  scanf("%d",&head->count);
         head->next=NULL;
         p=head;                        /*指针变量 p 指向第一个节点,也是当前链表的最后一个节点*/
       }
    else
       {printf("不能建立链表的新节点\n");  exit(0);}
    printf("建好了第 1 个节点。");
    printf("若继续建立链表的其他新节点,请输入“y”或“Y”。");
    scanf("%c",mark);
    while(mark=='y' || mark=='Y')        /*若 mark 的值是 y 或 Y,则继续创建新节点,否则结束*/
       {new=(struct product *)malloc(sizeof(struct product));        /*为新节点申请内存空间*/
        if(new!=NULL)                   /*若申请内存空间成功,输入新节点成员值*/
```

```
        { printf("请输入新节点的 number 成员值:");    scanf("% d ",&new->number);
          printf("请输入新节点的 name 成员值:");    scanf("% s ",new->name);
          printf("请输入新节点的 count 成员值:");    scanf("% d ",&new->count);
          new->next=NULL;
          p->next=new;          /* 将 new 指向的新节点连接在链表的后面 */
          p=new;                /* 让指针变量 p 仍然指向当前链表的最后一个节点 */
        }
    else
      {printf("不能建立链表的新节点\n");    exit(0);}
    printf("若继续建立链表的其他新节点,请输入"y"或"Y"。");
    scanf("% c",&mark);         /* 若 mark 的值是 y 或 Y,则继续创建新节点,否则结束 */
   }
  return(head);
}
```

上述代码中，在 while 循环前，申请第一个新节点所需的内存空间。若申请成功，则输入新节点的成员值；若申请不成功，则调用 exit(0)结束程序运行。在 while 循环中，每次申请一个新节点所需的内存空间。若申请成功，则输入新节点的成员值；若申请不成功，则使用 exit(0)结束程序运行。循环结束时，函数 createlist 返回存放链表首地址的指针变量值。

2. 向现有链表中插入新节点

假设现有一个链表，变量 head 存放链表的头指针，链表中各节点按成员 number 值从小到大排列，现将一个新节点插入链表，要求插入新节点后的所有节点仍按 number 值从小到大排列。设新节点的指针为 new，新节点的插入可分为以下 3 种情况。

（1）新节点的 number 值最小，新节点插入后成为第 1 个节点，新节点的指针成为链表的头指针，如图 9.7 所示。

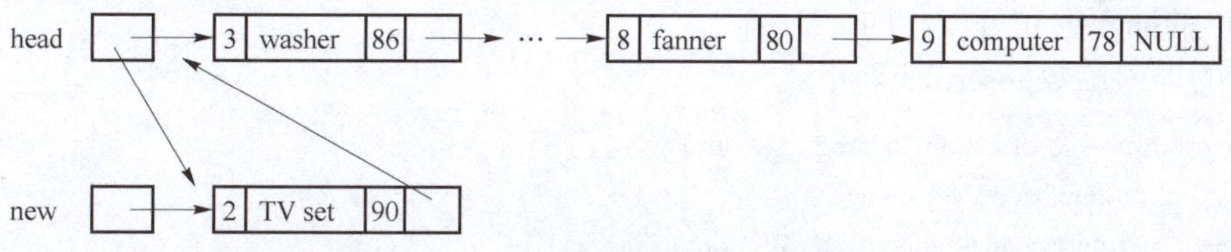

图 9.7　新节点成为第 1 个节点

完成插入的语句如下：

```
new->next=head;        /* 让原来的 head 存放到 new->next,原来的第 1 个节点变成了第 2 个 */
head=new;              /* 让 new 指向的新节点成为第 1 个节点 */
```

（2）新节点的 number 值比链表中某一节点的 number 值小，但不是最小值。例如，新节点的 number 值为 8，那么应将它插入 number 值为 9 的节点之前，如图 9.8 所示。

可以定义两个指针变量 p 和 q，从 head 出发，顺序向后找，找到待插入的位置（即某个节点，本例中为 number 值为 9 的节点），让 p 指向该节点（number 值为 9），让 q 指向该节点的前驱节点（number 值为 6），然后完成插入。

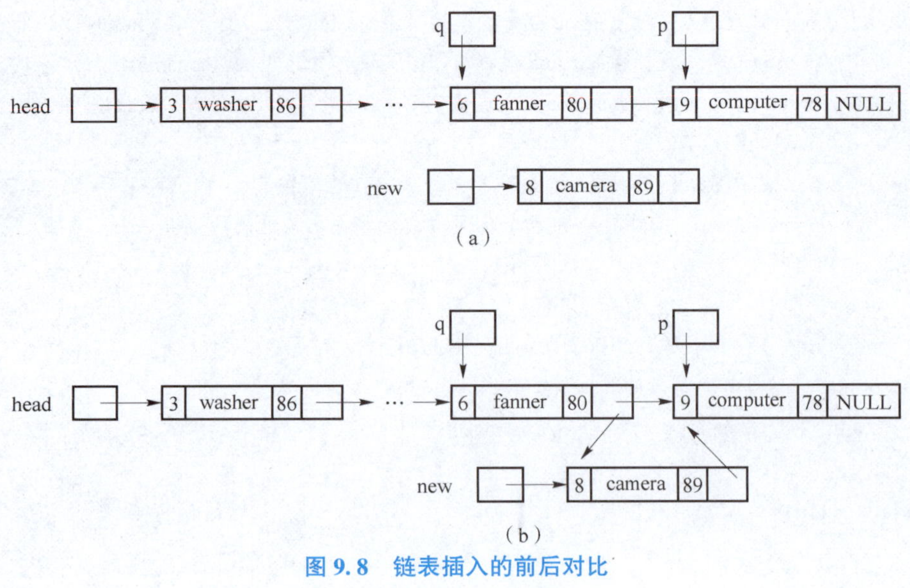

图 9.8 链表插入的前后对比

(a) 插入前；(b) 插入后

完成插入的语句如下：

```
p=head;
while(p!=NULL && p->number<new->number)
{    q=p;                /* q 跟随 p 向后移动 */
     p=p->next;          /* p 指向 q 后面的相邻节点 */
}
new->next=p;             /* 找到插入位置后,p 与 new 连接 */
q->next=new;             /* q 与 new 连接 */
```

（3）新节点的 number 值最大，新节点应该插入链表的最后，其插入过程的语句与上面情况（2）的插入语句可以相同。

完整的插入函数 insertlist 如下：

```
struct product *insertlist(struct product *head)
{    struct product *p, *q, *new;
     new=(struct product *)malloc(sizeof(struct product));  /* 为新节点申请内存空间 */
     if(new!=NULL)                                          /* 若申请成功,则输入新节点成员值 */
       { printf("请输入新节点的 number 成员值:");
         scanf("%d",&new->number);
         printf("请输入新节点的 name 成员值:");
         scanf("%s",new->name);
         printf("请输入新节点的 count 成员值:");
         scanf("%d",&new->count);
         new->next=NULL;
         if(new->number<head->number || head==NULL)
           { new->next=head;                                /* 将新节点插在表头 */
             head=new;
           }
```

```
        else
        {    p=head;
             while(p!=NULL && p->number<new->number)         /*查找插入位置*/
                 {q=p;
                  p=p->next;
                 }
             new->next=p;                                    /*插在表中或表尾*/
             q->next=new;
           }
        return(head);
        }
    else
        {printf("不能建立链表的新节点\n");exit(0);}
    }
```

3. 删除链表中的节点

若想从链表中删除一个节点，则应先找到待删节点，然后将其删除。

假设链表不是空表，那么删除操作可分为以下两种情况。

（1）准备删除的节点是链表的头节点，如图9.9所示。

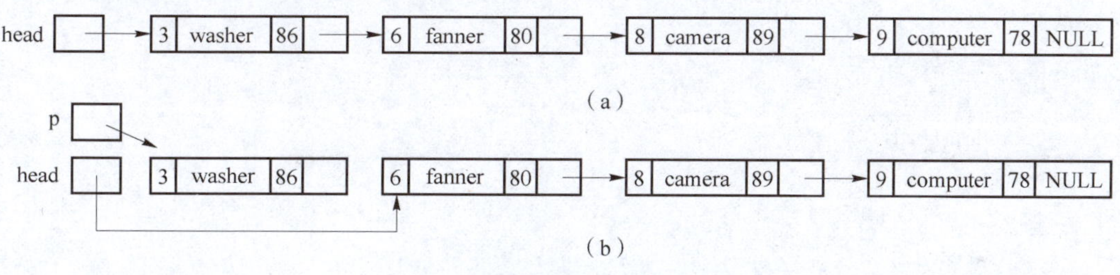

图9.9 删除头节点的前后对比

（a）删除头节点前；（b）删除头节点后

此外，也可用语句“head=head->next;”来完成删除，即让原来的第2个节点成为新的第1个节点。注意：在删除时，要使用free函数将被删节点占用的内存释放，让系统重新分配这些单元。完整的删除语句如下：

```
p=head;
head=head->next;
free(p);
```

（2）准备删除的节点为除头节点之外的某一节点，如图9.10所示。此时，应在链表中找到准备删除的节点，如果要删除number值为8的节点，则让指针变量p指向该节点，让指针变量q指向它的前一节点（number值为6），将number值为8的节点的next成员的值（即number值为9的节点的首地址）存放到number值为6的节点的next成员中，即执行语句“q->next=p->next;”操作，就可以完成删除。删除完成后，头指针并不改变。

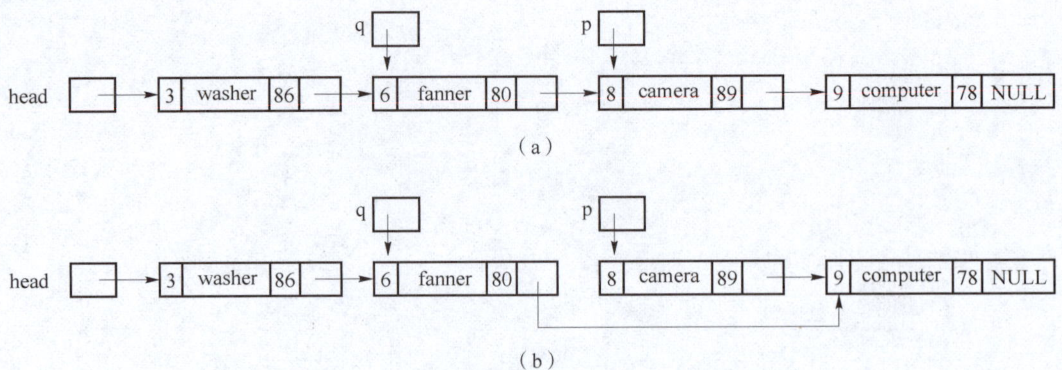

图 9.10 删除 number 值为 8 的节点的前后对比

(a) 删除 number 值为 8 的节点前；(b) 删除 number 值为 8 的节点后

删除单项链表中节点值为 num 的函数 deletelist 如下：

```
struct product  * deletelist(struct product  * head)
{     struct product  * p, * q;    int num;
      printf("\n 请输入被删除节点的 number 成员值:");
      scanf("%d",&num);
      if(num==head->number)              /* 若条件为真,则删除头节点 */
         {p=head;
          head=head->next;
          free(p);
          return(head);
          }
      else
          {q=head;
           p=head->next;
           while(p &&(p->number!=num))
                {q=p;   p=p->next;}   /* q 随 p 向后移动,查找 number 成员值为 num 的节点 */
           if(p)   /* 若找到准备删除的节点(p 指向该节点),则将其删除,并释放节点所占的空间 */
                {q->next=p->next;   free(p);   }
           else   printf("\n 没有找到 number 成员值为%d 的节点。\n ",num);
           return(head);
        }
   }
```

4. 输出链表各节点的成员值

输出链表各节点的成员值，可以使用指针变量 p，从头节点出发，让 p 依次指向每个节点。输出函数 printlist 如下：

```
void printlist(struct product  * head)
{     struct product  * p;
      p=head;
      while(p!=NULL)
```

```
    {printf("% d,",p->number);
     printf("% s,",p->name);
     printf("% d\n",p->count);
     p=p->next;
    }
}
```

对于如图 9.11 所示的链表，输出结果如下：

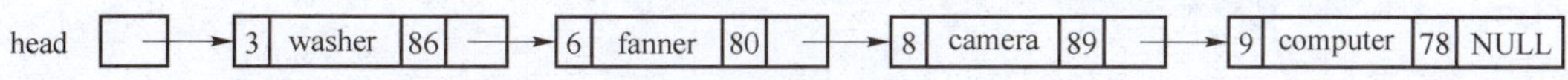

图 9.11　输出链表

```
3,washer,86
6,fanner,80
8,camera,89
9,computer,78
```

在前面 4 个函数的基础上，下面编写操作链表的主函数，主函数可以调用前面的 4 个函数，分别完成链表的建立、插入、删除、输出等操作。

主函数如下：

```
#include<stdio.h>
#include<alloc.h>
struct product
{    int number;
     char name[20];
     int count;
     struct product *next;
}
int main()
{    struct product *head;
     int select;
     while(1)
        {printf("1. 建立链表\n");
         printf("2. 向链表中插入一个节点\n");
         printf("3. 删除链表中的一个节点\n");
         printf("4. 输出链表各节点的成员值\n");
         printf("5. 结束链表操作\n");
         printf("请选择 1~5:\n");
         scanf("% d",&select);
         if(select==5){printf("链表操作结束,再见\n");    break;}
         switch(select)
           {case 1:head=createlist();    break;
            case 2:head=insertlist(head);    break;
            case 3:head=deletelist(head);    break;
            case 4:printlist(head);
           }
        }
}
```

注意： 由于函数 insertlist 是在节点的 number 成员值从小到大排列的基础上设计的，因此在使用函数 createlist 时，输入的各节点的 number 成员值应从小到大排列。

9.6 共用体类型和枚举类型

9.6.1 共用体类型

1. 共用体类型的概念

共用体类型的含义是多个成员共同占用一段内存。共用体类型是 C 语言提供给用户自定义的又一种数据类型。声明共用体类型的格式如下：

```
union 共用体类型名
  {
    成员列表;
  };
```

与定义结构体类型变量类似，定义共用体类型变量有以下 3 种格式。

（1）先声明共用体类型，再定义共用体类型变量。格式如下：

```
union 共用体类型名
{
  成员列表;
};
union 共用体类型名 变量列表;
```

（2）声明共用体类型的同时定义共用体类型变量。格式如下：

```
union 共用体类型名
{
  成员列表;
}变量列表;
```

（3）直接定义共用体类型变量。格式如下：

```
union
{
  成员列表;
}变量列表;
```

例如，使用第 1 种格式定义了两个 public 共用体类型的变量 a、b：

```
union public
{
    char flag ;
```

```
        short num ;
        long count;
    };
    union public a,b ;
```

2. 共用体类型成员的引用

共用体类型成员的引用方式与结构体类型成员的引用方式相同。格式如下：

```
共用体类型变量名.成员名
```

例如，对于已定义的共用体类型变量a，各成员引用方式为a. flag、a. num、a. count。各成员所占空间：flag占1字节；num占2字节；count占4字节。定义a之后，系统为a分配4字节的内存（即占内存空间最大的成员count所占的内存空间）。如图9. 12所示为共用体类型成员的存储分配情况。

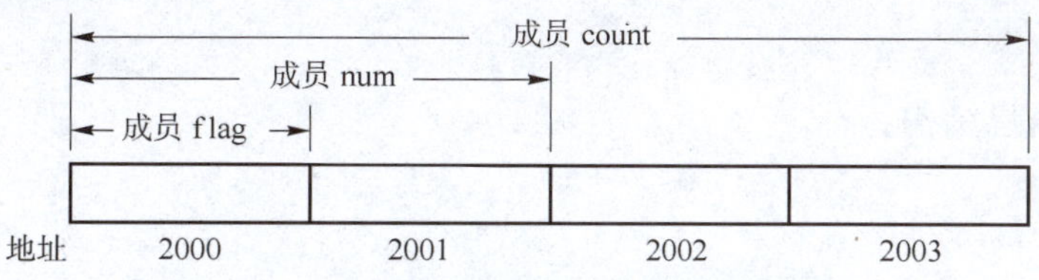

图9. 12 共用体类型变量的存储分配情况

虽然这4字节的内存单元由成员flag、num、count共同使用，但是在某一时刻，只能由flag、num、count中的某一个成员占用。

例如，顺序执行下面的语句之后，这4字节中存储的是成员count的值。

```
a. flag='A';
a. num=23;
a. count=456;
```

3. 共用体类型数据的特点

共用体类型的数据具有以下特点：

（1）共用体类型变量的定义和成员的引用格式与结构体类似。

（2）共用体类型变量的值是最后存放的成员的值。

（3）结构体类型变量所占内存单元等于各成员所占内存单元之和，而共同体类型变量所占内存单元是取各成员所占内存的最大值。

（4）共用体类型变量的地址与它的成员地址是同一地址，如上述举例中的&a、&a. flag、&a. num、&a. count是同一个地址；而结构体类型的各成员地址都不相同。

（5）共用体类型变量不能进行初始化，不能作函数的参数，也不能调用函数返回共用体类型变量的值，但可以使用指向共用体类型变量的指针；结构体类型变量能进行初始化，能作函数的参数，也能调用函数返回结构体类型变量的值。

（6）共用体类型中可以有结构体类型成员；结构体类型中也可以有共用体类型成员。

例 9.4 某公司将所有员工分成两类，一类从事管理工作，另一类从事技术工作。从事管理工作的员工有管理级别，但无技术职称；而从事技术工作的员工有技术职称，但无管理级别。在建立员工档案时，可以使用如下结构体类型和共用体类型。

员工的结构类型：

```
union type
{    char technic [20];          /* 技术职称 */
     char manage[20];            /* 管理级别 */
};
```

出生日期的结构：

```
struct date
{    int year;
     int month;
     int day;
}
```

员工档案的信息结构：

```
struct staff
{    int number;
     char name[20];
     int sex;
     struct date birthday;
     union type classify;
};
```

若定义 struct staff 的结构体类型变量 a，则对于从事技术工作的员工，除了输入number、name、sex、birthday 的值，还需要输入 a. classify. technic 的值，而对于从事管理工作的员工，则需要输入 a. classify. manage 的值。

9.6.2 枚举类型

枚举类型是 C 语言的新标准所增加的一种简单类型。

声明枚举类型的一般形式如下：

```
enum 标识符
{枚举元素,枚举元素,…  };
```

其中，枚举元素为标识符。例如：

```
enum week
{    sun,mon,tue,wed,thu,fri,sat };
enum week wk;
```

该代码声明了枚举类型 enum week，定义了 enum week 的类型变量 wk。

除了以上声明枚举类型及定义枚举类型变量的形式外，还有与结构体类型声明及定义变量相似的另两种形式，这里就不详细介绍了。

枚举类型声明中的每个枚举元素均为常量，叫作枚举常量。这些枚举元素组成枚举表。如果在声明时不特别赋值说明，则从第一个枚举元素开始，其值依次为 0、1、2、…。如果用等号为某一枚举元素赋一特殊整数值，而其后的枚举元素没有赋值，则后边枚举元素值依次加 1。例如，在枚举类型 enum week 中，若 sun = 1，则后续的枚举元素依次为 2、3、…。若后续的枚举元素另有赋值，则以赋值为准。

枚举类型变量的取值只能是枚举表中的某个枚举常量。例如，枚举类型变量 wk 的取值为 sun，可以写成“wk = sun;”（不能写成“wk = 0;”）。

可以用“printf("%d\n",wk);”输出枚举类型变量值，当“wk = sun;”时，打印结果为 0。

可以对枚举类型变量值进行判断比较，例如定义“enum week wk1,wk2;”之后，可以进行“wk1<wk2”的比较。如果“wk1 = sun;wk2 = mon;”，那么根据上面的枚举类型声明，sun 的值为 0，mon 的值为 1，则“wk1<wk2”为真。

枚举常量具有见名知义的优点，并且枚举类型变量的取值范围限制在枚举表内，一旦取值超过取值范围，可立即给出错误提示。所以枚举类型变量在一些特殊场合下使用方便。

例 9.5 从键盘输入一个代表月份值的整数，显示与该整数对应的英文月份名称。

程序代码如下：

```
#include<stdio.h>
int main()
{   enum month {Jan,Feb,Mar,Apr,May,Jun,Jul,Aug,Sep,Oct,Nov,Dec} mon;
    int k;
    printf("Input a number(1~12):");
    scanf("%d",&k);
    mon=(enum month)k;  /*将整型 k 的值转换成枚举类型*/
    switch(mon)
      {   case Jan:printf("January \n");break;
          case Feb:printf("February \n");break;
          case Mar:printf("March \n");break;
          case Apr:printf("April \n");break;
          case May:printf("May \n");break;
          case Jun:printf("June \n");break;
          case Jul:printf("July \n");break;
          case Aug:printf("August \n");break;
          case Sep:printf("September \n");break;
          case Oct:printf("October \n");break;
          case Nov:printf("November \n");break;
          case Dec:printf("December \n");break;
      }
}
```

运行程序时，若输入“9”，则显示如下：

```
Input a number(1~12):9↙
September
```

9.7 用 typedef 声明类型

可以使用 typedef 声明新类型。实际上，是用 typedef 声明的新类型名代替原有的类型名，即为原有的类型名起一个别名。例如，下面用 typedef 声明新类型 INTEGER 和 REAL：

```
typedef int INTEGER        /* 声明新的类型 INTEGER,实际是为 int 型起一个别名 */
typedef float REAL         /* 声明新的类型 REAL,实际是为 float 型起一个别名 */
```

声明新类型之后，可以用新类型定义变量。例如：

```
INTEGER a,b,number[10];        /* 实际上定义的是 int 型的变量 a,b 和数组 number */
REAL x,y,price[20];            /* 实际上定义的是 float 型的变量 x,y 和数组 price */
```

INTEGER 和 REAL 是 FORTRAN 语言中定义整型和实型变量所用的关键字。对于不了解 FORTRAN 语言的读者来说，使用这种声明的意义不大。

但是对于结构体、共用体、枚举类型变量的定义，使用 typedef 可简化书写。例如：

```
struct staff
{   int number;
    char name[20];
    int age;
};
typedef struct staff DATA;
```

这样声明新类型 DATA 后，可以用 DATA 代替原结构体类型 struct staff，直接用 DATA 来定义结构体类型变量，相对更简单。例如：

```
DATA sta1,sta2,*p;
```

其中，sta1 和 sta2 是结构体类型 struct staff 的变量，p 为指向上述类型的指针变量。

声明数组类型与前面的类型声明格式稍有差别。例如：

```
typedef char STR[20];
```

该语句声明了一个 STR 类型，它是具有 20 个字符的数组类型。

可以用下面的语句来定义一个具有 20 个字符的字符数组 site。

```
STR site;
```

声明新类型名的步骤如下：

（1）先写出定义变量 n 的语句（如“int n;”）。

（2）将变量 n 换成新类型名 INTEGER（如“int INTEGER;”）。

（3）在前面加上 typedef（如“typedef int INTEGER;”）。

（4）成功声明新类型名 INTEGER 之后，可以用新类型名去定义变量。

下面用新类型名 INTEGER 定义的 i、j 实际上是 int 型变量。

```
INTEGER i,j;
```

9.8 程序设计举例

例 9.6 某公司生产 300 种产品，请编程使用结构体类型数组管理公司的产品信息，产品信息包括：产品编号、产品名称、单件成本、月产量。完成下面任务：

（1）输入产品信息存放在结构体类型数组中。

（2）计算并输出每种产品的月成本总和（月成本总和等于单件成本乘以月产量）。

（3）根据产品编号查找并输出该产品信息。

【分析】 可以定义包含 4 个成员（产品编号、产品名称、单件成本、月产量）的结构体类型数组 prod[300]，用于存放产品信息。编写 3 个函数（func1、func2、func3）供主函数调用，分别完成任务。

程序代码如下：

```
#include<stdio.h>
#include<string.h>
#define N 300
struct product
{   int num;
    char name[20];
    int cost;
    int count;
}prod[N];               /* 数组 prod 存放 300 种产品的信息 */
int sum[N]={0};         /* 数组 sum 存放每种产品的成本总和 */
void func1()            /* 函数 func1 的功能是输入产品信息,存放在数组 prod 中 */
{int i;
 for (i=0;i<N;i++)
    {printf("请输入产品编号:");  scanf("%d",&prod[i].num);
     printf("请输入产品名称:");  gets(prod[i].name);
     printf("请输入单件成本:");  scanf("%d",&prod[i].cost);
     printf("请输入月产量:");   scanf("%d",&prod[i].count);
    }
 return;
}
void func2()           /* 函数 func2 的功能是计算并输出每种产品的生产成本总和 */
```

```
{   int i;
    for(i=0;i<N;i++)
        sum[i]= prod[i].cost * prod[i].count
    printf("每种产品的月生产成本总和如下:\n");
    for(i =0;i<N;i++)
        {printf("产品编号%d,产品名称%s,",prod[i].num,prod[i].name);
         printf("单件成本%d,月产量%d,\n",prod[i].cost,prod[i].count);
         printf("月生产成本总和%d。\n",sum[i]);
        }
    return;
}
void func3()  /* 函数 func3 的功能是根据产品编号查找并输出该产品信息 */
{   int i,seek,mark=0;
    printf("请输入产品编号:");
    scanf("%d",&seek);
    for(i=0;i<N;i++)
        if(prod[i].num==seek)
          {printf("产品编号%d,产品名称%s,",prod[i].num,prod[i].name);
           printf("单件成本%d,月产量%d。\n",prod[i].cost,prod[i].count);
           mark=1;
          }
    if(mark==0)
      printf("没有找到产品编号为%d 的产品。\n",seek);
  return;
}
int main()
{   int select;
    while(1)
        {printf("————————————产品信息管理————————————\n:");
         printf("——————1. 输入产品信息——————————————————\n");
         printf("——————2. 计算并输出每种产品的月生产成本总和——————\n");
         printf("——————3. 根据产品编号查找并输出该产品信息——————\n");
         printf("——————4. 结束操作——————————————————\n");
         printf("请选择(1,2,3,4):");
         scanf("%d",&select);
         if(select==1)  func1();
         else if(select==2)  func2();
         else if(select==3)  func3();
         else if(select==4)  break;
         else  {printf("选择有误！请重新选择！\n");continue;}
       }
    printf("谢谢使用！再见！\n");
    return 0;
}
```

9.9 习 题

1. 阅读程序，写出运行结果。

（1）
```
#include<stdio.h>
struct date
{   int year;int month;int day;
} kh[3]={{2015,3,21},{2017,5,17},{2019,8,26}};
int main()
{   int s=400;
    s=s+kh[0].month+ kh[1].day+ kh[2].year;
    printf("%d\n",s);
}
```

（2）
```
#include<stdio.h>
int main()
{   struct stru{short m;int n;char s[4];} a, *p;
    p=&a;   a.m=123;   a.n=456;
    a.s[0]=65;   a.s[1]=66;   a.s[2]=67;   a.s[3]=68;
    printf("%d,%d,%s\n",(*p).m,(*p).n,(*p).s);
    return 0;
}
```

（3）
```
#include<stdio.h>
struct stall {int num;   char name[10];   int age;};
struct stall st[3]={{2033,"Zhang",32},{2045,"Wang",35},{2067,"Zhao",28}};
int main()
{   struct stall *p;   p=st;
    printf("%d,   ",p->num);
    p++;printf("%s,",p->name);
    p++;printf("%d\n",p->age);
    return 0;
}
```

（4）
```
#include<stdio.h>
  union type{int num;   char name[5];};
  struct stall {int flag;   char mark;union type class;}a;
  int main()
  { a.flag=123;   a.mark='m';   a.class.num=4567;
    printf("%d,%c,%d,   ",a.flag,a.mark,a.class.num);
        /*换成"printf("%d,%c,%s,",a.flag,a.mark,a.class.name);"会怎样？*/
    a.class.name[0]='A';a.class.name[1]='B';a.class.name[2]='C';
    a.class.name[3]='D';a.class.name[4]='\0';
```

```
    printf("%d,%c,%s \n",a.flag,a.mark,a.class.name);
        /*换成"printf("%d,%c,%d \n",a.flag,a.mark,a.class.num);"会怎样？ */
}
```

（5）
```
#include<stdio.h>
enum color {red,yellow,green,blue,white,black};
char *name[ ]={"red","yellow","green","blue","white","black"};
int main()
{   enum color co1,co2;  co1= green;  co2= black;
    printf("%d,%d,\ t",co1,co2);
    printf("%s,%s\n",name[(int)co1],name[(int)co2]);
    return 0;
}
```

2. 编写程序。

（1）有500条学生数据记录，每条记录包括“学号”“姓名”“数学成绩”“英语成绩”和“语文成绩”。请用结构体数组实现对每名学生总分（总分=数学成绩+英语成绩+语文成绩）的计算和输出。

（2）有800个零件的数据，每个零件的数据包括“编号”“零件名”“零件单价”和“零件库存个数”。请用结构体数组计算所有零件的平均单价、平均库存数。

（3）某公司有若干员工，每位员工的数据包括“编号”“姓名”“职称”和“年龄”。请用结构体数组和结构体指针变量编程：输出年龄小于40岁的员工的数据，输出职称为“高级工程师”的员工的数据。

（4）使用指向结构体的指针变量编写：从键盘输入某班级50个学生的信息（学号、姓名、体重），然后输出所有学生的信息，以及体重的最大值、最小值和平均值。

（5）某超市有若干种商品，每种商品的信息包括“编号”“商品名”“单价”“产地”。请将这些信息存放在结构体数组中，并使用结构体指针变量编程：根据给定的商品名查找显示商品信息，根据给定的产地查找显示商品信息，计算所有商品的单价之和。

扫描二维码获取习题参考答案

第 10 章 文 件

10.1 文件概述

10.1.1 C 语言的文件概念

“文件”通常是指存储在外部介质（如磁盘）上的一组相关数据的集合，操作系统以文件为单位对数据进行管理。“文件”有一个名称，这个名称就是文件名，文件名便于定位这组相关数据的集合。如果要获取存储在外部介质上的数据，则必须按文件名找到存放该数据的文件，再从文件中读取数据。

从用户的角度来看，C 语言中的文件分为普通文件和设备文件。

普通文件是驻留在外部介质上的有序数据集，它可以是源文件、目标文件、可执行程序，通常被称为程序文件；也可以是一组待输入的原始数据（或者是一组输出结果），通常被称为数据文件。

设备文件是指与主机相连的各种外部设备，如显示器、鼠标、键盘、打印机等。对于操作系统来说，每一个与主机相连的输入/输出设备都是一个文件，对该设备的输入/输出等同于对文件的读/写操作。

通常将显示器定义为标准输出文件，将键盘定义为标准输入文件。例如，printf、putchar 等函数将信息输出到标准输出文件（即显示器），scanf、getchar 等函数从标准输入文件（即键盘）得到数据。

10.1.2 数据文件的存储形式

从文件的编码方式来看，文件可以分为两种：ASCII 码文件；二进制文件。

ASCII 码文件又称文本文件。在磁盘中存储 ASCII 码文件时，每个字符对应 1 字节，存放的是该字符的 ASCII 码值。二进制文件则把内存中的数据（按其在内存中的存储形式）原样输出到文件中存放。

ASCII 码文件的内容可以在屏幕上按字符显示。例如，C 源程序代码文件就是 ASCII 码文件。我们可以使用各种编辑软件打开文本文件，如使用 Windows 操作系统中的写字板或记事本。二进制文件虽然有时也能显示在屏幕上，但我们很难读懂其内容。

如图 10. 1 所示，内存的 2 字节中存放的二进制数是 00001100 11011011，它对应的十进制数是 3291。若将内存的存储内容用 ASCII 码形式输出，则对于十进制数 3291 就是输出 4 个字符，即'3'、'2'、'9'、'1'，这 4 个字符的 ASCII 码值的二进制形式分别是：00110011、00110010、00111000、00110001。

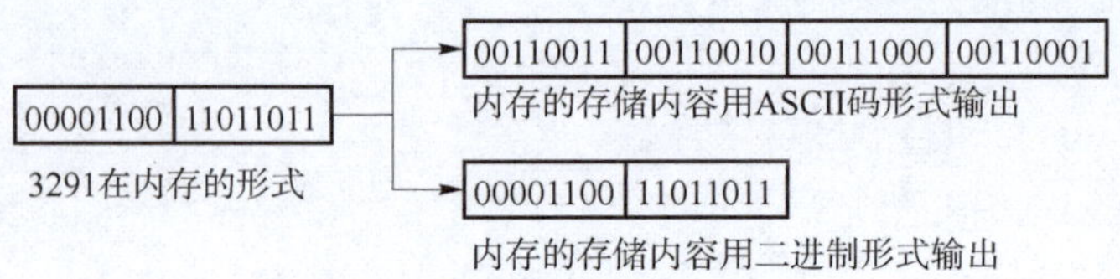

图 10. 1　数据的存储形式示意

用 ASCII 码形式输出时，字节与字符一一对应，1 字节代表一个字符。这样既便于对字符逐个处理，也便于输出字符。但用 ASCII 码形式输出一般占用的存储空间较多，而且要耗费时间转换。若将内存的存储内容用二进制形式输出，则可以节省外存空间和转换时间，但字节与字符之间无一一对应关系，不能直接输出字符形式。

当中间运算结果等数据需要暂时保存在外存上时，通常用二进制文件保存。

由于 C 文件的内容是一串字节流或二进制流，因此 C 系统在处理这些文件时，并不区分类型，而将其看成字符流，按字节进行处理。输入/输出字符流的开始和结束只由程序控制，而不受物理符号（如回车符）的控制，即在输出时不会自动增加回车符作为记录结束的标志，输入时不以回车符作为记录的间隔。这种文件称为流式文件。

10. 1. 3　标准文件与非标准文件

旧版本的 C 语言（如 UNIX 操作系统下的 C 语言）处理文件的方式有两种：一种是缓冲文件系统（又称为标准文件系统），另一种是非缓冲文件系统（又称为非标准文件系统）。

缓冲文件系统是指系统自动在内存区为每个正在使用的文件开辟一个缓冲区，从内存向磁盘传输数据时，必须将数据先送到内存的缓冲区，待缓冲区装满数据后，再一起送到磁盘。相反操作也一样，从磁盘向内存传输数据，每次先从磁盘文件中将一批数据传输到缓冲区，再从缓冲区逐个将数据传送到程序数据区（为程序中的变量赋值），如图 10. 2 所示。

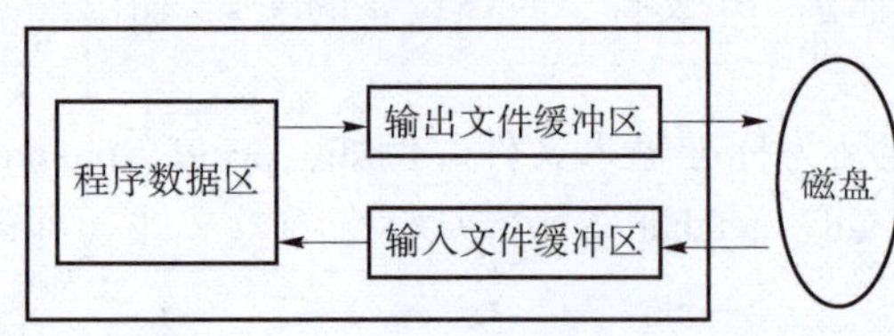

图 10. 2　缓冲文件系统示意图

缓冲区的大小随 C 语言的版本不同而不同，一般为 512 字节。

非缓冲文件系统是指：系统不自动开辟确定大小的缓冲区，而由程序为每个文件设定缓冲区。

C 语言中没有专门的输入/输出语句，对文件的读/写都是由库函数来实现的，ANSI 规定了输入/输出函数，用它们对文件进行读写。本章只介绍 ANSI C 规定的缓冲文件系统，即标准文件系统。

10.1.4　文件类型指针

文件类型指针是缓冲文件系统中的一个关键概念。每个存在的文件都在内存中开辟一个区域，用于存放文件的相关信息（如文件的名称、文件状态、文件当前位置等），这些信息保存在一个结构体变量中，该结构体由系统声明，取名为 FILE。

结构体类型 FILE 的定义存放于“stdio. h”文件中，因此在进行文件操作时，要使用 include 命令将头文件“stdio. h”包含进来。

为了存放文件的相关信息，需要定义一个 FILE 类型的变量。也可以定义一个 FILE 类型的指针变量，用于指向某一个 FILE 类型的变量。

定义文件类型指针变量的格式如下：

```
FILE *指针变量标识符;
```

例如，下面定义的 fp 是指向文件类型的指针变量：

```
FILE *fp;
```

打开文件时，系统自动为该文件定义了一个 FILE 类型变量，并使该文件与对应的 FILE 类型变量建立联系。习惯上，笼统地把 fp 称为文件类型指针。

一个 FILE 类型的指针变量 fp 指向一个 FILE 类型变量，通过 fp 就可以找到该 FILE 类型变量，然后可按该 FILE 类型变量提供的信息找到该文件，就可以对该文件进行操作。

打开文件是指建立文件的各种有关信息，并使 FILE 类型指针指向该文件，以便对文件进行操作。关闭文件是指断开 FILE 类型指针与该文件之间的联系，也就是禁止对该文件进行操作。

10.2　文件的打开与关闭

C 语言在读写文件之前，应该先“打开”该文件，读写之后应该“关闭”该文件，否则会出现一些意想不到的错误。

10.2.1　使用 fopen 函数打开文件

使用 fopen 函数可以打开文件，格式如下：

```
FILE *fp;
fp=fopen(文件名,使用文件的方式);
```

例如：

```
FILE *fp;
fp=fopen("e:\\vc\\user\\wen.txt","r");
```

表示要打开的文件名为 wen. txt，该文件在 e:\vc\user 目录中，使用文件的方式为只读（r）。如果不列路径（如“e:\\vc\\user\\”），则表示文件 wen. txt 在当前目录中。在括号中使用转义字符“\\”表示“\”，用于隔开各级目录。

fopen 函数返回指向 wen. txt 文件的指针，并赋给文件类型指针 fp，这样 fp 就和文件 wen. txt 建立了联系，或者说 fp 指向了文件 wen. txt。

使用文件的方式除了只读（r）以外，还有一些使用文件的方式，如表 10. 1所示。

表 10. 1　文件的使用方式

字符	含　义
r	以只读方式打开一个文本文件。文件必须存在，否则打开失败。打开后，文件内部的位置指针指向文件首部的第一个字符
w	以只写方式打开一个文本文件。如果文件不存在，则建立该文件。如果文件已存在，则删除原文件内容，写入新内容
a	以追加方式打开一个文本文件。只能向文件尾追加数据。文件必须存在，否则打开失败。打开后，文件内部的位置指针指向文件尾
rb	以只读方式打开一个二进制文件。文件必须存在，否则打开失败。打开后，文件内部的位置指针指向文件首部的首字节
wb	以只写方式打开一个二进制文件。如果文件不存在，则建立该文件。如果文件已存在，则删除原文件内容，写入新内容
ab	以追加方式打开一个二进制文件。只能向文件尾追加数据。文件必须存在，否则打开失败。打开后，文件内部的位置指针指向文件尾
r+	以读/写方式打开一个文本文件。文件必须存在。打开后，文件内部的位置指针指向文件首部的第一个字符。打开后，既可以读取文本内容，也可以写入文本内容，也可以既读又写
w+	以读/写方式打开或新建一个文本文件。如果文件已存在，则新的写操作将覆盖原有数据。如果文件不存在，则建立一个新文件。还可以在不关闭文件的情况下，再读取文件内容
a+	以读和追加的方式打开一个文本文件。允许读或追加。文件必须存在，否则打开失败。打开后，文件内部的位置指针指向文件尾。既可在文件尾追加数据，也可将位置指针移到某个位置，读取文件内容
rb+	以读/写方式打开一个二进制文件。文件必须存在，否则打开失败。打开后，文件内部的位置指针指向文件首部的首字节。打开后，既可以读取数据，也可以写入数据，还可以既读又写
wb+	以读/写方式打开或新建一个二进制文件。如果文件已存在，则新的写操作将覆盖原有数据。如果文件不存在，则建立一个新文件。还可以在不关闭文件的情况下，再读取文件内容
ab+	以读和追加的方式打开一个二进制文件。允许读或追加。文件必须存在，否则打开失败。打开后，文件内部的位置指针指向文件尾。既可在文件尾追加数据，也可将位置指针移到某个位置，读取数据

当打开一个文件时，编译系统得到以下 3 项信息：

（1）打开的文件名和文件的位置。

（2）文件的使用方式，如读、写、追加等。

（3）让哪一个文件类型指针变量指向被打开的文件。

成功打开一个文件之后，fopen 函数将返回一个指向该文件的指针，否则将返回空指针（NULL）。因此，可以根据 fopen 函数是否返回空指针来判断一个文件是否正常打开。

10.2.2 使用 fclose 函数关闭文件

使用 fclose 函数可以关闭一个文件，格式如下：

```
fclose(文件类型指针);
```

例如：

```
fclose(fp);
```

表示用 fclose 函数关闭一个由文件类型指针 fp 指向的文件。

当文件关闭成功时，fclose 函数返回 0，否则 fclose 函数返回 EOF。EOF 是在 stdio.h 中定义的一个符号常量，其值为-1。因此，可根据 fclose 函数的返回值来判断文件是否正常关闭。

例 10.1 假设在 D 盘的 user 文件夹中，有一个文件 file1.txt，请分别使用 fopen 和 fclose 函数打开与关闭该文件，判断是否正常打开与关闭该文件。

程序代码如下：

```
#include<stdio.h>
int main()
{   FILE *fp;  int n;
    fp=fopen("D:\\user\\file1.txt","r+");
    if(fp==NULL)        /*打开失败时,用exit(0)函数退出,结束程序运行*/
        { printf("打开文件失败！\n");  exit(0);  }
    else
        printf("文件正常打开！\n");
    n=fclose(fp);
    if(n==0)
        printf("文件成功关闭！\n");
    else
        {printf("文件关闭失败！\n");  exit(0);  }
    return 0;
}
```

10.3 文件的定位和检测

10.3.1 文件的顺序读写和随机读写

文件的读写有两种方式，即顺序读写、随机读写，或称为顺序存取、随机存取。

顺序读写的过程：从文件首开始，向文件尾的方向，一字节接着一字节地顺序读写，读写完第 1 字节，才能顺序读写第 2 字节，读写完第 2 字节，才能顺序读写第 3 字节，照此类推。

随机读写的过程：可以使用后面介绍的 rewind 函数和 fseek 函数，让文件内部的位置指针指向当前打开文件的某个位置，从该位置开始读写。也就是说，可以随机选择文件的某个位置，从该位置开始读写。随机读写需要控制文件内部的位置指针的移动，这称为文件的定位。

对于存储在磁盘上的文件，可以根据需要来采用顺序读写方式或随机读写方式。无论顺序读写还是随机读写，读写一次之后，文件内部的位置指针自动后移一次。

10.3.2 定位函数 rewind 和 fseek

1. 定位到文件首函数 rewind

刚打开文件时，文件内部的位置指针定位在文件首，即文件的开头。随着对文件内容的读写操作，文件内部的位置指针会向后移动到文件的其他位置，如果想重新让文件内部的位置指针定位在文件首，以便从文件的开头操作文件内容，则要使用 rewind 函数。函数 rewind 的功能是把文件类型指针所指向的文件内部的位置指针重新定位到文件首，此函数无返回值。

定位到文件首函数 rewind 的使用格式如下：

```
rewind(文件类型指针);
```

例如，读取一个文件的内容时，文件内部的位置指针会顺序向后移动，当文件的所有内容读取完毕后，文件内部的位置指针已经指向了文件尾。此时，如果再想重新读取文件内容，则必须使用 rewind 函数将文件内部的位置指针重新定位到文件首。执行下面命令：

```
rewind(fp);
```

执行之后，文件类型指针 fp 所指向的文件内部的位置指针重新定位到文件首。

2. 定位到文件的指定位置函数 fseek

若要指定从文件的某一位置开始读写文件内容，则需使用函数 fseek。函数 fseek 的功能是移动文件内部的位置指针到指定的位置。

定位到文件的指定位置函数 fseek 的使用格式如下：

```
fseek(文件类型指针,位移量,起始点);
```

fseek 函数的第 1 个参数是“文件类型指针”，它指明了要操作哪一个文件。

fseek 函数的第 2 个参数是“位移量”，它指明了从“起始点”开始移动的字节数。位移量必须是长整型数据，加后缀 L。如果位移量是正整数，则表示文件内部的位置指针向文件尾方向移动；若是负整数，则表示文件内部的位置指针向文件首方向移动。

fseek 函数的第 3 个参数是“起始点”，它指明了移动时的起始位置。起始点有 3 种取值，分别代表文件首、文件尾、当前位置，如表 10.2 所示。

表 10.2　fseek 函数的起始点

符号常量	数值	含义
SEEK_SET	0	从文件首开始移动
SEEK_CUR	1	从文件的当前位置开始移动
SEEK_END	2	从文件尾开始移动

例如：

```
fseek(fp,60L,SEEK_SET);或 fseek(fp,60L,0);
```

表示将文件内部的位置指针从文件首开始，向文件尾方向移动 60 字节。

```
fseek(fp,80L,SEEK_CUR);或 fseek(fp,80L,1);
```

表示将文件内部的位置指针从当前位置开始，向文件尾方向移动 80 字节。

```
fseek(fp,-50L,SEEK_CUR);或 fseek(fp,-50L,1);
```

表示将文件内部的位置指针从当前位置开始，向文件首方向移动 50 字节。

```
fseek(fp,-100L,SEEK_END);或 fseek(fp,-100L,2);
```

表示将文件内部的位置指针从文件尾开始，向文件首方向移动 100 字节。

此外，可以用整型变量作“位移量”。例如：

```
fseek(fp,n,SEEK_CUR);或 fseek(fp,n,1);
```

表示用整型变量 n 作“位移量”时，若 n>0 则位置指针从当前位置向文件尾方向移动 n 字节，若 n<0 则位置指针从当前位置向文件首方向移动 n 字节。

10.3.3　检测函数 feof 和 ftell

1. 检测文件位置指针是否到达文件尾函数 feof

函数 feof 用于检测文件位置指针是否到达文件尾，若到达文件尾则返回一个非 0 值（真），否则返回 0（假）。

函数 feof 的使用格式如下：

```
feof(文件类型指针);
```

当按顺序读取文件的所有数据时，可以使用函数 feof 来判断文件内容是否结束。若文件内容没有结束，则可以继续读取数据，否则结束读取操作。

下面的循环语句使用 feof 函数来判断 fp 所指向的文本文件内容是否结束，如果文件内容没有结束，则继续使用 fgetc 函数读取数据（fgetc 函数将在 10.4 节介绍）。

```
while(!feof(fp))
  putchar(fgetc(fp));
```

2. 检测文件内部的位置指针的当前位置函数 ftell

函数 ftell 用于检测文件内部的位置指针的当前位置。

函数 ftell 的使用格式如下：

```
长整型变量=ftell(文件类型指针);
```

若调用成功，则 ftell 函数的返回值是从文件首到位置指针所指向的当前位置的总字节数（长整型）；若调用失败，则返回-1L。

10.3.4　检查读写函数 ferror 和设置标志函数 clearerr

1. 检查读写函数 ferror

函数 ferror 的功能是检查文件在用各种输入/输出函数进行读写操作时是否出错。

检查读写函数 ferror 的使用格式如下：

```
ferror(文件指针);
```

函数 ferror 返回值为 0 表示未出错，否则表示有错。

执行 fopen 函数时，ferror 函数的初始值自动置 0。

2. 设置标志函数 clearerr

函数 clearerr 的功能是将文件的错误标志和文件结束标志置 0。

设置标志函数 clearerr 的使用格式如下：

```
clearerr(文件指针);
```

文件刚打开时，错误标志为 0。若文件发生了输入/输出错误，则其错误标志被置为非 0，该值会一直保持到再一次调用输入/输出函数，或使用 clearerr 函数才会改变。

10.4　文件的读写

10.4.1　fgetc 函数和 fputc 函数

1. 读取一个字符函数 fgetc

函数 fgetc 的功能是从文件类型指针指向的文本文件的当前位置读取一个字符，将该字符的

ASCII 码值作为函数的返回值。如果读到文件结束符（^z）或读取不成功，则返回 EOF（-1）。

函数 fgetc 的使用格式如下：

```
fgetc(文件类型指针);
```

读取一个字符后，文件的当前位置将后移 1 字节，为读取下一个字符做准备。

例如：

```
FILE *fp;char c;
fp=fopen("D:\\vc\\wen.txt","r");
c=fgetc(fp);
```

表示从 fp 所指向的文件的当前位置读取一个字符，该字符赋给字符型变量 c。

stdin 是一个特殊的文件类型指针，它代表标准输入文件（如键盘），fgetc(stdin) 的功能是从终端（如键盘）输入一个字符，函数值是该字符；函数 getchar 的功能也是从终端（如键盘）输入一个字符，函数值是该字符。getchar()与 fgetc(stdin)的功能相同。

2. 写入一个字符函数 fputc

函数 fputc 的功能是向文件类型指针指向的文本文件的当前位置写入一个字符，"字符表达式"代表要写入的字符，字符表达式可以是字符常量或字符变量。如果写入成功，则函数的返回值是所写入字符的 ASCII 码值，否则返回 EOF(-1)。

函数 fputc 的使用格式如下：

```
fputc(字符表达式,文件类型指针);
```

写入一个字符后，文件的当前位置将后移 1 字节，为写入下一个字符做准备。

例如：

```
FILE *fp;   char c='a';
fp=fopen("D:\\vc\\wen.txt","w");
fpuc(c,fp);
```

表示将存储在变量 c 中的字符 'a' 写入 fp 所指向的文件的当前位置。

stdout 是一个特殊的文件类型指针，它代表标准输出文件（如显示器），fputc(c,stdout) 的功能是向终端（如显示器）输出一个字符，该字符存放在变量 c 中。函数 putchar(c) 的功能也是向终端（如显示器）输出一个字符（存放在变量 c 中的字符）。putchar(c) 与 fputc(c,stdout) 的功能相同。

例 10.2 从键盘输入若干种水果的名称、产地和单价，若输入字符 #，则结束输入。将这些信息写入 E 盘根目录下名为 fruit.txt 的文本文件中。输入格式为"水果名,产地,单价;"，如"apple,shanxi,8;grape,xinjiang,6;peach,shandong,5;banana,hainan,4;#"。

【分析】 可以使用"w"方式打开文件，使用 fputc 函数写入所有字符。

程序代码如下：

```
#include<stdio.h>
int main()
{   FILE *fp;char ch;
    if((fp=fopen("E:\\fruit.txt","w"))==NULL)
      {printf("Can't open the file! \n");exit(0);}
```

```
        ch=getchar();
        while(ch !='#')
          {fputc(ch,fp);
           ch=getchar();
          }
        fclose(fp);
        return 0;
    }
```

程序执行完毕后，可以使用 Windows 操作系统中的记事本或写字板将文件 fruit. txt 打开，看到信息如下：

```
    apple,shanxi,8;grape,xinjiang,6;peach,shandong,5;banana,hainan,4;
```

执行例 10.2 程序时，输入的水果名和产地都是英文单词，其实使用汉字输入也可以，但要注意输入逗号和分号时必须切换到英文半角状态。

例 10.3 将例 10.2 建立的文本文件 fruit. txt 中的信息显示在屏幕上，然后将这个文件内容复制到另一个文本文件中，复制时将文件 fruit. txt 内容中的逗号换成空格。

【分析】 可以使用“r”方式打开文件 fruit. txt，使用 fgetc 函数读出所有字符。使用“w”方式打开另一个文件，首先使用函数 fgetc 读取 fruit. txt 的一个字符，然后使用函数 fputc 将字符写入另一个文件，写入前使用 if 语句判断字符是否为逗号，若是则换成空格。

程序代码如下：

```
#include<stdio.h>
int main()
{   FILE *fp1,*fp2;
    char ch1,ch2=32;            /*空格的ASCII码值为32*/
    if((fp1=fopen("E:\\fruit.txt","r"))==NULL)
        {printf("Can't open the file! \n");   exit(0);   }
    if((fp2=fopen("E:\\fruitcopy.txt","w"))==NULL)
        {printf("Can't open the file\n");   exit(0);   }
  while(!feof(fp1))             /*在屏幕上显示fruit.txt文件信息*/
      {ch1=fgetc(fp1);
       putchar(ch1);
      }
    rewind(fp1);                /*让文件内部的位置指针重新移动到文件首*/
    while(!feof(fp1))           /*复制fruit.txt文件到fruitcopy.txt */
        {ch1=fgetc(fp1);
         if(ch1==',')
            fputc(ch2,fp2);     /*遇见逗号则换成空格写入fruitcopy.txt*/
         else
            fputc(ch1,fp2);
        }
    fclose(fp1);   fclose(fp2);
  return 0;
}
```

程序执行完毕后，可以使用 Windows 操作系统中的记事本或写字板将文件 fruitcopy. txt 打开，看到将文件 fruit. txt 中的逗号换成空格之后的信息：

```
apple shanxi 8;grape xinjiang 6;peach Shandong 5;banana hainan 4;
```

例 10.4　编程将 20 个英文字符写入文件 english. txt，然后读取文件 english. txt 中的字符，隔一个读取一个，读出并显示 10 个字符。

【分析】　可以使用"w+"方式打开文件 english. txt，使用 fputc 函数执行写入操作 20 次，再使用 fgetc 函数执行读取操作 10 次。为了实现隔一个读取一个，可使用 fseek 函数。

程序代码如下：

```
#include<stdio.h>
int main()
{    int k;   FILE *fp;   char ch;
     if((fp=fopen("english.txt","w+"))== NULL)
        { printf("Can't open the file ! \n");   exit(0);   }
     for(k=0;k<20;k++)            /* 从键盘输入 20 个英文字符写入文件 english.txt */
        { ch=getchar();
         fputc(ch,fp);
        }
     for(k=0;k<20;k=k+2)          /* 隔一个字符读取一个,读出并显示 10 个字符 */
       {fseek(fp,k,SEEK_SET);
        ch=fgetc(fp);
        putchar(ch);
        }
     fclose(fp);
     return 0;
}
```

10.4.2　fread 函数和 fwrite 函数

若想快速读写文件内容，则可以使用函数 fread 和 fwrite。函数 fread 和 fwrite 适用于整块数据的读写（一般用于二进制文件的操作）。

1. 读整块数据函数 fread

fread 函数的使用格式如下：

```
fread(buffer,size,count,fp);
```

其中，buffer 是内存中存放数据的存储空间的起始地址；size 是数据块的大小（字节数）；count 是读的块数；fp 是文件类型指针。

fread 函数的功能是从 fp 所指向的文件中读取数据块，读取的字节数为 size×count，读取到的数据存放在 buffer 为起始地址的内存中。

如果 fread 函数的返回值等于 count，则执行本函数读取数据成功；如果文件结束或发生错误，则返回值为 0。

使用 fread 函数进行读操作时，要准备好接收数据的存储空间，一般存储空间的数据类型可以是数组或结构体变量等，使用数组或结构体变量接收数据时，buffer 是数组或结构体变量的起始地址。

例如，若定义了“float s[100];”，则下面的语句：

```
fread(s,sizeof(float),100,fp);
```

表示从 fp 所指向的文件中读取 4×100 字节（即 100 个实数）存放于数组 s 中。

2. 写整块数据函数 fwrite

fwrite 函数的使用格式如下：

```
fwrite(buffer,size,count,fp);
```

其中，4 个参数的含义与 fread 函数基本相同，但 fwrite 用于将数据从内存向文件中写，而 fread 用于从文件中读出数据向内存放。

fwrite 函数的功能是将内存中从 buffer 地址开始的数据向 fp 所指向的文件写，写入文件的字节数为 size×count。如果 fwrite 函数的返回值等于 count，则执行本函数写入数据成功，否则返回 0。

使用 fwrite 函数进行写操作时，整块数据必须事先存放于数组或结构体变量中，buffer 中的地址一般是数组或结构体变量的地址。

例如，执行下面的语句：

```
int a[10]={1,2,3,4,5,6,7,8,9,10};
fwrite(a,sizeof(int),10,fp);
```

将内存中 a 数组的 10 个元素值（存放于 4×10 字节中）写入 fp 所指向的文件。

例 10.5 从键盘上输入 100 种产品的名称、编号、产量，使用 fwrite 函数将这些数据写入 d:\produ. dat 文件。

【分析】 可以使用结构体数组存放 100 种产品的名称、编号、产量，使用循环为数组元素赋值，再使用循环将数组元素值写入文件。

程序代码如下：

```
#include<stdio.h>
#define N 100
struct product
{    char name[10];
     int num;
     int amount;
}prod[N];
int main()
{    FILE *fp;   int i;
     if((fp=fopen("D:\\produ.dat","wb"))==NULL)
       {printf("Can't open the file!");   exit(0);}
     for(i=0;i<N;i++)   /*从键盘输入所有产品的3项数据,存放在结构体数组中*/
        {printf("Pleas input date of No.%d product:\n",i+1);
         printf("name:");scanf("%s",prod[i].name);
         printf("num:");   scanf("%d",&prod[i].num);
         printf("amount:");   scanf("%d",&prod[i].amount);
         }
```

```
    for (i=0;i<N;i++)              /* 向文件写入所有产品数据 */
        if(fwrite(&prod[i],sizeof(struct product),1,fp)!=1) printf("File write error!");
    fclose(fp);
    return 0;
}
```

例 10.6 从例 10.5 建立的 d:\produ. dat 文件中读出所有产品的信息，并显示在屏幕上。最后，计算并输出所有产品的产量（amount）之和。

【分析】 与例 10.5 一样，使用结构体数组。使用函数 fread 读出产品信息，存放到数组中，使用循环计算产量之和并输出。

程序代码如下：

```
#include<stdio.h>
#define N 100
struct product
{   char name[10];
    int num;
    int amount;
}prod[N];
int main()
{   FILE *fp;int i,sum=0;
    if((fp=fopen("D:\\ produ. dat ","rb"))==NULL)
      {printf("Can' t open the file! \n");   exit(0);}
    for(i=0;i<N;i++)
      if(fread(&prod[i],sizeof(struct product),1,fp)!=1)
        printf("File read error!");
     else
        printf("%s,%d,%d \n",prod[i]. name,prod[i]. num,prod[i]. amount);
    for(i=0;i<N;i++)   sum=sum+ prod[i]. amount;
    printf("%d \n",sum);
    fclose(fp);
    return 0;
}
```

10.4.3 fscanf 函数和 fprintf 函数

在前面的章节中，已大量使用函数 scanf 和 printf，这两个函数面向终端（键盘和显示器）实现输入和输出。接下来将要介绍的函数 fscanf 和 fprintf 则面向文件实现输入和输出。

函数 fscanf 和 fprintf 面向的文件一般是指存储在磁盘上的文本文件。如果将文件类型指针换成特殊的文件类型指针 stdin（指向键盘）和 stdout（指向显示器），也可将输入/输出面向终端（键盘和显示器）。

1. 按格式读取数据函数 fscanf

函数 fscanf 的使用格式如下：

```
fscanf(文件类型指针,格式字符串,输入项地址列表);
```

函数 fscanf 的功能是按照格式字符串指定的格式，从文件类型指针所指向的文件的当前位置读取数据，按照输入项地址列表的顺序，将读取到的数据存入地址列表指定的内存单元。

若读取数据成功，则函数 fscanf 的返回值是读取的数据个数；若遇到文件结束符或读取不成功，则返回 EOF（-1）。

例如，下面的代码表示从 fp 所指向的文件中，按“%c,%d,%f”规定的格式读取 3 个值，将这 3 个值分别存储在地址 &s 、&n、&x 对应的内存单元中，也就是将读取的 3 个值分别赋给变量 s 、n、x。如果读取成功，则 fscanf 函数的返回值是 3。

```
fscanf(fp,"%c,%d,%f",&s,&n,&x);
```

以下两种输入形式是等价的。第一种在前面章节中已多次使用；第二种是本小节介绍的，stdin 代表标准输入文件（如键盘）。

```
scanf(格式字符串,输入项地址列表);
fscanf(stdin,格式字符串,输入项地址列表);
```

这两种形式都是按“格式字符串”规定的格式，从终端（如键盘）输入（读取）数据并存入“输入项地址列表”指定的内存单元。

2. 按格式输出数据函数 fprintf

函数 fprintf 的使用格式如下：

```
fprintf(文件类型指针,格式字符串,输出项列表);
```

函数 fprintf 的功能是按格式字符串指定的格式，将输出项列表中指定的各项的值写入文件类型指针所指向的文件的当前位置。

若写入成功，则函数 fprintf 的返回值是写入文件的字符个数（或字节个数）；若写入不成功，则返回 EOF（-1）。

例如，下面的代码表示按照格式“%c,%d,%f”从文件的当前位置开始，将 s、n、x 的值写入 fp 所指向的文件中。

```
fprintf(fp,"%c,%d,%f",s,n,x);
```

以下两种输出形式是等价的。第一种在前面章节中已多次使用；第二种是本小节介绍的，stdout 代表标准输出文件（如显示器）。

```
printf(格式字符串,输入项列表);
fprintf(stdout,格式字符串,输入项列表);
```

这两种形式都是按照格式字符串规定的格式向终端（如显示器）输出（写入）数据。

例 10.7 从键盘输入 N 名学生的身高（厘米），存放在数组 a 中，将这些身高值写入 D 盘根目录下的 student 子目录中新建的文件 height. txt 中。然后从文件 height. txt 中读取这些身高值并存入数组 b，使用数组 b 计算身高的最大值和最小值。

【分析】 可以使用函数 fprintf 将学生的身高值写入文件 height. txt，使用函数 fscanf 读出学生的身高值。注意：写入的格式与读出的格式要相同。由于身高的厘米数一般是三位整数，所以使用“%3d”格式。

程序代码如下：

```
#include<stdio. h>
#define N 100                           /* 设学生人数是 100 */
int main()
{   FILE *fp;
    int i,max,min,a[N],b[N];
    fp=fopen("D:\\ student\\height. txt","w+");
    printf("请输入学生身高值(厘米):");
     for (i=0;i<N;i++)
        scanf("%d ",&a[i]);            /* 从键盘输入学生的身高值,存放在数组 a 中 */
     for(i=0;i<N;i++)
        fprintf(fp,"%3d ",a[i]);       /* 将身高值写入文件 height. txt */
     for(i=0;i<N;i++)
        fscanf(fp,"%3d ",&b[i]);       /* 从文件 height. txt 中读取身高值,存放在数组 b 中 */
     max=min=b[0];
     for(i=1;i<N;i++)                  /* 计算身高的最大值和最小值 */
        {if(b[i]>max)   max=b[i];
         if(b[i]<min)   min=b[i];
        }
    printf("身高的最大值=%d,  身高的最小值=%d\n",max,min);
    fclose(fp);
    return 0;
}
```

10.4.4 fgets 函数和 fputs 函数

1. 读取字符串函数 fgets

函数 fgets 的使用格式如下：

```
fgets(pstr,n,fp);
```

函数 fgets 的功能是从 fp 所指向的文件的当前位置开始读取 $n-1$ 个字符，然后在所有字符的后面加一个字符串结束标志 '\0'，将这个字符串存于 pstr 为首地址的内存地址中。

在上面格式中，fp 是文件类型指针；pstr 是存放字符串的内存首地址，pstr 可以是数组名或指针变量名。整型变量 n 限定了读取的字符个数为 $n-1$。

在读完 $n-1$ 个字符之前，如果遇到换行符或文件结束（EOF），则读取结束。所以，可能存在读取的字符数不足 $n-1$ 个。

正常情况下，函数返回值是存放字符串的内存首地址（pstr）；如果一个字符也没有读入或有错误发生，则返回 NULL。

例如：

```
char name[21];
fgets(name,21,fp);
```

表示从 fp 所指向的文件中的当前位置开始读取 20 个字符，在 20 个字符的后面加一个字符串结束标志 '\0'，存入数组 name。

2. 写入字符串函数 fputs

函数 fputs 的使用格式如下：

```
fputs(pstr,fp);
```

fputs 函数的功能是将字符串写入文件类型指针所指向的文件的当前位置，不包括字符串结束标志 '\0'。

在上面格式中，fp 是文件类型指针；pstr 代表字符串，可以是字符串常量、字符串数组名或指向字符串的指针变量名。

例如：

```
fputs("We study programming. ",fp);
```

表示将字符串“We study programming.”写入 fp 指向的文件（不包括 '\0'）。

又如：

```
char course[ ]="Algorithms and data structures";
(或 char *course=" Algorithms and data structures ";)
fputs(course,fp);
```

表示将存放在数组 course 中（或指针 course 指向）的字符串写入 fp 所指向的文件（不包括 '\0'）。

例 10.8 从键盘输入 50 个字符串，每个字符串最多 8 个字符，若不足 8 个，就用符号 * 补齐。例如，某个字符串是“comput”，则补 2 个 *，输入“comput **”，然后按回车键。请将这 50 个字符串写入 d:\str.txt 文件中。写入 50 个字符串之后，再写入字符串“FileEnd”。最后从键盘为变量 k 赋值，k 值为字符串的序号（0~49），请读取 k 值对应的字符串并显示在屏幕上。

【分析】 可以定义字符型数组 word[50][9]存放 50 个字符串，使用循环为数组 word 赋值，使用循环和函数 fputs 将 50 个字符串写入 D:\str.txt 文件。使用函数 fgets 读出 k 值对应的字符串。

程序代码如下：

```
#include<stdio.h>
#include<string.h>
#define N 50
int main()
{   FILE *fp;  int i,k;  char a[9],word[N][9];
    fp=fopen("D:\\str.txt","w+");
    for(i=0;i<N;i++)              /*从键盘输入 N 个字符串存放数组 word */
        gets(word[i]);
    for(i=0;i<N;i++)              /*将 N 个字符串写入 d:\str.txt 文件*/
        fputs(word[i],fp);
    fputs("FileEnd ",fp);         /*将字符串“FileEnd”写入 d:\str.txt 文件*/
    printf(" 请输入一个字符串的序号 k(0~49):");
    scanf("%d ",&k);
```

```
        fseek(fp,k * 8L,SEEK_SET);          /* 将文件内部的位置指针定位在k值对应的字符串首位置 */
        fgets(a,9,fp);                      /* 读取k值对应的字符串的8个字符 */
        puts(a);                            /* 显示k值对应的字符串的8个字符 */
        fclose(fp);
        return 0;
}
```

10.5 程序设计举例

例 10.9 编程实现以下功能：

（1）将某公司若干名员工的编号、年龄、工资存储在 D:\staff. dat 文件中。

（2）从键盘输入某个员工的编号，在文件 staff. dat 中查找并显示与该编号对应的员工的编号、年龄、工资的值。若查找不到，就显示提示信息。

（3）在文件 staff. dat 所有内容的后面，追加若干个员工的信息（包括编号、年龄、工资 3 项数据）。

（4）计算所有员工的工资总和。

【分析】 可以定义结构体变量存放员工的编号、年龄、工资。编写函数 fun1，使用循环和函数 fwrite 将多个员工信息写入 staff. dat 文件。编写函数 fun2，根据给定的编号，使用循环查找员工，循环中使用函数 fread 读出员工信息。编写函数 fun3，打开文件时使用“ab”的方式，使用循环实现多次追加。编写函数 fun4，使用函数 fread 读出每个员工的工资，通过循环累加求出工资总和。主函数 main 分别调用这 4 个函数。

程序代码如下：

```
#include<stdio.h>
  struct sta
  {   int num;
      int age;
      int salary;
  };
void fun1()                 /* 函数fun1输入员工的信息,存放到文件中 */
{   FILE *fp;   int yn=1;
    struct sta sta1;        /* sta1 可以存放一个员工的3项数据 */
    if((fp=fopen("E:\\staff.dat","wb"))==NULL)
        {  printf("不能打开文件!");   return;  }
    while(yn==1)
      {printf("请按顺序输入(用逗号间隔)员工的编号、年龄、工资:\n");
       scanf("%d,%d,%d",&sta1.num,&sta1.age,&sta1.salary);
       fwrite(&sta1,sizeof(struct sta),1,fp);
       printf("若停止输入,请按0;若继续输入,请按1。然后按回车键。\n");
       scanf("%d",&yn);
      }
```

```
  fclose(fp);
  return;
}
void fun2()             /* 函数 fun2 根据输入的员工编号,实现查找 */
{    FILE  * fp;   int mark=0,bh;
     struct sta sta1;
     if((fp=fopen("E:\\staff.dat","rb"))==NULL)
       {printf("不能打开文件!");   return;   }
     printf("请输入需要查找的员工编号:");
     scanf("%d",&bh);
     while(!feof(fp))
       {fread(&sta1,sizeof(struct sta),1,fp);
        if(bh==sta1.num)
          {printf("\n 找到了! 编号为%d 的员工信息显示如下:\n",bh);
           printf("%d,%d,%d\n",sta1.num,sta1.age,sta1.salary);
           make=1;   break;
          }
       }
     if(make==0)   printf("查找不到! \n");
     fclose(fp);
     return;
  }
void fun3()             /* 函数 fun3 追加若干个员工的信息 */
{    FILE  * fp;   int yn=1;
     struct sta sta1;
     if((fp=fopen("E:\\staff.dat ","ab"))==NULL)
       {printf("不能打开文件!");   return;   }
     while(yn==1)
       { printf("请按顺序输入(用逗号间隔)员工的编号、年龄、工资:\n");
         scanf("%d,%d,%d ",&sta1.num,&sta1.age,&sta1.salary);
         fwrite(&sta1,sizeof(struct sta),1,fp);
         printf("若停止追加,请按 0;若继续追加,请按 1。然后按回车键。\n");
         scanf("%d",&yn);
       }
     fclose(fp);
     return;
}
void fun4()             /* 函数 fun4 计算所有员工的工资总和 */
{    FILE  * fp;   int sum=0,k=1;
     struct sta sta1;
     if((fp=fopen("E:\\staff.dat ","rb"))==NULL)
       {printf("不能打开文件!");   return;}
     while(!feof(fp))
       {fread(&sta1,sizeof(struct sta),1,fp);
         printf("第%d 名员工的工资:%d,",k,sta1.salary);
```

```
            k++;
            sum=sum+ sta1.salary;
          }
    printf("\n 所有员工的工资总和:% d\n",sum);
    fclose(fp);
    return;
}
int main()
{   int select;
    while(1)
      {printf("+++++++++++++++++公司员工管理+++++++++++++++++++\n");
       printf("1. 将公司若干名员工的编号、年龄、工资存储到文件中\n");
       printf("2. 根据给定的编号,查找并显示具有该编号的员工所有信息\n");
       printf("3. 追加若干名员工的信息到文件的末尾\n");
       printf("4. 计算所有员工的工资总和\n");
       printf("5. 结束程序运行\n");
       printf("请选择(1,2,3,4,5):");
       scanf("% d",&select);
       if(select ==5)   break;
       switch(select)
         {case 1:fun1();break;
          case 2:fun2();break;
          case 3:fun3();break;
          case 4:fun4();break;
         }
      }
    printf("程序运行结束,再见!");
    return 0;
}
```

程序运行时，首先出现的主菜单如下：

```
+++++++++++++++++公司员工管理+++++++++++++++++++
1. 将公司若干名员工的编号、年龄、工资存储到文件中
2. 根据给定的编号,查找并显示具有该编号的员工所有信息
3. 追加若干名员工的信息到文件的末尾
4. 计算所有员工的工资总和
5. 结束程序运行
请选择(1,2,3,4,5):
```

若输入“1”，则主函数 main 调用函数 fun1，完成输入数据和存储到文件的操作。
若输入“2”，则主函数 main 调用函数 fun2，完成查找及显示操作。
若输入“3”，则主函数 main 调用函数 fun3，完成追加操作。
若输入“4”，则主函数 main 调用函数 fun4，完成计算操作。
若输入“5”，则结束程序运行，显示“程序运行结束，再见！”。

10.6 习　　题

1. 阅读程序，写出运行结果。

（1）若运行程序时输入“abcdABCDefgh1234EFGH#”，则文件 upper. txt 中的内容是什么？

```
#include<stdio.h>
int main()
{  FILE *fp;   char ch,
   if((fp=fopen("E:\\upper.txt","w+"))==NULL)
      {printf("打开文件失败\n");   exit(1);}
   ch=getchar();
   while((ch!='#')
     { if('A'<=ch && ch<='Z')   fputc(ch,fp);
        ch=getchar();
     }
   fclose(fp);
   return 0;
}
```

（2）

```
#include<stdio.h>
int main()
{    FILE *fp;   int i,n,sum=0;
     fp=fopen("num.txt","w+");
     for(i=1;i<=10;i++)   fprintf(fp,"%4d",10*i);
     rewind(fp);
     for(i=1;i<=10;i++)
        { fscanf(fp,"%4d",&n);   sum=sum+n;}
     printf("%d\n",sum);
     fclose(fp);
     return 0;
}
```

（3）

```
#include<stdio.h>
int main()
{    int i,n;   FILE *fp;   char name[10];
     if((fp=fopen("zf.txt","w+"))== NULL)
        { printf("打开文件失败\n");
          exit(0);}
     fputs("ABCDEFGH",fp);
     fseek(fp,3L,SEEK_SET);   fgets(name,6,fp);
     printf("%s\n",name);
     fclose(fp);
     return 0;
  }
```

(4) 已知文件 lower. txt 中按顺序存放了 26 个小写英文字母，写出程序运行结果。

```
#include<stdio. h>
int main()
{   int k;  FILE *fp;  char ch;
    if((fp=fopen("lower. txt","r"))== NULL)
      { printf("打开文件 lower. txt 失败\n");  exit(0);}
    for(k=0;k<26;k=k+2)
      {fseek(fp,k,SEEK_SET);  ch=fgetc(fp);  putchar(ch);  }
    fclose(fp);
    return 0;
}
```

2. 编写程序。

(1) 从键盘输入 100 个字符，使用函数 fputc 将其中的英文字母写入 E 盘根目录下的文件 test1. txt。

(2) 已知 E 盘根目录下的文件 test1. txt 中存放了若干个字符，使用函数 fgetc 将文件中的字符读出，将其中的小写英文字母显示在屏幕上。

(3) 使用"fprintf(fp,"%5d",i);"的格式将 200~300 之间的素数 i 写入文件 prime. txt，然后使用"fscanf(fp,"%5d",&i);"的格式读出这些素数 i，并求出这些素数总和。

(4) 从键盘输入 100 个学生的姓名和 3 门课的成绩，存放在结构体数组中，使用函数 fwrite 将学生的这些数据写入 E 盘根目录下的文件 student. dat，然后使用函数 fread 读出学生的数据，计算并显示每个学生 3 门课的平均成绩。

(5) 将 80 名公司员工的电话号码和姓名存放到 E 盘根目录下的文件 staff. txt，然后在文件 staff. txt 的尾部追加 20 名员工的电话号码和姓名。向文件写入时，规定电话号码输入 11 位，不足 11 位时补 * 号；规定姓名输入 8 位，不足 8 位时补 * 号。

(6) 从键盘输入一维整型数组 a[100]的每个元素，然后将 a 数组中能被 3 整除的元素值写入当前目录下新建的文件。

(7) 已知在 E 盘根目录下的文件 data. txt 中存放了 100 个两位整数，每个数占 3 列。请读出这 100 个整数，并计算这些数的总和。

(8) 从键盘上输入 1000 个学生的姓名、学号、入学总分三项数据，存放在结构体数组中，使用 fwrite 函数将其中入学总分大于 500 的学生的三项数据写入文件 e:\student. dat。

扫描二维码获取习题参考答案

上机实验

第 1 章　C 语言概述

【实验目的】

初步了解 C 程序的编辑、编译、连接和运行过程以及 Visual C++软件的使用过程。

【实验内容】

使用 Visual C++软件，完成各例题中程序的编辑、编译、连接和运行。

第 2 章　C 程序设计基础

【实验目的】

熟悉各种类型数据的使用和输入/输出方法，熟悉各种运算符和表达式的使用，熟悉顺序结构设计方法。

【实验内容】

1. 使用 Visual C++软件，分别完成各例题中程序的编辑、编译、连接和运行。

2. 分别编写完成下面任务的程序，使用 Visual C++软件完成编译、连接和运行。

（1）输入 2 个整型数存放在变量 a、b 中，输出 a+b、a-b、a * b、a/b、a%b 的值。

（2）输入 2 个实型数存放在变量 x、y 中，计算并输出 $z=8x^2-5y^2+3x-6y+4$ 的值。

（3）令 $x=3.1415926$，分别用%f 和%e 输出 x/10、3 * x、x * 100 的值。

（4）输入 1 个小写英文字符，分别输出它的大写形式和十进制、八进制、十六进制 ASCII 码值。

（5）分别输入 1 个实数、1 个英文字符和 1 个整数，分别存放在变量 a、b、c 中，计算 a+b/c、a+(int)b/(float)c，然后输出计算结果。

（6）输入梯形的上底、下底和高，输出它的周长和面积。

（7）输入 1 个大写英文字符，以它的 ASCII 码值为边长，计算立方体的体积。

（8）输入 4 个实数，计算它们的平均值。

（9）输入圆柱的底面半径和高，计算体积。

（10）输入 unsigned short 型变量 a 的值，先输出将 a 左移 2 位的值，再输出将 a 右移 2 位的值。

（11）输入 unsigned short 型变量 a 和 b 的值，先输出 a 和 b 作按位与运算的值，再输出 a 和 b 作按位或运算的值。

第 3 章　选择结构程序设计

【实验目的】

熟悉 if 语句和 switch 语句的使用方法。

【实验内容】

1. 使用 Visual C++软件，分别完成各例题中程序的编辑、编译、连接和运行。

2. 分别编写完成下面任务的程序，使用 Visual C++软件进行编译、连接和运行。

（1）输入一个 2 位整数，判断它的个位数与十位数的和能否被 3 整除。

（2）输入一个字符，该字符若是大写英文字母，则输出“大写字母”；若该字符是小写英文字母，则输出“小写字母”；若该字符不是英文字母，则输出“非英文字母”。

（3）使用 switch 语句编写：输入 1 个整数，若该整数的个位数是 1、2、3，则输出“A”；若该整数的个位数是 4、5、6，则输出“B”；若该整数的个位数是 7、8、9，则输出“C”；若该整数的个位数是 0，则输出“D”。

第 4 章　循环结构程序设计

【实验目的】

熟悉 while、do…while 和 for 三种循环语句的使用方法，熟悉 break 和 continue 语句的使用方法。

【实验内容】

（1）使用 Visual C++软件，分别完成各例题中程序的编辑、编译、连接和运行。

（2）分别编写完成下面任务的程序，使用 Visual C++软件进行编译、连接和运行。

①输入 1 个正整数，存放在变量 n 中，计算 $1+2+3+\cdots+n$。

②输入若干个字符，输入回车符后停止。判断每个字符是否是英文字母。

③输入 1 个小于 10 的正整数，存放在变量 n 中，计算 n 的阶乘。

④输入 1 个实数和 1 个正整数分别存放在变量 x 和 n 中，计算 $x+x^2+\cdots+x^n$。

第5章 数　组

【实验目的】

熟悉一维数组、二维数组和字符数组的使用方法。

【实验内容】

1. 使用 Visual C++软件，分别完成各个例题中程序的编辑、编译、连接和运行。

2. 分别编写完成下面任务的程序，使用 Visual C++软件进行编译、连接和运行。

（1）输入 100 个正整数存放在数组中，将其中的偶数变为原来的 10 倍、奇数变为原来的 5 倍。输出改变后的数组元素值。

（2）输入 10 个实数，用选择排序法将它们从大到小排序。

（3）将从键盘输入的 100 个实数存放在一维数组中，找出其中最大的实数，输出该数以及该数的位置（在数组中的下标）。

（4）将 *N* 个员工的编号（10 位）存放二维数组中，数组的每行放一个编号，从键盘输入一个编号，查找该编号的位置（在数组中的行下标）。

（5）使用二维数组编写程序，输出如下图案。

```
      1
     22
    333
   4444
  55555
 666666
7777777
```

第6章　函　　数

【实验目的】

熟悉函数的定义、参数和返回值、调用等使用方法。

【实验内容】

1. 使用 Visual C++软件，分别完成各个例题中程序的编辑、编译、连接和运行。

2. 分别编写完成下面任务的程序，使用 Visual C++软件进行编译、连接和运行。

（1）分别用递归和非递归方法编写计算 $n!$ 的函数，让主函数调用它完成计算 $n!$。

（2）编写一个函数完成对 N 个实数的升序排序及输出排序结果；让主函数调用它完成排序。要求：在主函数中输入实数值并存放在数组中，以数组名为参数传递 N 个实数值。

（3）编写一个函数 fun 计算二维数组中所有元素的平均值，用 return 语句返回该平均值，主函数调用函数 fun，调用结束后，在主函数中输出大于平均值的数组元素。

（4）将某个月 30 天的每天最高气温按顺序存放在一维数组中，完成以下 3 项任务：

①计算 30 天的平均最高气温。

②给定一个气温值，在数组中按顺序查找，找到时输出第几天的最高气温是该值。

③将这 30 个最高气温值由小到大排序。

要求：编写 3 个函数，每个函数分别完成一个任务，主函数可分别调用这 3 个函数。

第7章　编译预处理

【实验目的】

熟悉宏定义和文件包含命令的使用方法。

【实验内容】

1. 使用 Visual C++软件，完成各个例题中程序的编辑、编译、连接和运行。

2. 分别编写完成下面任务的程序，使用 Visual C++软件进行编译、连接和运行。

（1）使用宏定义计算圆以及扇形的面积。

（2）使用宏定义计算正方体以及长方体的体积。

（3）模仿例 7.4，编写一个计算并输出等比数列前 20 项的函数 fun，存入文本文件 wb. txt，数列通项公式为 $a_n=3n$。再编写一个包含主函数的程序，在该程序中，将 wb. txt 包含进来，执行函数 fun。

第8章　指　　针

【实验目的】

熟悉指针变量的定义、指针与一维数组、指针与字符串、指针与二维数组、指针数组等内容的使用方法。

【实验内容】

1. 使用 Visual C++软件，分别完成各例题中程序的编辑、编译、连接和运行。

2. 分别编写完成下面任务的程序，使用 Visual C++软件进行编译、连接和运行。

（1）输入 100 个整数存放在一维数组中，使用指针变量计算数组元素的平均值。

（2）从键盘为实型二维数组（10 行 20 列）元素赋值，使用行指针变量计算某行（从键盘输入行的值）数组元素的平均值。

（3）将 1000 种商品编号（10 个字符）存放在字符型二维数组中，使用指针查找某个商品编号是否在数组中，找到后显示该商品编号在数组中的位置，若找不到则显示相应信息。

（4）在主函数输入一维数组元素值，主函数调用函数 fun，以指向该数组的指针为参数，在函数 fun 中实现数组元素从小到大排序。

第 9 章　结构体与其他数据类型

【实验目的】

熟悉结构体类型变量和数组的使用方法，了解共用体类型和枚举类型的使用方法。

【实验内容】

1. 使用 Visual C++软件，分别完成各例题中程序的编辑、编译、连接和运行。

2. 分别编写完成下面任务的程序，使用 Visual C++软件进行编译、连接和运行。

（1）某公司有 1000 名员工，使用结构体数组管理员工的编号、姓名、出生年月、住址、工资等信息。要求：能够输入每个员工的信息，能够根据输入的员工编号或姓名查找并显示员工的信息。

（2）某大学录取了 4000 名新生，使用指向结构体数组的指针变量管理学生的学号、姓名、高考总分、住址、电话号码等信息。要求：能够输入每名学生的信息，能够按照高考总分将学生排序，能够根据输入的学生的学号或姓名查找并显示学生的信息。

第10章 文　　件

【实验目的】

熟悉文件的打开和关闭、定位以及读写文件等函数的使用方法。

【实验内容】

1. 使用 Visual C++软件，分别完成各例题中程序的编辑、编译、连接和运行。

2. 分别编写完成下面任务的程序，使用 Visual C++软件进行编译、连接和运行。

（1）从键盘输入 30 个字符，使用函数 fputc（或者 fputs）将这 30 个字符写入 D 盘根目录下的文件 make. txt，然后使用函数 fgetc（或 fgets）从文件 make. txt 中读出后 10 个字符并显示到屏幕上。

（2）使用函数 fwrite，将从键盘输入的 10 个学生的姓名和某门课的成绩写入文件 stu. dat 中。然后使用函数 fread，从文件 stu. dat 中读出 10 个学生的姓名和某门课的成绩，计算所有成绩的平均值。

参考文献

[1] 谭浩强 . C 程序设计［M］. 5 版 . 北京：清华大学出版社，2017.

[2] 张基温 . 新概念 C 程序设计大学教程［M］. 北京：清华大学出版社，2015.

[3] 何钦铭，颜晖 . C 语言程序设计［M］. 3 版 . 北京：高等教育出版社，2015.

[4] 蒋彦，韩玫瑰 . C 语言程序设计［M］. 3 版 . 北京：电子工业出版社，2018.

[5] 夏宽理，赵子正 . C 语言程序设计［M］. 3 版 . 北京：中国铁道出版社，2013.

[6] 张淑华，朱建辉 . C 语言程序设计［M］. 2 版 . 北京：科学出版社，2015.

[7] 凌云，谢满德，陈志贤，等 . C 语言程序设计与实践［M］. 北京：机械工业出版社，2017.

[8] KERNIGHAM B W，RITCHIE D M. C 程序设计语言［M］. 2 版. 徐宝文，李志，译. 北京：机械工业出版社，2019.

[9] HORTON I. C 语言入门经典［M］. 4 版 . 杨浩，译 . 北京：清华大学出版社，2013.

[10] JOHNSONBAUGH R，KALIN M. ANSI C 应用程序设计［M］. 杨季文，吕强，译 . 北京：清华大学出版社，2006.

附录 A

C 语言关键字

auto	break	case	char	const	continue	default	do
double	else	enum	extern	float	for	goto	if
int	long	register	return	short	signed	sizeof	static
struct	switch	typedef	union	unsigned	void	volatile	while

附录 B

运算符的优先级及其结合性

优先级	运算符	名　称	结合方向
1	( ) [ ] -> .	圆括号 下标运算符 指向结构成员运算符 成员运算符	自左至右
2	! ~ ++ -- - (类型) * & sizeof	逻辑非运算符 按位取反运算符 增 1 运算符 减 1 运算符 负号运算符 类型转换运算符 间接访问运算符 取地址运算符 长度运算符	自右至左
3	* / %	乘法运算符 除法运算符 取模运算符	自左至右
4	+ -	加法运算符 减法运算符	自左至右
5	<< >>	左移运算符 右移运算符	自左至右

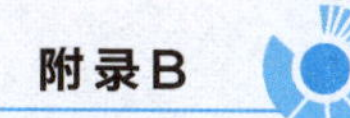

续表

<table>
<tr><th>优先级</th><th>运算符</th><th>名　称</th><th>结合方向</th></tr>
<tr><td>6</td><td><
<=
>
>=</td><td>小于运算符
小于等于运算符
大于运算符
大于等于运算符</td><td>自左至右</td></tr>
<tr><td>7</td><td>==
!=</td><td>等于运算符
不等于运算符</td><td>自左至右</td></tr>
<tr><td>8</td><td>&</td><td>按位与运算符</td><td>自左至右</td></tr>
<tr><td>9</td><td>^</td><td>按位异或运算符</td><td>自左至右</td></tr>
<tr><td>10</td><td>|</td><td>按位或运算符</td><td>自左至右</td></tr>
<tr><td>11</td><td>&&</td><td>逻辑与运算符</td><td>自左至右</td></tr>
<tr><td>12</td><td>||</td><td>逻辑或运算符</td><td>自左至右</td></tr>
<tr><td>13</td><td>?:</td><td>条件运算符</td><td>自右至左</td></tr>
<tr><td>14</td><td>= += -= *=
/= %= >>= <<=
&= ^= |=</td><td>赋值运算符</td><td>自右至左</td></tr>
<tr><td>15</td><td>,</td><td>逗号运算符</td><td>自左至右</td></tr>
</table>

附录 C

C 的常用函数库

一般的 C 编译系统都附有一个标准函数库，函数库中包含了常用的函数。不同的 C 编译系统，其函数库所提供的库函数的数目、函数名、函数的功能也不完全相同。本书列出的是 ANSI C 标准建议提供的、常用的部分库函数，供学习 C 编程者使用，如果需要更多的函数，可参阅相关的函数手册。

1. 数学函数

数学函数如表 C.1 所示，使用数学函数时，应该在程序的开头包含头文件 math. h。

表 C.1　数学函数

函数名	函数原型	功　能	返回值	说　明
abs	int abs(int x);	求整数 x 的绝对值	计算结果	—
acos	double acos(double x);	计算 $\arccos x$ 的值	计算结果	x 应在 $-1\sim1$ 范围内
asin	double asin(double x);	计算 $\arcsin x$ 的值	计算结果	x 应在 $-1\sim1$ 范围内
atan	double atan(double x);	计算 $\arctan x$ 的值	计算结果	—
atan2	double atan2(double x, double y);	计算 $\arctan(x/y)$ 的值	计算结果	—
cos	double cos(double x);	计算 $\cos x$ 的值	计算结果	x 的单位为弧度

续表

函数名	函数原型	功　能	返回值	说　明
cosh	double cosh(double x);	计算 x 的双曲余弦 $\cosh x$ 的值	计算结果	—
exp	double exp(double x);	求 e^x 的值	计算结果	—
fabs	double fabs(double x);	求实数 x 的绝对值	计算结果	—
floor	double floor(double x);	求出不大于 x 的最大整数	该整数的双精度实数	—
fmod	double fmod(double x, double y);	求整数 x/y 的余数	返回余数的双精度数	—
frexp	double frexp(double val, int *eptr);	把双精度数 val 分解为数字部分（尾数）x 和以 2 为底的指数 n，即 val 为 $x\times 2^n$，n 存放在 eptr 指向的变量中	返回数字部分 x，$0.5\leqslant x<1$	—
log	double log(double x);	$\log_e x$，即 $\ln x$	计算结果	—
log10	double log10(double x);	$\log_{10} x$	计算结果	—
modf	double modf(double val, double *iptr);	把双精度数 val 分解为整数部分和小数部分，把整数部分存到 iptr 指向的单元	val 的小数部分	—
pow	double pow(double x, double y);	计算 x^y 的值	计算结果	—
rand	int rand(viod);	产生 0~32 767 之间的随机整数	随机整数	—
sin	double sin(double x);	计算 $\sin x$ 的值	计算结果	x 的单位为弧度
sinh	double sinh(double x);	计算 x 的双曲正弦函数 $\sinh x$ 的值	计算结果	—
sqrt	double sqrt(double x);	计算 x 的平方根	计算结果	$x\geqslant 0$
tan	double tan(double x);	计算 $\tan x$ 的值	计算结果	x 的单位为弧度
tanh	double tanh(double x);	计算 x 的双曲正切函数 $\tanh x$ 的值	计算结果	—

2. 字符函数和字符串函数

ANSI C 标准要求：在使用字符串函数时，要包含头文件 string.h；在使用字符函数时，要包含头文件 ctype.h。字符函数和字符串函数如表 C.2 所示。

表 C.2　字符函数和字符串函数

函数名	函数原型	功　能	返回值	包含文件
isalnum	int isalnum(int ch);	检查 ch 是否为字母（alpha）或数字（numeric）	若是字母或数字，就返回 1；否则返回 0	ctype. h
isalpha	int isalpha(int ch);	检查 ch 是否为字母	是，返回 1；不是，返回 0	ctype. h
iscntrl	int iscntrl(int ch);	检查 ch 是否为控制字符（其 ASCII 码值在 0~0x1F 之间）	是，返回 1；不是，返回 0	ctype. h
isdigit	int isdigit(int ch);	检查 ch 是否为数字（0~9）	是，返回 1；不是，返回 0	ctype. h
isgraph	int isgraph(int ch);	检查 ch 是否为可打印字符（其 ASCII 码在 0x21~0x7E 之间），不包括空格	是，返回 1；不是，返回 0	ctype. h
islower	int islower(int ch);	检查 ch 是否为小写字母(a~z)	是，返回 1；不是，返回 0	ctype. h
isprint	int isprint(int ch);	检查 ch 是否为可打印字符（包括空格），其 ASCII 码在 0x20~0x7E 之间	是，返回 1；不是，返回 0	ctype. h
ispunct	int ispunct(int ch);	检查 ch 是否为标点字符（不包括空格），即除字母、数字和空格以外的所有可打印字符	是，返回 1；不是，返回 0	ctype. h
isspace	int isspace(int ch);	检查 ch 是否为空格、跳格符（制表符）或换行符	是，返回 1，不是，返回 0	ctype. h
isupper	int isupper(int ch);	检查 ch 是否为大写字母（A~Z）	是，返回 1；不是，返回 0	ctype. h
isxdigit	int isxdigit(int ch);	检查 ch 是否为一个十六进制数字字符（即 0~9，或 A~F，或 a~f）	是，返回 1；不是，返回 0	ctype. h
strcat	char * strcat(char * str1,char * str2);	把字符串 str2 接到 str1 后面，str1 最后面的 '\0' 被取消	返回 str1	string. h
strchr	char * strchr(char * str,int ch);	找出 str 指向的字符串中第 1 次出现字符 ch 的位置	返回指向该位置的指针，若找不到，则返回空指针	string. h
strcmp	int strcmp(char * str1, char * str2);	比较两个字符串 str1、str2	str1 < str2，返回负数；str1 = str2，返回 0；str1 > str2，返回正数	string. h
strcpy	char * strcpy(char * str1,char * str2);	把 str2 指向的字符串复制到 str1 中	返回 str1	string. h

续表

函数名	函数原型	功　能	返回值	包含文件
strlen	unsigned int strlen(char * str);	统计字符串 str 中字符的个数（不包括终止符 '\0'）	返回字符个数	string. h
strstr	char * strstr(char * str1, char * str2);	找出 str2 字符串在 str1 字符串中第一次出现的位置（不包括 str2 的串结束符）	返回该位置的指针，若找不到，则返回空指针	string. h
tolower	int tolower(int ch);	将 ch 字符转换为小写字符	返回 ch 所代表字符的小写字母	ctype. h
toupper	int toupper(int ch);	将 ch 字符转换为大写字符	返回与 ch 相应的大写字母	ctype. h

3. 输入/输出函数

在使用输入/输出函数时，应包含头文件 stdio. h。表 C. 3 列出了常用的输入/输出函数。

表 C. 3　输入/输出函数

函数名	函数原型	功　能	返回值	说　明
clearerr	void clearerr(FILE * fp);	将文件的错误标志和文件结束标志设置为 0	无	—
close	int close(int fp);	关闭文件	关闭成功，返回 0；不成功，返回-1	非 ANSI 标准
creat	int creat(char * filename, int mode);	以 mode 所指定的方式建立文件	成功，返回正数；否则，返回-1	非 ANSI 标准
eof	int eof(int fd);	检查文件是否结束	遇文件结束，返回 1；否则，返回 0	非 ANSI 标准
fcolse	int fclose(FILE * fp);	关闭 fp 所指的文件、释放文件缓冲区	有错，返回非 0；否则，返回 0	—
feof	int feof(FILE * fp);	检查文件是否结束	遇文件结束符，返回非 0 值；否则，返回 0	—
fgetc	int fgetc(FILE * fp);	从 fp 所指定的文件中取得下一个字符	返回所得到的字符；如果读入出错，则返回 EOF	—
fgets	char * fgets(char * buf, int n,FILE * fp);	从 fp 指向的文件读取一个长度为 n-1 的字符串，存入起始地址为 buf 的空间	返回地址 buf；如果遇文件结束或出错，则返回 NULL	—
fopen	FILE * fopen(char * filename,char * mode);	以 mode 指定的方式打开名为 filename 的文件	成功，返回一个文件指针（文件信息区的起始地址）；否则返回 0	—

续表

函数名	函数原型	功　能	返回值	说　明
fprintf	int fprint(FILE ＊fp,char ＊format,args,…);	把 args 的值以 format 指定的格式输出到 fp 指定的文件中	实际输出的字符数	—
fputc	int fputc(char ch,FILE ＊fp);	将字符 ch 输出到 fp 指向的文件中	成功，返回该字符；否则，返回非 0	—
fputs	int fputs(char ＊str,FILE ＊fp);	将字符串 str 输出到 fp 指向的文件中	成功，则返回 0；否则，返回非 0	—
fread	int fread(char ＊pt, unsigned size, unsigned n,FILE ＊fp);	从 fp 指定的文件中读取长度为 size 的 *n* 个数据项，存入 pt 指向的内存区	返回所读的数据项个数，如遇文件结束或出错就返回 0	—
fscanf	int fscanf(FILE ＊fp, char format,args,…);	从 fp 指定的文件中按 format 给定的格式将输入数据送到 args 指向的内存单元（args 是指针）	已输入的数据个数	—
fseek	int fseek(FILE ＊fp, long offset,int base);	将 fp 指定的文件的位置指针移到以 base 指出的位置为基准、以 offset 为位移量的位置	成功，返回当前位置；否则，返回-1	—
ftell	long ftell(FILE ＊fp);	返回 fp 指向的文件中的读写位置	返回 fp 文件所指向的文件中的读写位置	—
fwrite	int fwrite(char ＊ptr, unsigned size, unsigned n,FILE ＊fp);	把 ptr 所指向的 *n*×size 字节输出到 fp 指向的文件中	写到 fp 文件中的数据项的个数	—
getc	int getc(FILE ＊fp);	从 fp 所指向的文件中读入一个字符	返回所读的字符；如果文件结束或出错，则返回 EOF	—
getchar	int getchar(void);	从标准输入设备读取下一个字符	返回所读字符；如果文件结束或出错，则返回-1	—
getw	int getw(FILE ＊fp);	从 fp 指向的文件读取下一个字（整数）	返回输入的整数；如果文件结束或出错，则返回-1	非 ANSI 标准函数
open	int open(char ＊filename, int mode);	以 mode 指出的方式打开已存在的名为 filename 的文件	返回文件号（正数）；如果打开失败则返回-1	非 ANSI 标准函数

续表

函数名	函数原型	功能	返回值	说明
printf	int printf(char *format, args,…);	按 format 指向的格式字符串所规定的格式，将输出列表 args 的值输出到标准输出设备，format 可以是一个字符串或字符数组的起始地址	返回输出字符的个数，如果出错则返回负数	
putc	int putc(int ch,FILE *fp);	把一个字符 ch 输出到 fp 所指的文件中	返回输出的字符 ch，如果出错则返回 EOF	
putchar	int putchar(char ch);	把字符 ch 输出到标准输出设备	返回输出的字符 ch，如果出错则返回 EOF	
puts	int puts(char *str);	把 str 指向的字符串输出到标准输出设备，将 '\0' 转换为回车符	返回换行符，如果失败则返回 EOF	
putw	int putw(int w,FILE *fp);	将一个整数 w（即一个字）写到 fp 指向的文件	返回输出的整数，如果出错则返回 EOF	非 ANSI 标准函数
read	int read(int fd,char *buf,unsigned count);	从文件号 fd 指示的文件中读 count 字节到由 buf 指示的缓冲区中	返回真正读入的字节数，若遇文件结束则返回 0，出错则返回-1	非 ANSI 标准函数
rename	int rename(char *oldname, char *newname);	把由 oldname 指示的文件名改为由 newname 指示的文件名	成功，返回 0；出错，返回-1	
rewind	void rewind(FILE *fp);	将 fp 指示的文件中的位置指针置于文件开头位置，并清除文件结束标志和错误标志	无	
scanf	int scanf(char *format, args,…);	从标准输入设备，按 format 指向的格式字符串所规定的格式，输入数据给 args 所指向的单元	从标准输入设备（如键盘）读入并赋给 args 的数据个数，若遇文件结束则返回 EOF，出错则返回 0	args 为指针
write	int write(int fd,char *buf,unsigned count);	从 buf 指示的缓冲区输出 count 个字符到 fd 所标志的文件中	返回实际输出的字节数，若出错则返回-1	非 ANSI 标准函数

4. 内存分配和管理函数

使用内存分配和管理函数时，应包含头文件 malloc. h，如表 C. 4 所示。

表 C. 4 动态存储分配函数

函数名	函数原型	功 能	返回值
calloc	void ＊calloc(unsigned n, unsignd size)；	分配 n 个数据项的内存连续空间，每个数据项的大小为 size	返回分配内存单元的起始地址；若不成功，则返回 0
free	void free(void ＊p)；	释放 p 所指的内存区	无
malloc	void ＊malloc(unsigned size)；	分配 size 字节的存储区	返回所分配的内存区地址；如果内存不够则返回 0
realloc	void ＊realloc(void ＊p, unsigned size)；	将 p 所指的已分配内存区的大小改为 size。size 可以比原来分配的空间大或小	返回指向该内存区的指针

附录 D

ASCII 码表

十进制	二进制	八进制	十六进制	字　符	按　键
0	0000000	00	00	NUL	Ctrl+@
1	0000001	01	01	SOH	Ctrl+A
2	0000010	02	02	STX	Ctrl+B
3	0000011	03	03	ETX	Ctrl+C
4	0000100	04	04	EOT	Ctrl+D
5	0000101	05	05	ENQ	Ctrl+E
6	0000110	06	06	ACK	Ctrl+F
7	0000111	07	07	BEL	Ctrl+G
8	0001000	10	08	BS	Ctrl+H
9	0001001	11	09	HT	Ctrl+I
10	0001010	12	0A	LF	Ctrl+J
11	0001011	13	0B	VT	Ctrl+K
12	0001100	14	0C	FF	Ctrl+L
13	0001101	15	0D	CR	Ctrl+M
14	0001110	16	0E	SO	Ctrl+N
15	0001111	17	0F	SI	Ctrl+O
16	0010000	20	10	DLE	Ctrl+P

续表

十进制	二进制	八进制	十六进制	字　符	按　键
17	0010001	21	11	DC1	Ctrl+Q
18	0010010	22	12	DC2	Ctrl+R
19	0010011	23	13	DC3	Ctrl+S
20	0010100	24	14	DC4	Ctrl+T
21	0010101	25	15	NAK	Ctrl+U
22	0010110	26	16	SYN	Ctrl+V
23	0010111	27	17	ETB	Ctrl+W
24	0011000	30	18	CAN	Ctrl+X
25	0011001	31	19	EM	Ctrl+Y
26	0011010	32	1A	SUB	Ctrl+Z
27	0011011	33	1B	ESC	Esc
28	0011100	34	1C	FS	Ctrl+ \
29	0011101	35	1D	GS	Ctrl+]
30	0011110	36	1E	RS	Ctrl+=
31	0011111	37	1F	US	Ctrl+-
32	0100000	40	20	SP	Spacebar
33	0100001	41	21	!	!
34	0100010	42	22	"	"
35	0100011	43	23	#	#
36	0100100	44	24	$	$
37	0100101	45	25	%	%
38	0100110	46	26	&	&
39	0100111	47	27	'	'
40	0101000	50	28	(	(
41	0101001	51	29	)	)
42	0101010	52	2A	*	*
43	0101011	53	2B	+	+
44	0101100	54	2C	,	,
45	0101101	55	2D	-	-
46	0101110	56	2E	.	.
47	0101111	57	2F	/	/
48	0110000	60	30	0	0

续表

十进制	二进制	八进制	十六进制	字　符	按　键
49	0110001	61	31	1	1
50	0110010	62	32	2	2
51	0110011	63	33	3	3
52	0110100	64	34	4	4
53	0110101	65	35	5	5
54	0110110	66	36	6	6
55	0110111	67	37	7	7
56	0111000	70	38	8	8
57	0111001	71	39	9	9
58	0111010	72	3A	:	:
59	0111011	73	3B	;	;
60	0111100	74	3C	<	<
61	0111101	75	3D	=	=
62	0111110	76	3E	>	>
63	0111111	77	3F	?	?
64	1000000	100	40	@	@
65	1000001	101	41	A	A
66	1000010	102	42	B	B
67	1000011	103	43	C	C
68	1000100	104	44	D	D
69	1000101	105	45	E	E
70	1000110	106	46	F	F
71	1000111	107	47	G	G
72	1001000	110	48	H	H
73	1001001	111	49	I	I
74	1001010	112	4A	J	J
75	1001011	113	4B	K	K
76	1001100	114	4C	L	L
77	1001101	115	4D	M	M
78	1001110	116	4E	N	N
79	1001111	117	4F	O	O
80	1010000	120	50	P	P

续表

十进制	二进制	八进制	十六进制	字　符	按　键
81	1010001	121	51	Q	Q
82	1010010	122	52	R	R
83	1010011	123	53	S	S
84	1010100	124	54	T	T
85	1010101	125	55	U	U
86	1010110	126	56	V	V
87	1010111	127	57	W	W
88	1011000	130	58	X	X
89	1011001	131	59	Y	Y
90	1011010	132	5A	Z	Z
91	1011011	133	5B	[	[
92	1011100	134	5C	\	\
93	1011101	135	5D	]	]
94	1011110	136	5E	^	^
95	1011111	137	5F	_	_
96	1100000	140	60	、	、
97	1100001	141	61	a	a
98	1100010	142	62	b	b
99	1100011	143	63	c	c
100	1100100	144	64	d	d
101	1100101	145	65	e	e
102	1100110	146	66	f	f
103	1100111	147	67	g	g
104	1101000	150	68	h	h
105	1101001	151	69	i	i
106	1101010	152	6A	j	j
107	1101011	153	6B	k	k
108	1101100	154	6C	l	l
109	1101101	155	6D	m	m
110	1101110	156	6E	n	n
111	1101111	157	6F	o	o
112	1110000	160	70	p	p

续表

十进制	二进制	八进制	十六进制	字　符	按　键
113	1110001	161	71	q	q
114	1110010	162	72	r	r
115	1110011	163	73	s	s
116	1110100	164	74	t	t
117	1110101	165	75	u	u
118	1110110	166	76	v	v
119	1110111	167	77	w	w
120	1111000	170	78	x	x
121	1111001	171	79	y	y
122	1111010	172	7A	z	z
123	1111011	173	7B	{	{
124	1111100	174	7C	|	|
125	1111101	175	7D	}	}
126	1111110	176	7E	~	~
127	1111111	177	7F	Del	Del